U0265341

黑镜与秩序

数智化风险社会下的
人工智能伦理与治理

刘志毅　梁　正　郑烨婕　著

清华大学出版社

北京

内 容 简 介

本书从现代科技伦理的隐喻"黑镜"出发，系统而深入地剖析全球人工智能伦理与治理发展的理论根源、人工智能落地应用场景中的伦理问题以及全球视野下的人工智能治理问题。书中既包括对传统西方伦理学的形而上学的研究，也包括人工智能有关实践案例和国际政策的解读。本书的目的不仅仅是对人工智能伦理和治理问题进行学术性梳理，而更在于寻求解决真实世界中人工智能伦理与治理问题的路径，是一部在理论和实践层面都非常有意义的专著。本书不仅讨论技术伦理涉及的伦理学、政治经济学、哲学和社会学等人文科学思想，还涉及计算机科学、生物学以及医学等自然科学框架，利用跨学科思维深入探讨如何在人工智能时代形成伦理共识和建立智能社会治理规则，以期帮助智能经济参与者、人工智能研究和应用开发领域的专业人员以及公共管理决策者获得全面和独特的科技洞察。同时，本书也是关注人工智能伦理与治理问题的读者适宜的科技人文读物。

图书在版编目（CIP）数据

黑镜与秩序：数智化风险社会下的人工智能伦理与治理 / 刘志毅，梁正，郑烨婕著 .
—北京：清华大学出版社，2022.6（2024.10重印）
　ISBN 978-7-302-60531-7

　Ⅰ.①黑… Ⅱ.①刘…②梁…③郑… Ⅲ.①人工智能-技术伦理学-研究 Ⅳ.① TP18
② B82-057

中国版本图书馆 CIP 数据核字（2022）第 059956 号

责任编辑：白立军　战晓雷
封面设计：刘　乾
责任校对：韩天竹
责任印制：丛怀宇
出版发行：清华大学出版社
　　　　网　　址：https://www.tup.com.cn, https://www.wqxuetang.com
　　　　地　　址：北京清华大学学研大厦 A 座　　邮　　编：100084
　　　　社 总 机：010-83470000　　　　　　　　邮　　购：010-62786544
　　　　投稿与读者服务：010-62776969, c-service@tup.tsinghua.edu.cn
　　　　质量反馈：010-62772015, zhiliang@tup.tsinghua.edu.cn
印 装 者：三河市东方印刷有限公司
经　　销：全国新华书店
开　　本：148mm×210mm　　　印　　张：10.125　　　字　　数：250 千字
版　　次：2022 年 8 月第 1 版　　　　　　　印　　次：2024 年 10 月第 2 次印刷
定　　价：59.00 元

产品编号：093567-01

从人工智能技术伦理到可持续发展

在过去数十年中，我们看到信息化的技术革命正在飞快地改变着我们的生活，让我们的工作、学习乃至相处方式发生了翻天覆地的变化。随着大数据技术的使用日益深化，人工智能的研究成果正经历指数级增长，开始应用于安全、环境、研究、教育、卫生、文化和贸易等越来越多的领域中。在 2020 年全球面临新冠肺炎疫情的大背景下，人工智能技术的多项应用也是中国在抗击新冠肺炎疫情过程中取得重大成果的必不可少的技术基础之一，这也加快了中国进入智能社会的步伐。

虽然人工智能是我们的社会实现负责任发展的一项惊人资产，但也带来了重大的伦理问题。我们如何确保算法不侵犯隐私权、数据保密权、选择自由权和良心自由权等基本人权？如果我们的意愿可以被预测并受到牵引，我们的行动自由能否得到保障？我们如何确保人工智能系统不会带有社会和文化成见，特别是性别歧视问题？这些成见是否会被复制？能否对价值观进行编程？由谁来编程？当决定和行动完全自动化时，我们如何确保落实问责制？我们如何确保世界各地的所有人都可以享受到这些技术的惠益？我们如何确保人工智能以透明的方式开发，以便生活受到影响的全球公民对人工智能的发展有发言权？要回答这些问题，我们必须将人工智能对社会的直接影响，即我们已经能察觉到的后果，与其长期影响区分开来。这要求我们树立共同的愿景，共同制订战略性行动计划。

本书正是看到了人工智能发展过程中的这些机遇与风险。一方面，本书从黑镜这个隐喻谈起，深入探讨了人工智能伦理背后的技术哲学的逻辑以及人类与计算机之间的伦理命题，追本溯源地对人工智能伦理这一重大学术问题的本质进行了深入讨论，从技术伦理、哲学、法学、经济学等多个方向对这一问题进行了深入解读，构建起对这一复杂问题的全面而深入的系统思考的逻辑；另一方面，本书对人工智能领域的产业实践、相关政策以及涉及人工智能立法的相关问题进行了前瞻性的研究，结合产学研的思考，立意新颖，独树一帜。我个人特别关注的是本书在探索相关问题时的全球视野。据麦肯锡咨询公司估计，到 2030 年，人工智能会在全球范围内创造近 130 亿美元的额外经济产值，占世界 GDP 增长的 1.2%。各国政府也注意到这一技术对人类社会的渗入。在某国际智库发布的《建设人工智能的世界——国家和区域人工智能政策报告》中提到，全球已有 18 个国家或地区发布了关于人工智能的针对性战略和政策，包括科技、法规、伦理、社会治理等多方面。而此时正是需要一本像本书这样的书，基于全球视野来讨论人工智能伦理和政策的问题，同时展现中国学者在这一领域创新性探索的重要方向。能够在一本书中通过多个学术领域的跨学科研究来回答这一重大问题，本书作者在这一领域的思考和勇气无疑是令人敬佩的。

纵观全球各国政府和产业界关注的人工智能伦理重点，其核心都是以人为本，把人类社会的福祉作为最终的目标愿景。具体来看，人工智能伦理主要聚焦在安全可控、公平和普惠共享、隐私保护、责任分担以及可能造成的失业问题等方面，而本书作者作为数字经济学家，对相关问题也进行了深入的讨论。

根据麦肯锡咨询公司的预测，到 2030 年，随着人工智能等技术的进步，多达 3.75 亿个劳动者可能需要更换职业类型。然而，自动化对就业人员的替代并不是一个新问题。从工业革命起，人类被机器取代的问题就一直纠缠着我们。每当一种新技术得到大规模运用时，这个问题就会被重新提起。19 世纪初期，由于自动纺织机的运用，在英国，大批纺织业者失业，爆发了以捣毁机器为手段的自发工人运动——卢德运动。20 世纪 30 年代，因为大萧条造成持续性失业，曾有经济学家提出"技术性失业"的概念，建议通过暂停技术进步的方式缓解失业问题，甚至有人还提出对机器征税的议案。但历史一次次证明，旧职业被淘汰的同时，总会有新职业出现，劳动力也从农业向工业和服务业不断迁移。很多专家相信，如同互联网的创造并繁荣了大量的新职业一样，人工智能新技术也会创造更多新的职业，例如，面对人工智能的飞速发展和强大需求，数据标注员、算法工程师、大数据分析师等新职业反倒出现人才匮乏。面对可能的结构性失业问题，我们需要在教育和再培训上下更多功夫，提升人们在新时代的就业技能，并不断推动企业通过平台等方式扩大技术开放，降低新技术利用的门槛，促进各行业的创业和创新，让每个人都有机会实现更好的就业和发展。

简言之，人工智能技术是人类科技创新的新前沿。一旦跨越这个边界，人工智能将让人类文明旧貌换新颜。人工智能的指导原则不是拥有自主性或取代人类智慧。但是，我们必须确保人工智能以基于人类价值观和人权的人本主义方式发展。我们面临的一个关键问题是：我们想要一个什么样的未来社会？人工智能革命开辟了振奋人心的新前景，但是我们需要仔细考虑其带来的巨大影响。人工智能正引发深刻的教育变革。很快，教育工具将发生变化，包括学习、获取知识和培训教师的方式。从现在开始，掌握数字技能是所有教育计划的核心。此外，我们必须学会学习，因为飞快的创新正在迅速改变劳动力市场。如今，历史、哲学和文学等人文学科对于我们形成在瞬息万变的世界中采取行动的能力比以往任何时候都更加重要。在 2020 年经历了新冠肺炎疫情的挑战之后，我们会越来越重视人工智能等前沿技术的应用。在人类历史的发展中，人工智能帮助我们发现了以往没有意识到的问题。当我们坚信人工智能应当为所有人服务时，我们需要思考如何克服曾经的偏见，这是人与人工智能共同的任务，而本书无疑是在该领域兼具可读性和思想性的佳作。本书对人工智能的治理也提出了真知灼见，能够启发人们对人工智能时代的来临做好准备。

> 欧洲科学院院士
> 爱丁堡大学金融学讲席教授
> 侯文轩
> 2022 年 1 月

智能时代呼唤新的伦理规则

　　继工业革命、电力革命和信息革命后，人类社会正在步入智能革命的新时代。在经济领域，人工智能将极大地提升社会生产力，进一步解放人们的体力和脑力。根据埃森哲咨询公司的预测，到 2035 年，人工智能将拉动中国的经济年增长率到 7.9%。在生活领域，从利用语音搜索更方便地获取知识到利用人脸识别快速支付，从中国智能音箱市场的快速崛起到人们对无人驾驶汽车的热切期待，人工智能已经来到每个人的身边，潜移默化地改变着人们的生活。

　　在智能时代，人与机器的关系将被重新定义。今天我们读到的每条新闻信息，看到的每个小视频，浏览的每款商品，都是机器推荐的结果，这背后是机器通过用户画像等技术分析后的精准推荐。可以说，机器辅助决策已悄然融入各领域的思考决策中。未来，随着人工智能在产业领域应用的拓展，法官对案件的审判，交易员对买入卖出股票的决定、医生对疾病的诊断等都会越来越依靠机器的智慧判断。这种人机关系的新变化使得机器不再是从属于人的工具，而是成为人的顾问和帮手。这是我们乐于看到的一面，也是科技进步带来的成果。

　　当前，我们正站在迈入未来智能社会的门槛前，每个人都面临着一次重要的选择：是利用人工智能满足短期的快乐和沉迷，还是获得长期的学习成长？是让技术沦为少数人获利的工具，还是让每个人都平等地获得技术带来的福利？这些选择决定了技术能否朝着为人类服务的方向发展。特别是随着人工智能更深入地嵌入经济社会，我们遇到了更多、更复杂的伦理问题，例如，怎样保证人工智能的安全，如何让产品设计更符合伦理规范，人与机器的责任如何界定，等等。因此，加强研究和制定人工智能伦理规范，为未来智能社会做好准备，就显得非常重要和紧迫，而本书则尝试回答这一重要问题。

　　在本书中，数字经济学家刘志毅从朴素的伦理学和哲学谈起，然后讨论智能时代的伦理学研究，继而从人工智能产业中涉及的伦理问题开始思考，最后

扩展到人工智能政策、公共治理以及社会治理法学等问题，多个跨学科领域的
思考融会贯通，读完觉得启发颇多、意犹未尽。我们在本书中既看到了对人工
智能伦理这一问题的学术性、系统性思考，也看到了对现实问题的深切关注，
可以说，本书是目前在这个领域的一本富有思辨性和学术性的佳作。

比较值得关注的是本书从人工智能伦理拓展到人工智能政策以及全球治理
的研究思路，这一思路拓展让学术问题具备了极其重要的现实意义。

从全球范围来看，人工智能技术和应用比较领先的国家和地区都高度重
视人工智能伦理问题。美国政府较早关注到这一问题，于 2016 年在白宫文件
中呼吁开展研究，并在《国家人工智能研究与发展战略规划》中明确了提高公
平、可解释性、符合伦理道德的设计，确保系统安全可靠等要求。美国产业界
的行动非常积极，谷歌、Meta（原 Facebook）、亚马逊等公司在 2016 年成立
了人工智能伙伴（Partnership on AI）组织，目的是让人工智能更好地服务人类。
2017 年，霍金、特斯拉公司创始人马斯克、DeepMind 公司创始人哈萨比斯等
全球数千位专家和企业代表签署了有关人工智能伦理的《阿西洛马人工智能原
则》，呼吁业界遵守，以共同保障人类未来的利益和安全。

面对人工智能产业整体发展相对落后的现状，欧盟在人工智能伦理上非
常积极，希望借此成为人工智能伦理的领导者，并通过《通用数据保护条例》
（GDPR）对产业施加更大的影响力。欧盟人工智能高级专家组于 2018 年 12 月
发布了《可信人工智能伦理指南草案》，这也是全球首个专门针对人工智能伦理
的规则范本。它提出，人工智能未来应满足 7 大原则，包括保障人类充分的自
主权、技术的稳定性和安全性、数据安全和隐私、模型和算法的透明度和可解
释性、公平和无歧视、自然生态和社会福祉的可持续性、可追责。同时，欧盟
还推出了《可信赖人工智能评估列表》，用来寻找人工智能系统中的风险。

近年来，我国对人工智能伦理的重视也上升到国家层面。《国务院关于印
发新一代人工智能发展规划的通知》中提出有关人工智能伦理的相关规划。该
通知指出，到 2020 年，部分领域的人工智能伦理规范和政策法规初步建立。
2020 年 6 月，国家新一代人工智能治理专业委员会发布了《新一代人工智能治
理原则——发展负责任的人工智能》，提出了人工智能治理需遵循的 8 条原则：
和谐友好、公平公正、包容共享、尊重隐私、安全可控、共担责任、开放协作
和敏捷治理。在我国，很多企业也在积极参与人工智能伦理的探讨。例如，百

度公司提出人工智能伦理的 4 条原则：人工智能的最高原则是安全可控；创新愿景是促进人类更平等地获取技术和能力；存在价值是教人学习、让人成长，而非超越人、替代人；终极理想是为人类带来更多自由和可能。

本书对以上涉及的部分问题进行了深入讨论，体现了对人工智能伦理现实问题的重大关切。人工智能的时代已经来临，面向未来，要解决好上述问题，需要政府、人工智能企业、跨学科的专家、行业和个人用户等相关方共同探讨和设计人工智能伦理，推进行业实践的落地，并根据产业发展的新情况和新问题，动态优化相关规范，保证人工智能始终朝着造福人、帮助人和成就人的方向健康发展，这也是时代赋予我们的重大使命。通过深入阅读本书，读者对于人工智能伦理等会有新的思考和认知。也期待作者能够再接再厉，继续取得有益的研究成果。

中国工程院院士

北京邮电大学教授

张　平

2022 年元月 27 日

写于北京

近年来，关于人工智能的著作层出不穷，而本书是少有的既具有前瞻性和易读性，又具有深刻内涵的作品之一，带领读者拨开新兴技术的不确定性迷雾，回溯人类社会伦理的起源与演进，剖析人工智能对社会影响的本质，为应对当前的全球人工智能治理挑战提供了非常具有前瞻性的启发。也许人类终究难以找到与人工智能相处的最佳之道，但只有透过科技的镜像不断反思人类社会的伦理，才能推动社会治理范式的适应和调整，这也是本书带给我们的最大启示。

——清华大学文科资深教授，清华大学苏世民书院院长，
清华大学人工智能国际治理研究院院长，
国家新一代人工智能治理专业委员会主任　薛　澜

本书以黑镜的隐喻开头，聚焦实体与虚拟之间作为媒介的视线折射关系，同时也强调倒映在中性科技之上的人性阴翳，并试图为人工智能的发展装上调整方位和速度的后视镜。本书作者在认知计算高歌猛进的过程中发现并考察了算法黑箱化的风险以及提高决策伦理要求的意义，进而通过一系列不断折射、递进的反身性动态形成和维护一种以人为本的新型治理方式以及法律秩序。我以为，在社会系统与个人行为、正义理论与行业实践之间推进的上述思想实验是值得大家关注的。

——上海交通大学文科资深教授，中国法与社会研究院院长　季卫东

本书是面向人工智能领域的企业家、专家学者和高校研究生的学术专著，结合行业与产业实践分析，提出了人工智能伦理和治理的基本理论框架，并基于全球视野对人工智能伦理与政策进行了深入洞察和讨论，是人工智能伦理与治理领域最需要的跨界、跨学科专著。

本书作者具有学术背景，同时有产业实践的成果。本书充分综合了作者的产学研实践和思考，给读者带来多维视角的关于科技伦理与科技治理的认知。国家刚刚颁布了《关于加强科技伦理治理的意见》，本书可谓恰逢其时，将给政策制定者和企业家带来重要的启发。

——清华大学公共管理学院教授，清华大学图书馆馆长，
上海清华国际创新中心执行主任　王有强

以人工智能为代表的新兴技术正在超越传统技术对人类社会的作用和意义的范围，引发了从技术伦理到社会治理的广泛思考。然而，在人工智能伦理规范和治理实践之间存在着巨大的鸿沟，其中隐含着大量悬而未决的基础性问题。本书是试图跨越这一鸿沟的一次严肃、认真、有深度的探索，从哲学层面对伦理观念及其演变进行了较为系统的梳理，对一些典型领域的伦理问题进行了案例分析，提出了人工智能治理中的一些重要议题，对人工智能治理政策的研究具有参考价值。

——中国科学技术大学教授，机器人技术标准创新基地主任，
中国人工智能学会人工智能伦理道德专委会主任，
全球人工智能委员会执行委员　陈小平

本书从理论、应用和政策3个维度对人工智能技术给人类社会带来的挑战做了梳理和分析。作为一部应时之作，本书提供了新鲜翔实的信息；作为一部学术著作，本书提供了富有想象力的跨学科思考。本书既为读者开辟了理解人工智能相关问题的门径，同时也给读者留下了进一步探索的空间。

——中欧国际工商学院经济学与金融学教授，
吴敬琏经济学教席教授　许　斌

技术本身无所谓善恶，它体现的是工具理性，是帮助人类找到实现任何给定目的的最优解的手段。因此，当技术越来越先进的时候，目的的选择就变得越来越重要了。当讨论目的问题的时候，我们便从工具理性进入价值理性，从科技的疆域进入人文的世界。摆在我们面前的正是这样一本讨论如何使科技向善的图书。作者熟悉人工智能行业的技术现状和商业模式，深知缺乏伦理和法律约束的人工智能应用隐含的巨大风险，同时也知晓这一领域的技术创新能够

为人类社会带来的不可估量的福祉，由此提出了一种平衡制度约束与创新激励的允执厥中的人工智能伦理和治理思路。

——上海交通大学凯原法学院教授，
上海高校东方学者特聘教授　郑　戈

人工智能毫无疑问将是第四次工业革命的重要引擎，但人工智能带来的不确定性、失控性及全球性风险却如影随形般威胁着人类社会。因此，我们在充分肯定人工智能作用的前提下，需要重构一个以多元、开放、共治、分享为基本特征的全球人工智能伦理框架及治理体系，而这正是本书开拓性的洞见及贡献，强烈推荐给读者！

——上海交通大学数据法律研究中心执行主任，
数据法盟主理人　何　渊

这是一部梳理思想源流、贯通前沿领域的佳作！新时代人工智能的挑战在于它带来的技术震撼、伦理冲击和治理困境同时并存，希望这部新著为读者探索技术边界、探究治理框架、思考未来走势提供有益的指南和参考。

——信息社会50人论坛执行主席，苇草智酷创始合伙人　段永朝

本书在人工智能伦理与治理这一领域做出了积极尝试，无论是跨学科的研究范式，还是对前瞻性政策以及人工智能立法等命题的关注，都彰显了笔者在这一领域的深入洞见和深刻思考，不失为一本前沿佳作。

——中国人民大学区块链研究院执行院长，长江学者　杨　东

本书系统地阐述了人工智能伦理与治理这一重要课题，既有深刻的理论思考，又有翔实的领域案例，无论对于专业人士还是非专业人士都值得一读。

——中国人民大学数学学院教授，
中国自动化学会区块链专委会主任　袁　勇

人工智能伦理与治理是多学科交叉的新研究领域，本书对相关的重要问题有深刻思考，是一本兼具学术性和通俗性的佳作。

——中国政法大学全球价值链与票据金融研究中心主任，
中国政法大学商学院教授　朱晓武

技术对于人类社会的二元影响是一个永远需要直面的挑战性话题。在当今数字化与智能化升级的技术浪潮下，我们应该关注什么？又如何面对？本书给出了很好的思考与探索。

——商汤智能科技有限公司副总裁
兼联合创始人　杨　帆

随着智能时代的到来，人工智能、基因编辑、量子计算等前沿科技正在对人们的生活与生产方式产生着巨大影响，更重要的是对人类社会的观念和思维方式有深刻的影响。我们看到，从 2015 年左右开始，全球不同的政府组织、企业、智库以及多方利益共同体都提出了关于人工智能应该遵守的伦理原则与价值声明，我们看到问责制、隐私、安全和公平等原则成为共识，而诸如可解释性、稳健性和透明度等也成为可信人工智能概念的基础。同时，联合国也关注了这个命题，我参与撰写的 Code of Ethics for AI Sustainable Development（《人工智能可持续发展伦理原则》）也入选了联合国经济和社会事务部面向全球发布的《人工智能战略资源指南》，由此可以看到这个领域受关注的程度。在过去几年时间里，我主要从事的研究范围就在人工智能伦理与治理领域，一方面参与了科学技术部等部委的《人工智能伦理规范》等文件的建议工作，另一方面也在企业的研究院做全球视野下的人工智能与伦理研究工作，并且在上海交通大学的计算法学与人工智能伦理研究中心担任执行主任，与诸多法学界的教授专家一起解决企业和学术界共同关心的伦理问题，其间收获颇丰。基于相关的思考，我在数字经济学理论的框架下完成了这部学术专著，在这里，我将本书的主体内容和观点向各位读者做一个陈述和分享。

第一部分"人工智能伦理：现代性带来的新问题"是理解人工智能伦理议题的新思路和新观点。我们认为，正是因为智能时代的到来，才导致原本存在于社会中的现代性问题从工业时代的"人性的异化"等问题转向智能时代的"人的尊严与认同缺失"等问题。人工智能技术中的算法正在带来一种风险，即资本与技术共同创造的"智能陷阱"。我们要警惕这种陷阱的风险，防止它使人类社会陷入异化的困境，其关键就在于我们如何将人类社会共识性的伦理准则放入人工智能演化的过程中，从而创造一种人机共生的技术发展新局面。与此同时，我们需要用发展和均衡的视角看待人工智能伦理与治理，而不是作茧自缚地用过度的伦理规范约束技术的发展，否则就会导致南辕北辙、因噎废食。

第二部分"数智化时代的风险领域"结合了我们在产业领域的研究实践，讨论了人工智能医疗、脑机接口、自动驾驶、虚拟现实等多个场景下的伦理问题。如果说第一部分主要剖析了人工智能伦理命题在普遍意义上的本质，那么第二部分则着重讨论了其在应用场景中的各种现象以及背后隐藏的风险与问题。读者在这部分不仅可以对人工智能在不同领域中的伦理风险以及哲学思考有所了解，也会对该领域的产业应用和技术实践有通识性的理解。我们认为，科技伦理的通识化以及在实践中理解伦理命题都是非常重要的研究方式，也是建立伦理共识的基础。

第三部分"数智化风险社会的治理与趋势"主要来源于我在企业实践过程中对全球的伦理与治理文件、案例的研究成果，也包括我在计算法学领域研究的一些重要问题，如算法歧视与人类尊严问题，机器何以为人的问题等。我们通过研究全球伦理与治理的经验，可以得到的结论是：智能社会的发展需要进行治理模式的创新，创新和治理需要协调推动，没有很好的规制治理就很难创新，而没有创新则治理也就无从谈起。在后疫情时代讨论人工智能治理命题，不仅是对技术创新的关注，也是对人类社会更好地利用科技创新的发展解决问题和不断前进的助益。在不确定性空前的时代，需要长远的目光才能解决未来的问题。

以上就是本书的主要内容，实际上这些内容都是我在数字经济学中的共识政治经济学的研究成果。因为数字经济学理论中讨论的共识不仅包括人类社会在数字经济领域中如何达成共识的问题，也包括如何将人类共识体现在人机共生的时代中的问题。数智化时代的政治经济学关注人类社会的共同进步与发展，即人类命运共同体的建设。我们希望把每个民族、每个国家的前途和命运都紧紧联系在一起，风雨同舟，荣辱与共，努力把地球建成一个和睦的大家庭，把世界各国人民对美好生活的向往变成现实。同时，我们也要看到，正确地建构人工智能的治理机制，达成关于人工智能伦理的共识，也是关注人类未来社会发展的重要命题。

最后，对本书的两位合著者梁正、郑烨婕表示感谢，如果没有他们的帮助，本书无法顺利完成。感谢为本书赐序的侯文轩院士和张平院士，感谢为本书撰写推荐语的各位前辈专家学者。作为后生晚辈，作者希望能够通过不断进步和努力回报各位师长与同仁的信任与认可。感谢本书责任编辑白立军老师和我的朋友郭俊翔，他们在本书的出版过程中提供了很多帮助。总之要感谢的人很多，限于篇幅，恕不能——列举。我想，作为一个研究者，最重要的使命还是对真问题和真命题孜孜不倦地进行研究，以得到更多的成果，这也是知识分子的使命和社会责任的体现。对于我个人来说，建构数字经济学研究的理论基础，为这个学科的研究打下根基，找到数字经济时代的真问题并给出系统性的思考，是我将长期孜孜不倦坚持下去的工作。

"不要人夸颜色好，只留清气满乾坤。"希望在数字经济学领域有越来越多的研究者能够参与进来，真正开拓出一个属于中国人的经济学的子学科。本书也是一本结合中国的实践以及中国的视角思考伦理与治理研究的专著。放眼全球关于技术伦理与治理的研究，中国的儒道释思想秉持着非人类中心主义的哲学，而这一点是有别于西方的思考的，我们也要看到这样的思考对解决人工智能伦理与治理问题是大有裨益的。本书是数字经济学在伦理与治理领域的第一次研究成果与实践，未来我还会关于这个命题撰写更多的文章或者专著，希望各位读者和同仁多多指教。"莫听穿林打叶声，何妨吟啸且徐行。"未来的路还很长，我愿意与诸君共勉。

刘志毅

2022 年 1 月于沪

第三部分
数智化风险社会的治理与趋势

12

第十二章
后疫情时代，"我们"如何共同
　　治理　280

先导篇

科技浪潮中的
隐喻与人文主义未来

> Look the mirror, you will recognize yourself.
> 看着镜子，你将认清自我。

未来畅想曲

1957 年，美国著名科技杂志《大众机械》审慎提出："21 世纪 20 年代初期，美国的道路会变成气动管道。"

1959 年，美国邮政局局长高兴地提出："未来我们用火箭送信。几小时内，信件就可以从纽约到达加利福利亚。"

1965 年，美国科幻电影《史前星球之旅》上映，电影中人类已经在月球上建立了永久基地，人类宇航员旅行了数千万千米登陆金星探险，并且在金星的表面发现了众多奇异的动物和植物，包括已经在地球上灭绝的恐龙。

1997 年，《连线》杂志也曾做过相似的预测：大约在 2020 年前后，人类可以登上火星一探究竟。

如今，2020 年却以一种如梦如幻的姿态将现实猝不及防地展现在人类面前：1 月，澳洲山火导致 12 亿只动物死亡；2 月，非洲蝗灾、猪瘟让 1900 万人食不果腹；3 月，新冠疫情在全球爆发；6 月，洪水侵袭中国 24 个省份……然而在曾经的影视作品中，2020 年听起来是一个异常遥远的年份。

想象中的这一年，《银翼杀手》中汽车已能够在高楼林立的城市中穿梭飞行；《捍卫机密》中人类只要戴上一个头盔，无须说话就可以直接利用人脑传输资料；《机器战警》中被科学家改造成半人半机器人的

"铁甲威龙"守卫着城市的和平；《终结者》中人类打造的机器人甚至开始统治世界。

在科幻世界里，2020 年是一个非常特殊的年份，此时人类应该早已能够轻松地上天入地、遨游太空，享受着高度的科技文明。据维基百科不完全统计，至少有 97 部电影的时间线涉及 2020 年。然而，如今的世界并没有像科幻电影里一般变得赛博朋克（Cyberpunk），车还是不能在空中行驶，人工智能依旧不能代替真人，"脑联网"没有出现，也无法买张机票飞去火星……关于 2020 年，我们没想到的事情确实太多了。

尽管人类在各类影视作品、科幻小说中畅想的 2020 年没有实现，但在科学技术这一当今最大生产力的推动下，人机共存时代在某种意义上已经来临。两次工业革命让人类的生产力大大提高，最近一百年创造的知识和财富远超过去几千年的总和，这让人类有了从未有过的雄心壮志。当机器人、人工智能、云计算等这些已经被实际应用的技术日益融入人们的日常生活，人类有理由期待更加自动化的生活。

马克思说："各种经济时代的区别，不在于生产什么，而在于怎样生产，用什么劳动资料生产。"当科技成为我们的一种基本思维方式、生活方式的时候，智能经济时代的序幕已经拉开。我们需要意识到，在智能社会，纵使人类占有主导权，人与科技之间的关系也是处于不断动态博弈的过程中的。现代的日常生活被各种智能产品环绕着：无人驾驶、人脸识别、智能药丸、教育机器人等，这些智能结晶代表的是人的认识理性和实践理性所取得的空前成就。尤其是 2016 年以来在人与人工智能的竞赛中，人工智能一次又一次的胜利彰显着科技理性力量之强劲。

自苏格拉底、柏拉图直至黑格尔，西方传统哲学对启蒙理性的强大信念是这个理性化、祛蔽化的智能社会的基因和底色。然而对理性趋之若鹜和盲目骄傲必然会使原本作为目的的理性产生质变——工具理性裹挟着现代人走向了幸福生活的反面。

实际上,"智能社会"本身就暗含矛盾。它是"充满智能机器的社会"与"人类的社会"的结合体。但机器与人类作为两种本质及属性截然不同的存在,两者的结合必定是极其复杂和充满矛盾的过程。事实上这种矛盾早已露出端倪,在人工智能产品不断更新换代的过程中,人与机器之间早已不仅仅是使用者与服务者之间的"主仆"关系,而是发生了机器不可思议的胜利、人过度依赖机器、机器意外"主动"伤人,直至催生出科幻电影频频上演机器主宰、奴役人类的恐怖想象。人工智能本是人类为实现更美好、更理性的生活的伟大发明,但在一次次突破人类能力的胜利中,科技理性却成了满足人类欲望的借口。理性被囚在欲望牢笼里丧失本性,欲望却打着文明的幌子肆无忌惮。

上文提到了科技在科幻电影中给人类带来前所未有的力量,但同时也展现了科技放大的"黑暗面":畸形的人类欲望在超级人工智能面前暴露无遗,人也不断遭受着欲壑难填之苦。《机械姬》中的漂亮机器人成了满足肉体欲望的工具;《人工智能》中机器人实际上是去世亲人的复活,教人逃避死亡;《她》中男主人公利用虚拟女友逃避现实中的正常人际交往。以往那种只会吃苦耐劳的机器人并不能令人感到满足,出于各种商业、政治、战争目的,人工智能产品层出不穷,不断刺激着人全身心的各种欲望。

我们可以看到,科技在推动社会进步的时候,也可能推动人性的异化以及扭曲,而这种异化和扭曲反过来会进一步推动技术进步,引发更多的负面性。一个个更先进、更智能的人工智能产品,只能暂时填补欲望之壑,却无法构建人与机器世界的和谐伦理秩序。《她》中的主人公沉溺于虚拟智能世界，难以适应现实社会。现代版的洞穴之喻表明，我们不再害怕黑暗的虚幻之物，却害怕面对现实的光明。电影中的超级人工智能不仅仅是幻想，它表明了现代人早已不再满足于冷冰冰的科技产品，而是想发明一种像人的玩物来满足私欲，自己去扮演全知全能的角色，不用承担现实责任。这是否意味着科技这一丰富的养料正在助长人类自私的基因？

更进一步说，这是与人类历史的现代性相关的课题，正如涂尔干表述的那样："现代把自己置于过去的对立面，然而源自过去，并使之长存。"而进入后现代之后，我们难以在历史中找到相似的范式，尤其是如何与人工智能相处的层面，人类是缺乏经验的。关于未来的畅想无论是乐观的还是悲观的，都反映了对人性善恶的不同假设和预期。以异化的概念来说，马克思的异化概念建立在这样的假设前提上：人"天生"是善良的，但被社会腐化了。相反，涂尔干的失范概念则源于这样的假设：人"天生"是个倔强执拗的生命体，其自负自大的品性必须由社会加以严格约束。上述第一种观点被认为与卢梭的观点接近，第二种观点则接近霍布斯的观点，但是无论哪个观点都与现代性带来的人性的探讨相关。

从这个意义来说，未来的畅想实际上是人类世界进入人机共生世界的规则和范式命题，而非仅仅关于科幻对社会发展的想象。

黑镜的隐喻

作为人机共生时代的重要产物，随处可见的电子设备渗透进人们的日常生活，它一方面在所谓的"现实"与"虚拟"两重世界之间划定了无法逾越的界限，另一方面又是这两重世界接触和交流的唯一媒介。仪器设备开启的屏幕带来无尽的信息，会令人沉浸、流连于其中的声光幻境，而无法意识到其边框的存在；而它只有在关闭时才会暴露出自身的物质性，显现为一块黑色的镜子。镜子里承载的是一种深不可测的科技伦理力量：我们在凝视着深渊，深渊也在凝视着我们。

在对镜子的多重隐喻理解上，中西方具有不同的视角。乐黛云在《中西诗学中的镜子隐喻》一文中以镜子为线索，讨论中西方两种文化的内在差异。她指出，西方的镜子更侧重于反映层面，司汤达、歌德、雪莱等作家都曾将文学比喻为一面镜子，凸显文学对现实的映照作用；相对而言，中国文化受佛教、道教影响较深，更侧重于强调镜子的虚空与包容性，常用它来代指人的内心，最具有代表性的意象是《红楼梦》中的"风月宝鉴"。

当我们把目光投向其他的文化时，会发现镜子具有更为复杂多元的文化内涵。例如，在伊朗设拉子的光明王之墓与德黑兰的镜宫等建筑中，碎片状的镜子成为最核心的装饰品，它们组成繁密的几何花纹装饰于建筑的内壁，跳动的灯火在其映照中碎裂成无数细小的光点，无比璀璨地构成灵动而有圣洁感的图景。更为重要的是，这种装饰法一方面利用了镜子的特性，另一方面又规避了宗教禁忌——伊斯兰教禁止以人或任何有眼睛的生物的画像作为装饰，而无数细小的、彼此交错的镜片恰好消解了可辨识的人像。

英国作家刘易斯·卡罗尔在创作著名童话《爱丽丝漫游奇境记》之后，1871 年又续写了《爱丽丝镜中奇遇记》。这一次，爱丽丝不再掉入兔子洞，而是穿过家中的镜子来到镜中世界。镜子的中介赋予了这个梦幻之地一些与现实相反的规则，譬如，越是想要走近远处的山便越是远离它，如果想要切开蛋糕就不得不先转动它，等等。同时，这面镜子也将世界分为了两部分，在表层现象世界的对立面，是讽刺与戏仿它的荒诞世界。可以说，正是镜子这个中介物的加入，增添了一重讽喻维度，打断了原本的叙事节奏。在童话的结尾处，作者用了很长的篇幅叙述爱丽丝醒来之后如何兴奋地寻找梦中红后、白后、矮胖子的现实对应物。在这里，镜子同样隔开了现象世界与镜像世界，而镜像世界以颠倒的方式提示着现象世界之下的真实。

相比之下，英国科幻电视剧《黑镜》中"镜"的文化隐喻性要复杂得多。与上述经典镜子的隐喻不同，它不再是真实与虚幻二元想象的界标，而是尽可能隐藏自己，从而放任镜中世界侵占、替代现实世界。在《黑镜》中，传统的分隔两重世界的镜之隐喻变为令镜中主体与现实主体彼此融合、交换的双向透膜。这种想象敏锐地把握到了数码之镜的特征，同时以嘲讽和荒诞的方式将之展示出来。无疑，文化中的"镜"之隐喻往往与主体构建有关，而《黑镜》也正是借助"镜"提示着我们今天日渐模糊和破碎的主体所面对的科技时代困境。

一方面，《黑镜》深刻地揭示了人类媒介化生存的后人类状况。媒介化生存颠覆了人类作为理性主体的完满幻想和人类在技术面前的统治地位。拉康的"镜像阶段"理论指出，自我观念全是通过对他者（镜像）的认同建构起来的，这种建构乃是外在性的。"自我"从一开始就受到了镜像的欺骗，我们看到的镜像是幻想的操作，是想象出来的"理想我"。这使得我们的欲望成为他者的欲望，我们成为"沉默的大多数"。人们躲在黑镜之后，释放着黑暗的本性。而这看似源于自我的本性和欲望，却又是被媒介操控者制造和利用的。媒介成为拉康理论意义上的"大他者"，具有巨大的符号化能力。由此，媒介完成了对人类的"阉割"，推动人类欲望结构的单极化。这种被科技催化的媒介，就如同火一般，既可以为人类带来希望，又可以烧毁一切。

另一方面，《黑镜》还通过展示大量可能的赛博格（cyborg）形态来进一步深化对异化问题的思考。赛博格就是身体与媒介（技术）的合一。《黑镜》中的赛博格可分为两种：实体赛博格和赛博空间代理人。前者存在于现实中，而后者存在于赛博空间中，两种形态是相互渗透的。赛博格带给人类的挑战是人究竟有没有本质。当"我"的身体全被他者（机器）替代时，"我"还存在吗？这个时候，"意识"可靠吗？

我们可以看到，这个备受关注的文化作品不仅仅是技术悲观主义式焦虑的产物——它的最大价值实际在于其批判性与反身性共存的科技反思。作为《黑镜》中获誉甚高的一集，《一千五百万点数》搭建了一个任何人都不得不娱乐至死的"美丽新世界"。这个世界中的人们每天都被各式各样的科技化电子屏幕包围，而他们所能做的只是不断在室内的动感单车上骑行，在为所有电子屏幕提供电能的同时为自己挣取"点数"。当点数达到一千五百万时，人们便能够参加电视节目 Hot Shot（一个尖酸刻薄版的"达人秀"），而只有通过参加这个节目被评委发掘，这些人们才能摆脱每天蹬车和被强制观看各种娱乐、色情节目的命运。为了让心爱的女孩艾比实现音乐梦想，黑人宾将自己的点数捐献给艾比，并陪伴她走上了 Hot Shot 的舞台。正是在这个舞台上，关于"爱"的歌声第一次响起：你可以责备我，但知爱的人他会懂。具有讽刺意味的是，评委既不懂"爱"也不关心艾比的梦想，而是近乎威胁式地建议她到色情频道发展。

按《黑镜》的风格，艾比最终接受了评委的建议——"爱"被排除在了"世界"之外，滞留在这个体系之中的只有无尽的"性"，就像赫胥黎写下的那个故事：性可以尽情享用，而爱则不必拥有。悲愤的宾拼命重新挣回了点数，最终再次来到了 Hot Shot 的舞台。在表演结束之后，他用电子屏幕的碎片抵住喉咙，向在场的评委破口大骂："在你们眼中我们都不是人，在你眼中我们都是饲料……我们不知道什么更好的东西，我们只知道这些虚伪的'饲料表演'和买狗屎商品。我们与人沟通和自我表达的方式就是买狗屎。我们的最大梦想就是给电子形象买个新应用，那玩意都不存在！……我们日复一日辛苦劳作所为何事？只是为了给大大小小的格子和屏幕供电！"

可以说，这段激情澎湃的演讲基本涵盖了作为"神剧"的《黑镜》所涉及的诸多话题：科技预言/寓言、消费社会、媒介控制、技术豢养以及人的异化。当然，《黑镜》的"美丽新世界"不仅暴露了某种科技"撞击"必然带来的问题，而且借助于科技这面"镜子"，当今时代的种种症结也得到了观照：注入了人类原有记忆的人工智能在何种程度上可取代其人类本体（《马上回来》）？被克隆的虚拟意识体能否享有人的基本权利（《白色圣诞》）？《沃多时刻》中深谙大众媒体话术的虚拟人物沃多最终在政坛走红，与后来特朗普的成功当选形成了有趣的对照；而《白熊》和《急转直下》更是借科技之力对我们当下的拍照围观、打分点赞等社交行为进行了极端化的展现。

这就是黑镜——当屏幕上的光亮渐消，漆黑的面板终于暴露了被遮蔽的真相，"世界先是变丑，然后熄灭"。科技由此显示出其荒凉的一面。不过，这里不可忽视的是黑镜中映射出的交互图像：黑镜作为一种隐喻具有的自反性。人类一旦进入虚拟世界，其主体性就被解构了，并以新的编码方式重构为另一种形态。当我们回溯性地重构，得到的便是一个扭曲了的"我"。这就是第二自我（即赛博空间代理人）与真实自我之间的巨大裂缝。更严重的是，第二自我还会对真实自我造成伤害。网络的便捷性加速了第二自我取代真实自我的趋势。但真实自我被取代之后，第二自我无法具有人的爱恨情仇，于是一种自反性的悖论出现了。这使后人类主义走向了自己的反面，如幽灵般徘徊在"精神—身体—精神"与"人文主义—后人文主义—人文主义"这一螺旋结构中。黑镜的隐喻，就是人性在科技浪潮中的狂欢下的反思，这也是理解本书的关键——在反思过程中推动社会治理新范式的探索。

伦理与治理

回到智能社会本身，我们反思人工智能的发明和制造是为了什么呢？我们是想追求一种和谐美好的生活，一种人类与智能机器友好共处的文明社会。这种社会可以从如下 3 点定义。

第一，智能社会是真实的世界，而不是虚拟空间。盲目追求科技理性的生活方式，迷失于过度消费的圈套里，我们就会忘记生活的本来面目，不知不觉中过一种"假的生活"。

自 20 世纪以来，特别是现象学打出"面向事情本身"的大旗以后，人们对科技理性、工具理性的反思和批判就从未停止过。在某种意义上，智能社会正是这样一种无处不以数字量化来显示其存在的社会。监控一个井盖、记录一辆车的轨迹乃至透视一个人的心思，人工智能几乎能将任何实体以简洁无误的数字全方位展现给我们。

但真实的人类社会不是这样的，人类社会是一个生机勃勃的世界，人作为这个世界生生不息的力量源泉，是存在先于本质；人工智能则相反。人是主动的、生成的、创造的、超越的，有生命力的，相应的世界是变化的、丰富的，是高于科学世界的。完全以科学世界那种量化方式作为生活方式和思维方式，就会丧失人的主体性和能动性，幸福生活将变得不可能。只有反过来，以生活世界为起点，才能更合理地解释、理解以智能社会为代表的科学世界。人类运用人工智能，不是为了自保和延续，而是将其作为生活帮手，把人从繁杂事务中解放出来，更好地发挥创造性，使人有更多闲暇享受生活乐趣和智能社会的便利。

第二，智能社会是自由而全面的，而不是精英阶层独有的。换言之，智能社会要解放的不是少数社会精英，而是大多数普通人。人工智能也许会是社会文化区隔的工具，但在斗争的另一面，人与人之间的矛盾在智能社会中也可能会发生微妙变化。特别是当人和人工智能的矛盾日益明显时，就更加凸显了人与人之间友好交往的必要性。因为人不是人工智能，人的本质必须在社会实践中形成，生活意义的建构也必须来自主体经验的体悟。只有与人（而不是机器）相处，广泛体验社会，人的生活才会更明朗，对生活的记忆才会更深刻，生命的状态才最自然，幸福的感觉才最切实。我们对更文明的智能社会充满期待，这样的社会应该更注重人与人之间的友好关系，更注重社会的公平和正义。

第三，智能社会是快乐社会而不是享乐社会。家务机器人、助老机器人、儿童看护机器人、宠物机器人等各种新奇的人工智能产品不断刺激人们的消费欲望，这些人工智能在一定程度上免除了身体劳累之苦，满足各种感官享受。

人们常把这种享乐当作伊壁鸠鲁式的快乐，但是快乐在伊壁鸠鲁那里除了肉体无痛苦外，还注重心灵无纷扰的状态。因为纯粹的肉体快乐只是消极快乐，能够克服人为制造的欲望才是真实的快乐。在智能社会中，真实的快乐绝不会仅停留在感官层面，必定来自人在精神上的充实和宁静。在这样的社会中，人能坦然地面对人之为人的局限性和不完美，不被欲望禁锢于消极快感中。人就是要过一种理性的生活，一种不伪装的、人的生活，而非神的生活。只有克制欲望，回归人的理性，才能真正感受智能社会的美好。

当前，我们离理想的智能社会还有很长的距离，人们面临的挑战在于，科技行业习惯于向前看，更多地关注产品创新、技术落地、产业变现等问题，这对行业而言是件好事。当写字楼里西装革履的高管、兢兢

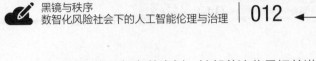

业业的程序员都在整齐划一地朝着这些目标前进时，很少有人愿意接受一种有益的做法，即认真观察"后视镜"，以便能够利用过去的经验预测转弯处的问题。然而，观察"后视镜"，即通过梳理历史信息，时刻紧扣科技发展趋势的脉搏，迎接日益严峻的科技社会伦理难题，对"科技高速路上"的任何一家科技公司来说都是意义重大的。

关注"伦理后视镜"，从而不断调整前进的角度和速度，近年来已经慢慢被一些公司所重视。实际上，对于人工智能的伦理问题，至少从 2017 年开始就有不少大科技公司关注并采取行动了。早在 2011 年，微软公司、IBM 公司和多伦多大学就已经意识到人工智能领域非常需要消除偏见之后的公正性。从技术层面解释，这是因为人工智能中大多数算法模型的工作方式都是"黑箱"，研究人员通常只知道输入的内容和输出的结果与质量，但无法解释清楚人工智能算法内部的工作机制。如果人工智能研究者利用带有偏见的数据集或者在调整参数时加入自己的偏见，就有可能导致人工智能输出结果的不公正。

为了解决这个问题，2014 年，微软研究院启动了 FATE（Fairness Accountability Transparency and Ethics in AI）项目，旨在提升人工智能的公正、可靠和透明度。这个项目团队每年组织一次名为 FAT in ML 的专题讨论会，邀请人工智能领域内多位资深技术专家分享新的研究进展。Google 公司重金收购的英国 DeepMind 公司在 2017 年启动了 DeepMind Ethics & Society 项目，并提出了两个目标：一是帮助技术人员践行道德，二是帮助社会预测人工智能的影响，让所有人受益。

对于科技公司而言，人工智能不仅不是万能灵药，而且是很有风险的技术，因此需要拥有"瞻前顾后"的能力才能在产业竞争中游刃有余。在人工智能的"黑箱"可以被清楚理解和完整解释之前，一个值得参考的建议是，先确立人工智能的基础法则。当然，由于人工智能的影响早已超越一般性的组织，因此全球都在制定人工智能治理的原则，并根据这些原则提出适合当地人工智能发展的战略，其中最具代表性的就是欧盟的人工智能治理法则，即基于人工智能伦理的治理生态。早在 2015年 1 月，欧盟议会法律事务委员会（JURI）就决定成立专门研究机器人和人工智能发展相关法律问题的工作小组。2016 年 5 月，JURI 发布《就机器人民事法律规则向欧盟委员会提出立法建议的报告草案》（*Draft Report with Recommendation to the Commission on Civil Law Rules on Robotics*），呼吁欧盟委员会评估人工智能的影响，并在 2017 年 1 月正式就机器人民事立法提出了广泛的建议，提出制定《机器人宪章》。2017 年 5 月，欧洲经济与社会委员会（EESC）发布了一份关于人工智能的意见，指出人工智能给伦理、安全、隐私等 11 个领域带来的机遇和挑战，倡议制定人工智能伦理规范，建立人工智能监控和认证的标准系统。同年 10 月，欧洲理事会指出，欧盟应具有应对人工智能新趋势的紧迫感，确保高水平的数据保护、数字权利和相关伦理标准的制定，并邀请欧盟委员会在 2018 年初提出应对人工智能新趋势的方法。为解决人工智能发展和应用引发的伦理问题，欧盟已将人工智能伦理与治理确立为未来立法工作的重点内容。在推动本地化人工智能伦理走向治理上，毫无疑问欧盟是走在前面的。

基于这个现状，我们认为人工智能治理对于现代社会的组织（国家、社区、企业、家庭等）是不可或缺的命题，因此撰写了本书，探讨人类从社会的伦理反思到治理生态的系统逻辑，这个命题可以作为技术伦理到技术治理的创新尝试。可以看到，第四次工业革命（工业 4.0）正当其时，当下人们讨论大数据、人工智能、基因配对、生殖克隆之时，技术发展导致的伦理困惑议题已成为一种新常态。其中浮现了一个显而易见的悖论：作为人类扩展世界、拓展自然的手段，技术在迅速扩展之时也扩展到人类自身。简言之，人类也成了人化自然的一部分。由此，现代科技爆发式发展促使人类重新审视生命的定义，尤其是作为"主体"的人类自身与其他物种的关系。此刻，似乎已经通过科技"掌握"一切的人类却逐渐开始迷茫、困惑，我们如同几千年前的先人一般再次追问那些恒久问题：生命的本质是什么？人与机器的价值核心差异是什么？只有在我们搞清楚这些问题的时候，再去思考人工智能伦理，才会有清晰的思路。

数字技术和人工智能革命的结果无法预测，毕竟历史无法告诉我们什么才是最后的技术革命，但严峻的直接威胁、长期的结构性失衡和紧张的局势引发了国际上对人工智能伦理和治理的热议。在这场讨论中，"伦理"一词经常被用来表达对人工智能潜在威胁的合理担忧。关于人工智能伦理和治理的讨论，最有争议的就是世界范围内各种各样的人工智能原则框架定义，这些定义主要由大型互联网平台、跨国公司、国际非政府组织和各国政府提出。

尽管某些伦理原则存在细微（但关键）的差异，但各种人工智能原则框架都强调未来的人工智能应该是安全的、可解释的、公平的和可靠的，并且其收益应该由社会共享。这些定义似乎达成了一个国际共识，即人工智能应该被用来为人类谋福利，应以人为中心、负责任、值得信赖，并应始终将能动性交给人并为人所监督。

然而，这些积极的人工智能原则框架反而证实了当今的伦理和治理能力不足以防止或减轻人工智能的破坏性力量，而且这些潜在破坏力明显具有全球影响和历史意义。几乎所有的框架都是从狭义角度分析人工智能风险，没有考虑技术的双重属性与实际的社会、政治、经济和国际事务之间的联系。这些人工智能原则框架忽略了人工智能最有可能推动而非改变社会、政治、经济和国际事务的历史发展。人工智能将越来越多地作出自主决策，但短期内它不会脱离人类并实现完全自主。我们不能依赖人工智能承担一个卓越的、超级有益的、以人为中心的"指引者"角色，以指引人类过上普遍公平、有尊严的生活。虽然很多人工智能原则很容易被确立，但考虑到人工智能风险的复杂性和不确定性，确立新的治理方法以执行人工智能原则将更加困难。

如果需要解决以上问题，我们应具备的知识体系一定是跨域的，因此在本书中我们不仅讨论技术伦理所涉及的伦理学、政治经济学、哲学和社会学等人文学科，也会涉及计算机科学、生物学以及人工智能等理工学科。我们相信，唯有打破学科边界，将知识拓展到相应学科的交叉领域，才有可能为我们解决不确定世界中的复杂问题提供有益的思考框架。值得庆幸的是，在人工智能尚不具备真正的智能的时候，我们已经走在为其制定规则的路上了，这也是我们撰写本书的思想基础，即拓展和建构人工智能时代的人文主义。

对于今天的人们来说，突破启蒙时代早期的观念，持续探索人类自身和外在世界以及两者之间的关系，是必不可少的积极选择。这样的研究是多向的，既包括继续进行生命科学、人工智能和其他科学与技术的研究和发明，也包括为了应对这些已经出现或即将出现的现象而进行的对策研究，甚至包括预防的研究，而后一种研究要通过人文科学、社会科学和自然科学的综合研究来完成。

回顾地球数十亿年的历史，智人这个物种用了短短 7000 年就发展出人类文明，并成为这个星球上脱离了自然的约束并决定其发展的最重要的力量。那么究竟人类和其他动物有什么区别，使得其成为一个特殊物种呢？在众多理论中，由英国学者凯文·莱兰提出的基于信息传递效率的文化驱动理论已经得到了最新研究成果的有力支持。这个理论认为，人与其他动物的区别在于人类拥有含义丰富的口语或符号语言，这使得人类从文化中学到的东西比其他动物更多并具有继承性。在现存的生物中，人类是唯一突破了文化变革阈值的物种，这就形成了所谓的基因-文化协同演化过程。换言之，人类社会之所以会出现大规模合作现象，就是因为人类具备这样的社会学习和教育能力，能够实现在其他生物群体中存在的合作机制的同时，也产生了新的文化群体选择的合作机制，从而成为独一无二的物种。

因此，我们对人工智能伦理研究的立足点就在于人文主义，即通过以人为核心的文化价值传承和社会知识系统的建构来保障人的中心和主体地位。我们可以看到人工智能时代的人文主义精神就是持续地促进并在可能的情况下筹划人的发展和进化，借助于日新月异的科学和技术，持续地提高人类自身而使其得到升华。人的性质如果不能变化，那么它的前景就不是中止并永远停留在当下，而是趋向于被淘汰和消亡。人工智能时代的人文主义蕴含了如下的自信和精神：人类本身的发展和进化在今天已经开始呈现出文化的与物理的统一趋势，这正是人们应对人类前景的积极观点的根据所在。

过去数年间，科学家提议用"人类纪"作为地球的一个地质年代，这个地质学概念的提出有重要的观测数据和研究数据基础，最具代表性的就是7000年人类文明史带给现代人类的现状。在人类纪之前，具有大规模地改变地球生态和气候的力量来源于地球自身；而人类则用人工设计取代了自然选择，将生命形式从有机领域延伸到无机领域，将人工设计放在自然中去塑造环境。最重要的是，人类正在运用科技的力量对自身的进化方向施加影响，包括生物工程、赛博格工程和非有机生物工程等，这一系列问题都与人工智能的伦理等课题有着密切的关系，即关于人的自我认知和技术伦理问题等，这也是读者理解本书的基点：人工智能的伦理问题的本质是什么？如何建立一种合理的人机共生的秩序？
我们将通过 12 章来阐述这些问题，从社会发展的现代性到数智化风险
社会，从医疗人工智能到深度合成技术，从计算法学到人机共治，等等，
相信这些内容会使读者有足够的知识去理解人工智能伦理与治理这个关
乎人类未来命运的问题。欢迎各位读者与我们一同开启这次关于人类未
来的思想"奇幻旅程"。

第一部分

人工智能伦理：
现代性带来的新问题

伴随着人工智能、大数据、基因编辑、增强现实、区块链等技术的应用，人类的存在方式已经发生了巨大的改变。科技给人类带来了更健康、更舒适的生活方式，解放了人类的双手，让人们有更多的文化探索和自我价值实现的机会。特别值得一提的是，在全球抗击新冠疫情的大背景下，人工智能等技术大显身手。我们看到，医疗影像辅助诊断、无人机无接触服务、检测和预防自动化等人工智能技术在多种场景的应用逐渐普及。同时，国家明确提出数据是数字经济时代的生产要素，如何规范和促进数据的使用成为发展人工智能的重要课题。

我们正在面对的全球疫情挑战是人与病毒的正面交锋。在面临此类"黑天鹅事件"的时候，技术是否真正地与人"站在一起"？在此，我们需要正视这个根本性问题——技术与人类的关系。作为人类最强大的力量之一，科技将引导人类社会走向什么样的未来？如果技术是一种"灵药"，那么这种"灵药"给人类带来的副作用到底是什么？

其实，科技本身不具备伦理色彩，但加入了人性的催化剂，却可能转化成危险的"黑科技"。人类对于好与坏的标准根植于社会文化之中，在很大程度上会左右科技的发展，当今的任何一种技术都带着社会文化的烙印。因此，我们对技术伦理的分析也必须放到社会文化的大背景之中。换言之，技术本身并不涉及一个定性的伦理判断，而是技术为相应的伦理判断创造了特定条件和空间，使得人类可以将技术放在某种社会文化中进行讨论。这并不意味着单纯的"技术中性论"，而是表明人性的影像会映在技术之镜上，直接作用于技术的发展以及技术发展之下的伦理选择。

先来回顾技术伦理产生的背景。在过去很长一段时间里，技术在哲学和伦理学中没有显现出它的重要性；直到在工业革命进程中，技术现代化推动人类社会进入现代，技术伦理才成为一个非常重要的问题。在

16 世纪之前，"现代"这个词并不存在，英语 modern 指的是"当下"或"此刻"。"现代"意味着一种新的历史观。在现代社会之前都是"循环往复"的历史；而经过了工业革命和启蒙运动，人们开始关注当下的时代，时间成为一个线性展开的有方向的矢量，这就是技术伦理问题出现的最核心的背景，即人们开始否定传统，与之决裂，关注当下与未来，对人的创造性和主体性有进一步的肯定。这是人类文明进入现代化的过程，这个过程同时也带来了现代性的问题。

所谓现代性进程，包括一系列具有里程碑意义的事件，如文艺复兴、宗教改革、科学革命、启蒙运动以及法国大革命等。这些载入史册的社会思想与实践运动，成为塑造现代人类文明的基石。与此同时，现代化的结果也产生了：经济上，现代的工业、商业和城市崛起；政治上，民族国家与现代民主与宪政成为共识；社会上，城市塑造与人口大规模流动方兴未艾；思想基础上，理性主义和个人权利成为人类文明的基础。技术伦理问题正是在这样的现代性进程中逐步展开的。

本部分将从技术伦理出发，审视技术可能带来的终极问题。这些问题包括但不限于：我们是否应该采用基因编辑技术改变生殖和进化的方式？赛博格是否是人类种族生存的未来？人工智能是否会控制人类？我们如何制定数智时代的数据规则？比较特别的是，我们偏向数字经济学的视角而非传统经济学的范式，更深层次地关注这些具备一定"后人类"属性的未来科技，尤其是基因技术、人工智能技术。

第一章

人工智能时代的新问题

01

何以为人： 人工智能与基因编辑的未来

2018年11月26日，南方科技大学副教授贺建奎在一次会议上宣布，一对基因编辑双胞胎于11月在中国出生，这对双胞胎的一个基因经过修改，意在使她们出生后即能天然抵抗艾滋病毒感染，如果成功，她们将成为世界首例免疫艾滋病的基因编辑婴儿。贺建奎的"成果"引发全球科学界的普遍谴责，多位世界基因研究先驱指出其研究牵涉的医学道德伦理问题，中国医疗与科研监管部门也马上对其立案调查。这是有史以来全球第一次被修改过基因的人类个体出生，被科学界普遍认为是不道德的，是对人类尊严和科学精神的践踏。

从技术上说，贺建奎使用的CRISPR基因编辑成为人们关注的焦点，由此引发了关于操纵人类种系的伦理道德的重大辩论。社会极为关注的是：在将CRISPR研究安全地转化为治疗方法之前，科学家需要更好的方法来避免技术的潜在破坏性目标效应。CRISPR的问题在于：利用CRISPR-Cas9编辑工具切割双链DNA后，DNA会自行修复，但有时会在此过程中引入突变。有的科学家认为这些错误取决于几个因素，包括靶向序列和指导RNA（gRNA），但它们似乎也遵循可重复的模式。2018年，Wellcome Sanger研究所的研究人员表示，他们已经使用机器学习技术开发了一种工具，可以预测CRISPR可能引入的细胞突变。他们相信该技术可以提高CRISPR研究的效率，并简化将其转化为安全有效的治疗方法的过程。该研究发表在2018年11月27日Nature Biotechnology杂志上。该研究小组合成了一个包含41 630对不同gRNA和靶DNA序列的文库。他们使用不同的CRISPR-Cas9试剂在一系列遗传方案中研究它们，以分析DNA的切割和修复方式。总而言之，研究人员生成了超过 10 亿个突变结果的数据，并将其输入机器学习工具。其结果是产生了一个名为 FORECasT 的计划（Cas9 目标修复事件的优势结果），它可以预测修复的结果，无论是单碱基插入还是遗传物质的小缺失。可以看到，人工智能技术的加入使得基因编辑技术更加有效和安全了。

可以看到，基因编辑技术彻底打破了传统医疗的限制，如果应用不当，将以一种无法控制的态势彻底颠覆人类社会现有格局，甚至可能会成为人类毁灭的源头，这也是贺建奎事件引起全世界如此大的关注的原因。我们需要谨慎对待基因编辑技术的发展与应用；但不可否认的是，相比于基因编辑技术的强大影响力，传统的医疗手段其实对人的帮助非常有限。

从本质来看，虽然传统医疗技术还在不断发展，但是"传统医疗仅仅支持生命的自我修复"这一本质无法改变。美国医生萨斯（Thomas Szasz）说："在宗教强盛而科学无力的从前，人们误将神的力量当作医疗；在科学强大而宗教弱势的今天，人们又误将医疗当成神力。"事实上，医生们都知道但秘而不宣的"真相"是：真正治好病的是病人自己，所有的医疗行为都只是起到了支持的作用。换言之，生命的自我修复能力才是关键，医疗的支持就是给自我修复赢得时间、创造条件，等待自我修复最终发挥作用并战胜疾病。

而如今的基因编辑技术则改变了传统医疗的行为逻辑，直接探索改进人类存在方式的手段。对试管中的人类胚胎进行基因操控，不仅可能预防遗传性疾病，还可能改变人类的身高、智力等其他特质。在这样的技术浪潮下，未来极有可能出现"超级优生学"：人类会通过基因操控、优质基因筛选、克隆和传统方式进行交叉繁殖，彻底地改变我们对医疗的理解，也会直接改变人类社会的未来。除此之外，通过脑机接口等方式增强人类感觉敏锐度、拓展人类运动控制的范围也是一种改变人类的方式。

通过这样的"人类增强"方式改变医疗的本质，在伦理上受到了很大的反对，原因就在于很多学者认为这样的做法使得人类就像工艺品一样缺乏"自然性"，有损于人类的尊严。不过这个理由似乎越来越受到挑战，尤其是当人类面临无法预知的灾难而现代医疗手段又束手无策时，大家往往会想到求助于这样的技术解决方案。这里的矛盾之处在于，面对各类事件，我们有选择地主张人类尊严。然而医疗缺陷、疾病和提升基因能力本质上是一回事，只是人类在伦理和情感上很难将其对等看待。换句话说，人工智能与基因编辑技术的结合挑战了"何以为人"的根本性伦理问题。

我们可以看到，从经济学和社会学视角来看，"人类增强"面临着很大的挑战，主要是因为这项技术可能会服务于那些经济能力更强的人群和家庭，从而导致社会不平等的永久性，也就是"自由优生学"的扩张。那些占据大量资源的富人可以通过编辑基因来改造自己的后代，使得后代在智力、外貌、身高，甚至寿命方面取得对普通人压倒性的优势，继而垄断所有的资源，一个由富豪组成的"基因贵族"阶层由此形成。而此时普通人与"基因贵族"相比没有任何优势，将被淘汰到社会底层，甚至有可能沦为奴隶或灭绝，使得阶层固化越来越严重。

极端情形下，人为判断基因的优劣，可能导致像纳粹那样对他们不认可的种族实行灭绝。正如英国作家阿道司·赫胥黎在1932年出版的长篇小说《美丽新世界》中所描写的那样：取消自然胎生，婴儿由实验室孵化出来，直接就被预定了命运、设置了条件。这些婴儿在出生之前，就已被划分为阿尔法（α）、贝塔（β）、伽马（γ）、德尔塔（δ）、厄普西隆（ε）5种"种姓"或社会阶层。一切条件设置的目标都是让人们喜欢他们无法逃避的社会命运。5 种"种姓"分别培养。其中，阿尔法和贝塔是领导和控制各个阶层的高级人物；伽马是普通阶层，相当于平民；德尔塔和厄普西隆是智力低下、只能做普通的体力劳动的最低贱的人。如是，不仅长期形成的社会伦理关系发生了颠覆，整个社会公平也无从谈起，终将导致人类社会的分裂。

除此之外，我们目前可以看到的是，从技术层面和人类自身驱动力来说，这些"人类增强"技术会将我们带到"后人类时代"。"后人类主义"这个术语进入当代社会科学的时间是 20 世纪 90 年代中期，但是它的源头则至少可以上溯至 20 世纪 60 年代。哲学家福柯在《词与物》中也提到："人是近期的发明，并且正接近其终点……人将被抹去，如同大海边沙地上的一张脸。"这句话总括为他对"人之死"的宣言。在人类的一切古老神话中，人与神之间的区别就在于：人是有寿命的，而神是不朽的，当人突破自身的生物学限制并获得永生的时候，人类也就变成了神。

后人类主义将经过技术改造的新人类称为后人类（posthuman），并从两种研究路径对其进行反思：一是基于科学技术开发和利用所做的总结与展望，期待新技术推动人类走向完美；二是立足于反思和批判的立场，对后人类及其时代提出质疑。虽然这两种路径有一个前后相继的大致次序，但它们都将关注的焦点放在科技高度发展情境下"人"的边界、"人"的形态的变化及由这种变化带来的多重维度的思考上。

在这个意义上，后人类主义可以看作对人文主义的解构，从身体和物种层面消解人类在自然界中的特殊性。后人类有 3 种进化模式：一是借助基因工程或无性繁殖（如克隆技术）；二是通过技术种植或人工种植；三是利用虚拟技术制造虚拟主体、改造现实主体，将虚拟世界和现实世界、虚拟人和现实人合二为一。它们突出地表现于一种人机结合样态——赛博格中。

　　著名哲学家尼克·波斯特洛姆在《来自乌托邦的信》一文中极力宣扬了后人类时代的收益，并总结了以下 3 个后人类状态的特点。

　　第一，大多数人可以利用类似脑机接口等技术完全控制自己的感官体验，模拟的生活和现实的生活将没有任何区分。

　　第二，大多数人将不再有心理上的痛苦，抑郁、恐惧和自我厌恶等情绪将消失。这里带来的问题是我们无法了解这些痛苦的体验是否跟个人的成就感和自尊心之间存在天然的联系，以及我们是否能够接受"人造的"幸福感带来的收益。

　　第三，大多数人将拥有远长于自然年龄的生命。长寿时代不只是老龄化、延迟退休和劳动力短缺，带来的新问题是使得冗长乏味和不负责任成为一种普遍现象。

　　《来自乌托邦的信》描绘的是后人类欢乐的一面和令人振奋的场景：让某些旧的束缚荡然无存，进而重新思考人类的意义，并且是以崭新的方式。但从辩证角度来看，人类的这种"进化"需要从内部进行转变，从而获得一种新的文化形态，否则个人便会成为时代的废弃之物。特别是当人类日益技术化之后，带来的是对"技术可以取代人类"以及"技术无法取代人类"的争论，前者导致了离身性的后人类主义，后者导致了具身性的后人类主义。

　　离身性的后人类主义强调，身体仅仅是生命的次要附加物，生命最重要的载体不是身体本身，而是信息化编码信息。这种观点强调心灵可以摆脱身体的束缚，而虚拟的身体也可以认为是心灵创造的实质，游走在信息中的实质又可以反过来对心灵与虚拟身体产生影响，并且高科技的虚拟身体不会与物质身体产生相互作用。

　　而具身性的后人类主义将虚拟的身体看作人类的一种新形态，它是对边界的一种跨越。必须说明，这种观点并非否认身体的存在，更深层的是对另一种"身体"意义的包裹。即技术哲学家唐·伊德提出的第三类身体（考虑技术因素，以技术构建的身体），承认身体在生命认知过程中发挥的关键作用，认定具身是主体身份的必要条件。

在了解了科技哲学家们关于后人类的观点后，我们回到现实案例。过去几年在资本力量的推动下，一些商业医院而非公立医院不断尝试基因编辑技术，类似贺建奎这样的学者会冒着很大的伦理风险做基因实验，其本质是基因实验背后的资本与权力的博弈。一方面，生物基因知识就是资本，而知识的资本化带来了权力，在海外很多医院通过生产盈利，并以专利的形式支付给大学的费用。换言之，生命体的生命基因编码都转化为收入，人类自身慢慢失去了对自身基因控制的主导权，即资本推动了生产的知识系统，推动了人类中心位置的偏离，进而导致了伦理和价值观的错位。另一方面，科技伦理系统正在产生，原来的自然和人的对立系统将逐渐演化为一种由世俗文化与启蒙主义主导的技术伦理系统。

著名科学家斯蒂芬·霍金在《对大问题的简明回答》一书中表达过此类担忧："法律能禁止人类编辑基因，但人类无法抵挡诱惑。"如何摆脱资本的束缚，推动公民社会的建构，成为社会亟待解决的难题。人们对技术有着非常大的期望，正如1971年诺贝尔物理学奖获得者丹尼斯·加博尔所说的那样："所有在技术上能够被实现的，无论要为之付出怎样的道德成本，都值得被实现。"而在技术和市场的交叉作用下，人们开始朝着这个方向越走越远。

我们可以看到很多国家和商业机构开始建立各种伦理委员会来审查科技成果的可接受性，以使得产品实施符合伦理学要求，但是其根本困难在于"市场的本质就在于通过创新突破一切桎梏"，伦理的先进性始终滞后于科技的先进性。人类正在成为造物者，凭借未来实验科学的

进步从自然界获取力量，但是没有为这种力量设定限制。美国未来学家雷·库兹韦尔在《人类2.0：改变的圣经》中讨论了生物技术、机器人技术和人工智能融合后产生的"技术奇点"，通过对效率和技术跃迁行为的探讨来表达一种侵略性的未来个人主义思想。

最终我们回到对人的存在的思考上，法国哲学家米歇尔·福柯在20世纪70年代提出，我们理解的人文学科不是由人文主义的普世主张构成的，而是由一套清晰的关于"人"的假设构建的，这种假设受历史和语境局限。人是由生命、劳动力和语言等结构构建的，是一个"经验主义—超验主义的双重结构"，并处在永恒的发展中。

事实上，我们在这样一个技术高速发展的时代，也要重新对这个问题进行探讨，考虑技术、社会、伦理、经济之间的关系，注重经济效益之外的社会价值和伦理价值。这种价值对于商业本身也有决定性的影响，这一切也是我们正在面临的真实的商业世界：科技和资本改变了世界，而接下来伦理将改变商业和资本的走向。

将基因编辑技术从"治疗"扩展到"预防"，就模糊了基因编辑的边界，而"预防"和"改善"则只有一步之遥，如果一个家庭想要使自己的后代具备某些特质（高颜值、好身体、高智商）等，就带来了巨大的危机。如果说"贺建奎们"开启了一段"历史"，而这段"历史"的危险就在于基因编辑很有可能会带来人类文明的终结，包括破坏人类基因库的多样性、塑造永恒的不平等等很多问题，而这也是人类文明正在面临的选择和挑战。"何以为人"的问题不仅在重新定义我们的技术文明的发展历史，也在重新定义整个"人类纪"的历史，不同的选择会导致人类进入完全不同的进化路径和文明进程之中，这是我们这一代人的重大历史使命，我们需要以一种特别审慎的态度去对待这一问题，以避免造成巨大的风险和不可预知的未来。

人机共生: 近未来的挑战与问题

在过去数年的人工智能发展过程中, 正向和反向的问题都关联到同一个命题: 人机共生。

我们可以看到整个社会面对人工智能的两类看法: 一类看法是, 人工智能给社会发展带来新的技术红利, 不同的行业因此得到了赋能, 通过人工智能技术的发展终将重塑人类社会和人类未来的可能性, 我们正在成为半有机物半机械化的赛博格人; 另一类看法是, 人工智能技术带来了巨大的伦理风险, 会冲击社会的基本秩序和伦理底线, 使得相关责任人陷入伦理困境, 从长远来看, 人类甚至可能会被人工智能全面超越和反噬, 技术人将取代人类。

事实上, 人工智能的核心哲学思想就是假设智能系统是在约束的资源条件下运作的, 而主流的深度学习方法论则与此相悖。本章就是基于这个认知来讨论人工智能伦理与技术哲学之间的真实困境。

关于人工智能伦理的研究经历了 3 个阶段。

第一个阶段主要研究人工智能伦理必要性的问题。相关的研究主要发起在美国, 由于美国在人工智能技术上保持的领先性, 以 Google 公司为代表的企业很早就遇到了诸如人工智能军事化等伦理问题, 引发了产业界和学术界的重视。

第二个阶段主要研究人工智能伦理准则。这个阶段欧盟和中国都积极参与, 例如 2019 年 4 月欧盟委员会发布了人工智能伦理准则。这些原则包括: 确保人的能动性和监督性, 保证技术稳健性和安全性, 加强隐私和数据管理, 保证透明度, 维持人工智能系统使用的多样性, 非歧视性和公平性, 增加社会福祉, 以及加强问责制。迄今为止有数十个研究机构或者组织提出了各自的人工智能伦理准则和建议,大体上这些原则具备一定的普适性和内在的一致性,在伦理的树立层面达成了一定的共识。

第三个阶段是目前我们所处的阶段,主要对人工智能伦理体系进行研究,也就是人工智能伦理准则的具体内涵和应用措施的研究。通过"伦理使命—伦理准则—实施细则"的体系来解决两个在原则层面无法解决的问题:一个问题是"人工智能伦理的自我执行性问题",即原则如何通过相互配合的运作机制落实;另一个问题是"人工智能伦理的风险控制问题",即通过前瞻性的部署以降低其应用风险。简言之,人工智能伦理体系规划阶段就是人工智能伦理从虚到实的过程,只有这样才能规范地推动人工智能技术的发展,不断改进和完善其技术的演化路径。

从技术视角来看,人工智能伦理体系应该如何与人工智能技术的动态演化相适应?在回答这个问题之前,我们需要了解人工智能的技术本质。人工智能技术拥有不同范式,包括逻辑智能(命题逻辑和一阶谓词逻辑)、概率智能(贝叶斯定理和贝叶斯网络)、计算智能(遗传算法和进化计算)、神经智能(机器学习和深度学习)、量子智能(量子计算和量子机器学习)。

总体来说,人工智能可以看作机器通过建立在大数据基础上的逻辑推理与感知学习与真实世界互动。换言之,人工智能逻辑算法能够执行的底层架构是海量的数据,人工智能公司拥有的数据资源越多,在竞争格局中的优势越明显。《人工智能时代》作者、斯坦福大学人工智能与伦理学教授杰瑞·卡普兰认为:"一个非常好的人工智能公司往往依靠大量数据,而且强大的公司会越来越强,他们能将数据的累积、迭代和自动标注形成一个良性循环。"机器从特定的大量数据中总结规律,归纳出某些特定的知识,然后将这种知识应用到现实场景中解决实际问题,这个过程即计算机的逻辑推理。

人工智能从 1956 年建立概念至今，最初是逻辑学派占主导地位，主要是因为逻辑推理和启发式搜索在智能模拟中避开了大脑思维规律中深层次的复杂问题，在定理证明、问题求解、模式识别等关键领域取得了重大突破。早期科学家普遍认为，人工智能与传统计算机程序的本质差别在于它能够进行逻辑推理。这种思维抛开了大脑的微观结构和智能的进化过程，单纯利用程序或逻辑学在对问题求解的过程中模拟人类的思维逻辑，所以也被分类为弱人工智能。

回顾近现代知识论中有重要影响的哲学家笛卡儿的理论，真正的智能将体现为一种通用问题求解能力而不是特定问题求解能力的一个事后综合。这种通用能力的根本特征就在于它具有面对不同问题语境而不断改变自身的可塑性、极强的学习能力和更新能力。

笔者认为这种通用问题求解能力是机器感知的必要不充分条件，只有当机器不单纯针对某个具体问题展现过人的水平，而是在各类通用问题上都能通过构建自我逻辑系统与学习系统与世界反馈，才能从意识上实现机器"觉醒"。与之相对应，康德在《纯粹理性批判》中提出了整合经验论和唯理论的心智理论。他将心智的知觉活动划分为两个板块：其一是感性能力，其任务是拣选出那些感官信息的原始输入；其二是知性能力，其任务是致力于把这些输入材料整理成一个融贯的、富有意义的世界经验。康德将主要精力投向了知性能力，给出了一个关于高阶认知的精细模型，并通过该模型将知性能力区分为 12 个范畴。

当机器拥有知性能力时，便获得了感知世界并与之交互的能力，我们也可以称之为自主意识。自主意识可以让机器在没有预先设定程序的情况下通过自我感知与学习来处理复杂系统。美国心理学家和计算机科学家约瑟夫·利克莱德提出了"认知计算"概念——可以让计算机系统性地思考和提出问题的解决办法，并且实现人与计算机合作进行决策和控制复杂的情形，而这个过程不依赖于预先设定的程序。

从科幻电影中我们也可以逐步生成对机器感知的主观印象：从1927年的德国电影《大都会》、1968年的《2001：太空漫游》到几年前的《超能陆战队》《她》《机械姬》，观众们普遍认为强人工智能带来的会是一个有意识、有人形、智慧与人类相当甚至超过人类的机器人。

当前，人工智能技术还未成熟，换言之，我们依然置身于弱人工智能时代，但人工智能应用在现实生活中的伦理问题已经很严峻。随着自动驾驶汽车日益普及，特别是一些无人驾驶汽车交通事故的发生，伦理学中著名的"电车难题"成为保证无人驾驶安全性甚至人工智能伦理必须思考的问题。

麻省理工学院参考"电车难题"启动了一个名为道德机器的在线测试项目，收集整理公众的道德决策数据。来自233个国家和地区的数百万用户共计4000万个道德决策的数据反映出一些全球性偏好：更倾向于拯救人类而不是动物，拯救多数人而牺牲少数人，优先拯救儿童。但基于地理和文化等因素的异质性，在部分问题选择上，不同国家和地区的人们依然具有不同倾向程度的差异。2018年，德国为自动驾驶汽车制定了首个伦理规则。该规则提到，相比于对动物或财产造成的伤害，系统必须最优先考虑人类安全；如果事故不可避免，禁止任何基于年龄、性别、种族、身体特征或其他区别的歧视；对于道德上模糊的事件，人类必须重新获得控制权。这种通过人类预先设定道德算法在机器身上植入能够控制机器选择与行为的设计方式属于自上而下式的。

从解决方案来说，设计者（人类）必须先在伦理理论方面达成社会一致性，分析在计算机系统中执行该理论所必需的信息和总体程序要求，然后才能设计并执行伦理理论的子系统。尽管这种自上而下的设计方式可以建立在"无知之幕"的基础上以保证相对公平，但预先设定的算法往往在具体问题上产生自相矛盾的困境。

相比之下，自下而上是一种全新的思路：让机器通过日常规则的迭代衍生出自己的道德标准。具备感知学习能力的机器可以汇总外部信息，在不同情境下形成系统行为模式。同时，设计者可以通过建立一个奖励系统，鼓励机器采取某些行为。这样一种反馈机制能够促使机器及时发展出自己的伦理准则，类似于人类在童年时期形成道德品质的学习经验，使得人工智能够真正成为人工道德主体，建立自身行为的正当性。

为了探究机器是否能够成为道德主体，我们不得不思考人与机器的关系。人工智能的技术突破了自启蒙运动以来人和非人实体之间的界限。随着人工智能的发展，人、技术与世界的关系结构发生了改变，人和技术也表现出融合关系，例如后现象学技术哲学家维贝克提出的赛博格关系和复合关系。当机器的主体地位独立于人类时，其是否能够成为更为人道的责任主体呢？

以智能化无人机为例。2018 年 6 月，美国国防部宣布成立联合人工智能中心以来，美国不断加快人工智能军事化应用的步伐。2020 年初，美军袭击杀害伊朗高级将领卡西姆·苏莱曼尼，让中东局势骤然紧张。媒体报道称，美军在这次行动中使用了"收割者"无人机。伴随人工智能技术在军事应用领域的深化，以"收割者"为代表的无人机已具备了智能化特征，由此也引发了对战争责任主体的新争议，即相对于传统战争中人类作为唯一的责任主体，高度智能化的无人机能否更好地承担战争责任，进而将未来战争引向更为人道的方向？

美国乔治亚理工学院的罗纳德·C. 阿金指出，在确保交战正义性上，较之有人作战平台，智能化机器人具有以下 6 个优势：无须考虑自身安全；具备超人的战场观察能力；不受主观情绪左右；不受习惯模式影响；具有更快的信息处理速度；可以独立、客观地监测战场道德行为。

　　基于以上优势，他认为，在执行人道原则方面，智能化无人作战平台会比人类表现得更好。然而，限于目前无人机自治系统存在不稳定性和风险性，包括控制系统故障、电子信号干扰、黑客网络攻击以及其他战场上可能发生的意外情况，都会影响其执行符合人道主义规约的决策，甚至造成战场杀人机器的失控。另外，无人机导致的责任分配困境还体现在如何应对"责任转嫁"的问题中，利用人机的高度一体化，军方和政府可以把人为的责任转嫁给无人机，以逃避战争罪责。

　　无人作战的出现，必将导致一些传统的战争伦理发生深刻变化，这需要引起高度重视。目前，一些国家已经提出给智能化程度越来越高的军用无人系统制定国际法和伦理准则，以约束其战场行为。2013 年 5 月 27 日，联合国人权理事会例行会议也指出，将机器人从远程遥控发展至自动判断敌情、杀死敌人，可能误伤准备投降的士兵。这提醒我们既要利用战争伦理维护自己的利益，又要改变战争伦理，为无人系统使用提供合法保障，或者发展符合战争伦理规范的无人系统。例如，对无人系统进行规范，要求其能够自动识别、瞄准敌人使用的武器，使其失效或遭到摧毁，解除对己方构成的威胁，却不必杀死相关人员，以减轻人们对潜在的"机器人杀手"的种种担忧。

　　机器拥有"心智"是人类的追求，也让人类对自身安全产生担忧，这反映的是一种对人工智能自主进化的不确定性导致的恐惧。霍金说："将人工智能用作工具包可以增强我们现在的智能，在科学和社会的每个领域开拓进步。但是，它也会带来危险……我担心的是，人工智能自己会'起飞'并不断加速重新设计自己；人类受到缓慢的生物演化的限制，无法竞争以至于被超越。在未来，人工智能可以发展自身的意志，那是一种与我们相冲突的意志。"

　　从技术路径来说，未来学家担心的就在于超级人工智能具备了智能的演化和自我复制性，从而在思想上超越人类，也就是达到技术奇点。要理解人工智能是否能够达到这个所谓的技术奇点，需要清楚智能的本质是否具备上文提到的感知能力所要求的基本要素。

让我们再回到深度学习技术的现实发展过程中来，这一轮人工智能技术的发展是以深度学习为基础的。虽然深度学习会在短期内使人类劳动力得到表面上的解放，但是会在长期内钝化社会机制，阻碍人类的治理发展得以充分实现。换言之，人类对深度学习依赖越多，就越难从这样的风险中解放出来。

深度学习带来的技术伦理风险有 3 方面：第一，深度学习方法使得我们要按照其本身的需求对人类不同领域的知识进行分类，这会使得人类对社会行业分类的权力和能力下降；第二，大数据技术与深度学习的结合，会对人类自身的隐私安全和信息伦理造成巨大的威胁；第三，深度学习本质上是一种归纳、演绎的系统逻辑，对于"黑天鹅事件"类的风险的应对能力有限，会削弱整个人类社会对偶然风险的应对能力。一言以蔽之，笔者认为深度学习的人工智能并不能带领人类走向更美好的未来，通用人工智能与人类资源的结合才有可能使得人类社会兼具效率和弹性，我们所期待的人工智能时代的革命尚未成功。

回到技术哲学的本源来看，通过知识论和哲学学理的逻辑推导出技术发展的未来，并将认知科学、心智研究和语言建模等学术领域的知识放入其中进行讨论，才有可能摆脱对人工智能发展无意义的乌托邦论或者危机论的争辩，回归到现实主义的路径，建构真正有利于人工智能未来发展的伦理和技术路线。

人工智能的到来让我们开始思考人类进化的路径。如果不谈科幻电影中人类灭亡的极端情况，人类存在两种近未来的演化方向：一种是产生新的物种，一个新的人类种族可以在地球或者其他行星上进化形成，也就是通过定向进化的方式产生新物种（事实上基因编辑技术也是这种进化路径的技术实践）；另一种是人机共生，就是机器与人脑相结合创造新的共生物种，人类越来越接近赛博格，这也是我们可以预见的关于人机结合的重要发展方向，是我们必须面临的近未来中要回答的问题。

数据伦理：新石油时代的政治经济学

机器学习和大数据正在推动全球范围的科技和商业权力的转移。可以看到，2001 年市值最高的公司都是通用、埃克森美孚之类的能源类企业，而到了 2020 年都是和大数据紧密关联的公司。这也难怪人们都说现在数据就是石油，数据就是货币。

第四次工业革命是以大数据为核心的，随之产生的物联网、人工智能、区块链等所有的技术变革都要依靠大数据的驱动才能实现。随着大数据的发展，大数据中蕴含的潜在价值不断得到开发。

作为数据经济时代的"石油"，具备大数据能力的国家相继实施大数据发展战略，推动生产和信息交流方式的变革，希望通过数据价值提升经济增长的质量。不过，不可忽视的是，在大数据价值得到不断开发和验证的过程中，大数据中的伦理问题也引发了非常大的关注，如数据垄断问题、数据隐私问题以及数据信息安全问题。如何规范和促进数据使用已成为发展人工智能的重要课题。

事实上，信息价值的开发依赖于大规模的原始数据的收集，现在互联网、移动通信、电商、社交平台和政府部门等都在收集海量数据。然而，哪些个人数据是允许收集的，哪些是不允许收集的，以及如何避免数据被滥用，在具体的实践操作中确实很难把握。本节将从经济学角度出发，通过讨论数据伦理的制度性构建以及数据伦理的哲学问题为读者建立一种思考框架。

数据信息的共享正处在一个不断趋于平衡的阶段。在大数据环境下，信息共享和融通是大数据信息价值开发的前提。没有信息共享，就会出现所谓"信息孤岛"的现象，信息的价值无法充分开发；与此同时，信息共享的滥用会使得数据被无序开发，从而引发相应的数据伦理争议。

先来看数据垄断与隐私保护相关的问题。以著名的"Facebook 剑桥分析事件"为例，Facebook 公司被爆出利益集团利用社交媒体平台数据操纵美国大选。人们在感到愤怒的同时，也意识到大数据对社会的塑造力量被低估了。Meta 公司的数据库中存储着大量网民的信息，社交媒体巨头正在通过垄断潜移默化地影响人们的决策。人类生存于一个虚拟的、数字化的空间，在这个空间里，人们应用数字技术从事信息传播、交流、学习、工作等活动，每个个体的言行举止在不经意间就会留下"痕迹"，成为可以被记录与分析的对象。在大数据时代，被量化的"痕迹"并不是孤立的存在，它们之间有着千丝万缕的联系。数据垄断者可以通过相关性耦合产生一套新的权力关系，进而对不断被数据化的社会带来深刻影响。

从经济学视角来看，市场经营者基于自身的数据优势，做出妨碍市场竞争和影响社会福利的行为，可以被认定为数据垄断。具体表现分为以下 3 种情况：

第一，对数据资源的排他性独占。经营者通过多种手段阻碍竞争对手获取数据资源，从而强化自身的市场主导地位。尽管数据的非排他性、高流动性和数据主体的多归属性会弱化数据资源的集中程度，但经营者可能采取措施限定交易相关人。例如直接与用户或第三方签订排他性条款，从而达到阻碍竞争者获得数据的目的。Google 公司曾要求第三方网站与其签订搜索广告的排他性协议，以防止竞争对手获取相关数据资源。

第二，数据搭售行为。没有正当理由搭售商品，或者在交易时附加其他不合理的交易条件，属于滥用市场支配地位的行为（《中华人民共和国反垄断法》）。在数据相关市场上居于支配地位的经营者可能会基于数据优势地位通过搭售行为来增强在其他市场上的竞争优势。例如，基于自身数据优势，将数据与数据分析服务捆绑出售，以此增强在数据服务市场上的竞争优势，这种行为在某些情况下能提高效率，但也可能排挤竞争对手、减少竞争，并被认为是滥用市场支配地位。

第三，根据用户画像实行差别定价。经营者与用户之间存在明显的信息不对称，拥有数据资源的主体通过大数据分析手段为用户精准定位，在为用户提供个性化便利的同时，也为差别定价提供了条件。在大数据环境下，垄断者能够准确识别每个消费者愿意支付的最高价格，就可以实施完全价格歧视。在以较低价格向一部分消费者出售商品的同时，又不会影响向其他用户索取高价格，从而满足所有的市场需求。这也是为什么我们常常发现同一时间、同一地点、同一产品服务在两台不同的手机上显示不同的价格的原因。

从本质来看，Meta 案例让人们认识到的是信息共享的双重性问题，即信息共享的自由边界和信息孤岛的价值拓展的矛盾。这个矛盾几乎是数据价值的内生性问题：Meta 公司为所有的用户提供了几乎无限制的信息共享，但是同时也带来了隐私侵权和数据垄断等问题。

从数字经济学的逻辑来说，大数据的隐私和垄断问题就是信息共享时代科技伦理的约束机制问题，其背后的基本逻辑是信息共享的边界和信息价值的公平分配问题。我们应该思考如何建立一种数据伦理的约束机制，在确保大数据信息价值被挖掘的同时也能避免相应的风险。

接下来依据制度和伦理的关系讨论数据保护的规则制定问题。2017

年 6 月，Google 公司因在搜索结果中推广自己而屏蔽竞争对手的购物比较网站，违反了《欧盟运行条约》第 102 条关于滥用市场垄断地位的规定，被欧盟委员会处以巨额罚款。在这个案例中，相关机构创造性地提出了"被遗忘权"的概念，用来表示数字经济时代人们有权要求服务提供者删除遗留在互联网上的数据痕迹等个人信息。

从隐私保护的角度来说，数据保护法律架构包括 3 方面：任何人都拥有个人数据与数据处理的基本权利和自由，个人数据的控制者必须承担个人信息的法律义务和责任，国家必须建立专门的资料保护机构。事实上，在欧洲法院对西班牙 Google 分公司和 Google 公司诉西班牙数据保护局一案的判决中，不仅实现了以上 3 个目标，同时对《欧盟数据保护指令》中保护个人数据隐私的条款采取扩张解释的创新提出了相关意见。2018 年，欧盟推出的《一般数据保护条例》（简称 GDPR）很显然也受到了相关案例的影响，推动了人们关注数据空间作为公共领域中的信息共享自由以及伦理限度的问题。

面对数据伦理相关的挑战，各国政府制定了很多与隐私和数据安全相关的法规。欧盟在 2002 年推出《隐私与电子通信指令》。美国通过宪法第四修正案和宪法第十四修正案的相关判例来保护隐私权，还在 2012 年推出《网络化世界中的消费者数据隐私权》，在 2016 年推出《宽带和其他电信服务中的用户隐私保护规则》等制度。除此而外，很多国际合作组织，如欧洲数据保护组织联合会（CEDPO）、隐私权专家国际协会（IAPP）等，也在进行相关制度建设。

这里值得一提的是日本公正交易委员会在 2017 年 6 月颁布的《数据与竞争政策调研报告》，该报告就数据及其使用环境与状态的变化、手机与使用数据对竞争产生的影响的评估方法以及数据收集与使用行为等多个问题进行了梳理和介绍，关注了很多数据制度的前沿问题（如竞争法框架中的隐私考量、数据原料封锁等）。该报告突出了数据的收集与使用的相关视角，将数据划分为个人数据、工业数据与公共数据，特别是后面两类数据的研究是非常前沿和细致的。

在个人数据方面，该报告提出数据与信息的概念是趋同的（这也是数据伦理和信息伦理的交叉视角），主要讨论的是社交网络市场上的相关行为。而在工业数据方面，该报告强调了数据囤积的概念，指出垄断企业或者寡头可能通过限制数据访问或者数据收集渠道实现数据囤积。在公共数据方面，该报告着重于如何实现政府机构和公共数据的最大化价值应用。通过这样的方式，《数据与竞争政策调研报告》分析了数据交易市场界定的必要性，也为数据相关并购和审查提供了重要的视角。

尽管上述指令或者条例在一定程度上可以为数据伦理保驾护航，但从制度经济学的角度来说，数据监管的危机依然存在。原因之一在于基于芝加哥学派理论基础上的现代反垄断法主要聚焦于 3 类行为：单纯的横向固定价格和划分市场垄断协议、企图双边垄断和垄断的横向合并、有限的排他性行为。正是受此影响，监管机构容易忽视了跨行业合并中对数据竞争的维护，大量数据驱动型并购也并未纳入经营者集中审查。这充分彰显了在现代反垄断法思维定式下应对多边市场数据垄断问题的危机。

并且，对平台滥用市场支配地位行为的反垄断调查属于事后审查，具有滞后性和被动性。要促进数据产业长期健康发展，监管机构不应简单地以打破企业"数据垄断"为由，要求企业做出经济赔偿或者提供超出必要范围的数据。因此，除了加强对平台跨行业并购整合数据行为的事前审查之外，优化数据的分享机制也是促进大数据发展的关键之举。

笔者参加过国家知识产权总署关于知识产权和数据垄断的研究课题和汇报，深知关于这方面的问题国内外都在作不同的尝试，并非已经形成成熟的治理模式，而分类数据以及数据行为是研究数据伦理问题的核心，需要深入思考数据与必要设施理论以及竞争损害理论之间的内在联系。

最后我们从哲学视角理解大数据带来的变革，看看数据伦理所代表的数据价值观与传统的哲学系统之间的关联和区别。

第一，数据的本质带来了新的关于"数"的价值体系。古希腊哲学家毕达哥拉斯提出了"数是万物的本原"的思想，将数据提高到本体论高度。随着大数据时代的来临，数据从作为事物及其关系的表征走向了主体地位，即数据被赋予了世界本体的意义，成为一个独立的客观数据世界。可以看到，数据在用来记录日常生活、描述自然科学世界之后，终究会被用于刻画人类精神世界，这是数据观的第三次革命。大数据理论认为，世界的一切关系皆可用数据来表征，一切活动都会留下数据足迹，万物皆可被数据化，世界就是一个数据化的世界，世界的本质就是数据。因此，哲学史上的物质、精神的关系变成了物质、精神和数据的关系。过去只有物质世界才能用数据描述，实现定量分析的目标；而现在，大数据给人类精神、社会行为等主观世界带来了描述工具，从而能够实现人文社会科学的定量研究。总之，大数据通过"量化一切"实现世界的数据化，这将彻底改变人类认知和理解世界的方式，带来全新的大数据世界观。但人类的精神世界能完全被数据化吗？精神世界的数据化是否会降低人的主体地位？这也是我们在大数据时代必须回答的哲学问题。毕达哥拉斯关于数是否是世界本原的讨论在计算主义哲学复兴之后又有了新的意义，也在数据作为基本生产资源之后成为我们重新思考世界的契机。

第二，大数据思维与系统思考的哲学。数据带来了思维方式的革命，它对传统的"机械还原论"进行了深入批判，提出了整体、多样、关联、动态、开放、平等的新思维，这些新思维通过智能终端、物联网、云存储、云计算等技术手段将思维理念变为物理现实。大数据思维是一种数据化的整体思维，实现了思维方式的变革。具体来说，大数据通过数据化的整体论，实现了还原论与整体论的融贯；通过承认复杂的多样性突出了科学知识的语境性和地方性；通过强调事物的相关性凸显事实的存在性比因果性更重要。此外，大数据通过事物的数据化，实现了定性、定量的综合集成，使人文社会科学等曾经难以数据化的领域像自然科学那样走向了定量研究。就像望远镜让我们能够观测遥远的太空一样，数据挖掘这种新工具让我们实现了用数据化手段测度人类行为和人类社会，再次改变了人类探索世界的方法。但变革背后的问题亦不容回避：可以解释过去、预测未来的大数据是否会将人类推向大数据万能论？在过去数百年间，演绎与归纳都是基于经验和理性的方法论，而数据的价值则通过算法等方式推动人工智能等领域的产业实践和洞察，关于智能本质的讨论也是基于这样的方法论，如何理解它的真正价值是理解数据未来和复杂性经济系统的关键。

第三，数据建构出来的认识论问题。近现代科学最重要的特征是寻求事物的因果性。无论是唯理论还是经验论，事实上都在寻找事物之间的因果关系，区别只在于寻求因果关系的方式不同。大数据最重要的特征是重视现象间的相关关系，并试图通过变量之间的依随变化寻找它们的相关性，从而不再一开始就把关注点放在内在的因果性上，这是对因果性的真正超越。科学知识从何而来？传统哲学认为，它要么来源于经验观察，要么来源于所谓的正确理论，大数据则通过数据挖掘"让数据发声"，提出了全新的"科学始于数据"这一知识生产新模式。由此，数据成了科学认识的基础，而云计算等数据挖掘手段将传统的经验归纳法发展为大数据归纳法，为科学发现提供了认知新途径。大数据给传统的科学认识论提出了新问题，也带来了新挑战。一方面，大数据用相关性补充了传统认识论对因果性的偏执，用数据挖掘补充了科学知识的生产手段，用数据规律补充了单一的因果规律，实现了唯理论和经验论的数据化统一，形成了全新的大数据认识论；另一方面，由相关性构成的数据关系能否上升为必然规律，又该如何去检验，需要研究者进一步思考。认识论问题究其本质就是我们理解世界的视角，在这个视角上数据正在重塑我们的思考逻辑，并推导出越来越多的思维方式。

传统经济模式将土地、自然资源、人口、资本等作为生产要素，其大多为实体资源。而数字经济中的关键信息和价值元素则普遍以数据资源生产、存储、流通与应用，这样的虚拟资源形式不仅拓展了要素资源的应用广度与深度，与实体经济中的传统生产要素相结合，形成人工智能、机器人、区块链、数字金融等新经济范式，为实体经济的传统产品和服务在质量、效率和效益方面深层次赋能，从而实现实体经济的效益倍增。与此同时，随着数字经济在国民经济运行中的占比越来越高以及对实体经济的赋能不断加深，数字经济赖以维系的生产要素——数据已成为国家基础性战略资源。海量且高质的数据作为工业社会的宝贵资源，为包括人工智能在内的自动化决策工具提供基于过往经验的判断决策依据。掌握了数据，拥有对数据要素的产权，就意味着拥有了回溯经验与洞察未来的权力。

数据资源成为当前数字经济发展最重要的生产要素，但这些数据来自真实社会中每一个参与生产活动的个体，在各种技术与力量的渗透之下，一些伦理问题被暴露无遗，主要有以下几方面。

第一，信息安全问题。数据产业链环环相扣、错综复杂，数据分析的采集终端、处理节点、存储介质与传输路径不确定、风险高。

鉴于数据产业链环环相扣、错综复杂，且基础训练数据作为人工智能的生产要素贯穿整条产业链，数据分析的采集终端、处理节点、存储介质与传输路径不确定、风险高，用户缺乏对上述环节的控制、监督和知情。同时，行业也缺乏统一标准和行为规范来限制相关企业在以上4个环节的权责分配和行为合规，这一部分隐私数据的使用边界与安全保护完全取决于服务提供商自身的安全技术素养、道德规范与行业自律。一旦在某一流程出现信息安全风险，如病毒、木马、网络攻击，导致信息空间、信息载体、信息资源受到内外各种形式的威胁与侵害，用户对自己的隐私数据就可能完全失去控制。

第二，人身权益问题。数据的滥用造成隐私透支，人格尊严更易被贬损。

以人工智能领域最为常见的生物识别为例，面对处置用户生物识别信息的问题，以苹果公司为代表的企业宣称自己仅将用户的指纹、人脸数据存储在终端设备本地，并采用物理加密的方式确保这些数据的整个调用过程完全脱敏和本地化存储。但更多的厂商则将人脸数据作为用户画像的一部分在线上随意流转传输，常见的网络传输与加密协议显然无法与人脸数据的安全级别与敏感程度相匹配，人脸识别应用的数据存储与传输流程均有可能被劫持，存在严重安全风险；加之当前数据爬虫、网络入侵、数据泄露等已经成为互联网中的常态，收集人脸数据的供应商完全有可能主动或被迫未经用户授权或超出用户协议许可的范围对用户的人脸数据进行采集、使用、流转等非法操作。例如，一旦人脸特征信息被不法分子拦截或者从被攻破的本地加密存储中复制出来并运用在目标用户所使用的安全验证服务上，攻破用户自己使用的人脸识别服务并获得用户本人才具有的敏感权限（如金融交易、人脸门禁、手机解锁与计算机敏感数据访问等）可谓轻而易举；将人脸数据与深度合成技术结合，被不法分子用于伪造具有人格诋毁性质的多媒体内容，或者捏造虚假音视频片段恶意侮辱、诽谤、贬损、丑化他人，势必会对受害者造成极大的人格侮辱与内心创伤并带来非常恶劣的社会影响，甚至被用于干预国家政治或执行军事行动。用户对人脸识别服务的依赖越深，隐私泄露事件对用户的影响也越显著，人脸识别的专属性与唯一性也导致受害者后期难以挽回与消除由人脸数据泄露或非法篡改利用而造成的损失与不良影响。

第三，商业道德问题。人工智能产品可能诱导用户主动透支个人数据，人类失去对隐私与敏感数据边界的控制。

除了被用于人工智能底层算法模型训练的数据和为支持个性化产品服务而采集的数据容易遭遇泄露、篡改等高风险情形以外，还有一种挑战隐私伦理的可能情况是强人工智能产品突破其设计伦理底线，通过一系列激励机制诱导用户提供原本对学习过程没有帮助或高度敏感的隐私数据并对其进行商业化利用。随着人工智能与消费者之间的关系日趋紧密，一些过于依赖人工智能产品的消费者，可能会在企业主观恶意或客观操控的情况下，由于受到诱导或胁迫而泄露与自己相关的敏感数据，企业采集了这些敏感数据后将其用于其他非公开活动。如何保证人工智能产品在规范框架下与人建立合理交互与数据使用边界，不做出侵犯用户隐私信息、突破其职能界限的事情？面对人工智能技术的飞速发展，这一问题值得我们正视。

第四，"知情同意"原则在无处不在的传感器与潜在数据开发价值下失去作用。

首先，公共场合或个人终端装配的大量传感器全方位侦测与人相关的数据，并将其用于多种复杂场景，数据规模非常之大。例如，人脸作为人在社交活动中最直观的身份认证，难以通过有效手段得以保护，这就导致用户在公共场合面临在未经自己允许甚至不知情的情况下被非侵

入性识别技术监控并抓取数据的风险，例如 IBM 公司在被获取数据的
自然人毫不知情的情况下从 Flickr 网站抓取了近 100 万张照片用于训练
人脸识别算法，这无疑是对用户隐私的侵害。其次，数据本身的潜在价
值往往是在数据被再利用之后才能被发现，数据采集方往往无法提前告
知用户这些数据被用于何种行为，知情同意成了空文。最后，在开始收
集数据之前要求个人知情与同意，在处理公共事件时也并不合理。例如，
新冠肺炎疫情爆发后，约翰斯·霍普金斯大学搭建的全球病例规模数据
可视化看版统计了全球所有国家的新冠肺炎确诊人数，若想请求全球几
亿人的同意也是不可行的。

第五，知识产权问题。大数据加剧了知识产权和网络自由共享之间
的矛盾。

知识产权作为一种无形资产，既具有对于知识产权的专有权与垄断
性，又具有一定时间与地域特性，这就使得知识产权的专有权与垄断性
往往在一定时间与地域条件下才能生效。合理且有一定约束的自由共享
有利于知识产权的价值转化，但网络大数据的诞生无疑正在挑战这一原
则的平衡。首先，网络大数据使得知识产权更容易被侵犯、盗用、复制
与传播。其次，现代网络技术对于知识产权与标准的控制也妨碍大数据
的发展，大数据的发展加剧了知识产权自由共享和限制使用的矛盾。

我们希望社会成员能够平等按需获取数据资源，并根据生产活动中
的贡献得到相应的财富分配。但现实中，囿于数据驱动的生产力和生产
关系之间的矛盾，个人用户与平台企业在数据资源分配和应用上往往相
互对立，同时企业之间也存在数据垄断等矛盾，具体来说，可以解构为
以下 4 方面：

"数据归谁所有？"——数据的产权归属问题一直是行业内争论的
焦点。尤其是那些去除个人身份属性的数据交易行为，由个人产生的数

据被企业所收集并脱敏存储或被政府部门收集的情况下，其所属权究竟归属于个人还是企业 / 政府，各方莫衷一是。一种观点从数据创造价值的特征角度认为非结构化数据在个人手中不产生任何价值，因此数据产权应配置给创造数据价值的平台企业；另一种观点则追溯数据创造价值的逻辑，认为虽然个人数据并无多少直接使用价值，但作为企业、行业、政府甚至国家数据的逻辑起点，每一个用户所贡献的个体数据汇聚成能够为平台企业创造巨大价值的数据集，也应当从数字化红利中分得相应的报酬，这样才能使得数字经济呈现平衡发展的态势。

"数据由谁在用？"——作为当前数字经济时代数据大规模使用的两个主体，政府通过公共服务网站、数字政务平台与"一网通办"等系统采集大量数据，企业则借助向用户提供服务来收集用户信息，并通过数据分析得出不同维度下的趋势与规律特性，从而改进、优化其服务精准度与用户体验。正因为如此，数据在以上应用过程中体现的存储与传输的便捷性、非竞用性和低成本复制性也使得针对数据的产权保护成为难题，即便数据产权清晰也无法完全规避其被非法主体占用、窃取、滥用；加上随着技术的下沉与人们逐渐认识到数据的价值特征，诸如网络爬虫、撞库攻击等数据窃取技术发展迅速，无论是公众隐私还是政府治理与国家安全都比以往任何时候更容易受到隐私侵犯与数据窃取、滥用等不正当使用的威胁，严重侵害数据所有者的产权，损伤数据稀缺性。

"数据用多少？"——作为数字经济中财富与价值的源泉，个人消费者产生的数据是平台企业利润与价值的基础来源，也是数字公共服务与政府实现数字治理的关键要素。但目前由于个人数据权属不清晰导致个人数据滥用或过度限用等极端情况，使公众的个体利益与平台或公共组织的利益形成二元对立的矛盾局面。个人数据滥用可能导致平台或公共组织对个人隐私信息的垄断，会带来以下 3 个层面的不利影响：首先，隐私泄露、数据窃取导致个人用户的隐私权遭到侵害，继而导致个人用户作为创造数字经济价值的源头无法参与数字化红利的分享；其次，潜在的算法歧视与大数据"杀熟"等差别定价机制使得不同个体无法公平享有公共社会资源，继而进一步拉大数字鸿沟；最后，消费者的人格权在整个过程中被无限稀释，各类平台毫无节制地取得用户授权并收集个人信息，实际上是在争夺人格定义与尊重的话语权，个人用户从主动地使用服务逐渐变成为服务方被动地贡献数据，人格被异化成一个个数据集。而个人数据的过度限用则无疑阻碍数字经济对实体经济的赋能，继而影响数字化转型与数字化红利的释放，大幅度提高股权成本与执行门槛，以至于超过数字经济的收益，从而扼杀创新并影响企业融资、就业岗位、工业产值等核心国民经济运行因素的稳定。

"数据收益归谁？"——利用数据优化产品服务所带来的可观经济利益在数据的生产者（个人）与收集者、加工者（企业、政府）多方之间的分配问题牵动着众多主体的利益。尽管当前司法判决更倾向于将数据收益分配给二次开发利用数据的收集者、创造者与实际控制者——企业，但在一些公共服务尤其是政务数据场景下，作为应用者的政府与作为生产者的个人在没有司法判决的支持下是否能拥有获得合法收益的权利？出现这种情况主要有以下3个原因：首先是数据流通环节缺乏公认可行且可靠的确权技术方案，导致不同环节的交易主体无法被有效界定，收益也无从归属；其次是不完善的数据产权保护体系导致数据产权交易行为缺乏安全保障，数据收益存在风险漏洞；最后是在进行庞大且实时传输的数据交易时，数据所有权和使用权的分离在个人隐私保护、商业机密脱敏的要求下很难以低成本、高效率的方式实现。这些都是数据产权治理领域需要在理论和立法上进行阐述与探索的关键命题。

进一步阐述数据产权命题，需要从以下3方面来解构：首先，从个人权利角度来说，相关各方需要在依法依规的制度框架下采集、存储、使用数据，有效保护个人信息安全；其次，从国家战略角度来说，数据主权问题已成为事关国家总体安全的重要问题，一个国家对本国所产生的数据需要具有完全管理和利用的自主权，在不受他国侵害的安全保障下，积极参与全球数据治理；最后，从科技创新主体的角度来说，无论是针对个人隐私保护还是国家安全的考量，都需要为企业科技创新留出足够的空间，以合理的尺度权衡个人、企业、国家三方对数据这一生产要素的需求，避免因噎废食。这就需要公共政策机构在处理与数据要素配置相关的立法和治理问题时，针对数据确权、数据内容敏感性审查、数据利用方式评定等方面制订足够细化的法律法规和操作细则，充分释放数据生产力。

从实践出发，我们可以进一步总结归纳数据产权的治理困境。首先，从立法上，无论是针对国内数据循环还是跨境数据流通都缺乏数据产权的具体制度，数据产权的保护态度并没有从立法层面得以彰显；其次，在司法实践上，面对数据资产保护与数据权属争议等案例，相关机构大多采取回避、保守的态度，例如相关多数判决会援引《反不正当竞争法》第二条的有限一般条款，这种"兜底"或"包容"的模糊态度使得相关判决无法在处理数据产权保护的司法案件中发挥效能；最后，在监管层面，由于缺乏统一且有效的司法理论与实践探索，监管机构在保护数据产权、确保数据交易与流通合规过程中往往要求多方授权与合规审查，这无疑会影响数据产权的流通形式、效率，继而进一步削弱数据所形成的生产力。

以上就是基于数据伦理、制度假设和哲学视角对大数据相关的科技伦理问题的讨论。不论是大数据、人工智能还是基因编辑技术，本质上都是数智时代的颠覆性技术，都具备"一个硬币的两个面"。在关注科技伦理问题时，我们不仅要看到技术优势的一面，而且要通过经济学和哲学等其他视角审视它的另一面，这样才有可能理解其在现实中的应用范式和对社会运转的基本逻辑的影响。

因此，我们后续讨论人工智能伦理问题的基础也在于理解人工智能的技术本质、经济学视角以及哲学视角，通过这些跨学科的研究开拓我们关于未来的认知。唯有如此，我们才能在进入"数智化风险社会"之后，延续我们塑造现代性的正向价值的累积，将更多、更好的科技应用于人类文明的开拓和发展。同时，控制技术伦理带来的诸多风险，将现代性带来的人类与自然的冲突、人类自身种族的延续以及人类精神层面的孤独与漂泊等问题控制在一个可以接受的范围内，这也是数字经济时代所面临的重要且本质的问题。

第二章

算法的正义与秩序革命

当今社会正在加速进入"算法政治"的时代。伴随着人工智能技术的成熟和广泛应用，算法已触及社会生活的每一个角落。从智慧健康到智慧金融，从智能家居到智慧教育，算法正悄然演变为统治一切的新型权威。

通过一系列预设规则和指令，算法不仅裁决着谁有资格获得银行贷款、谁将在面试中被录取、谁可以优先接种新冠疫苗，甚至还可以自行判断谁最有可能被解雇、谁会自动被降薪、谁最有可能犯罪。

尽管人们宣称代码是中立的，技术也是中立的，但代码中往往更容易内嵌严重的社会偏见，制造、强化并且注入种族歧视、性别歧视、宗教歧视等社会不平等现象。因此，当前在算法治理领域，学界和政界围绕"算法正义"存在争议：作为处理特定任务的模式化解决方案，算法究竟是推进了社会公正还是塑造了新的社会歧视？如果算法应用过程中有其负面性，又当如何约束其不良影响，进而建构公平、公正的算法秩序？

虽然"算法"这一概念在现实生活中广为人知，但其定义在学界却并没有形成高度共识。狭义的理解认为算法是用于解决特定问题的决策逻辑及技术，而广义的理解往往将算法视为建构社会秩序的理性模型，更深入的研究则对算法进行分类并特别关注"与公共利益相关的算法"。

就此而言，算法可抽象归结为有关具体任务的解题规则和解题步骤，反映的是设计者所偏好的价值观念与选择标准，在计算机领域主要表现为：哪些数据遵循什么样的标准和程序可以被挑选进入处理流程，进入处理流程的数据又该按照什么样的规则和逻辑被清洗、挖掘和重构，以及什么样的计算结果可以被认为是符合预期目标的计算输出。

从法学角度来看，算法是法律原则外化的符号。在佐治亚理工学院教授伯格斯特看来，算法就像"黑洞"，我们能清晰地感受到它的影响，

055 第二章
算法的正义与秩序革命

却并不能对其内部一窥究竟。正因为如此，试图给出算法的一般性定义不仅困难，也是一个不可能完成的任务；而不同学科按照各自的理解与兴趣对算法的不同侧面展开研究则可能是更为实际的途径。计算机科学关注算法的模型与构成，社会学将算法视为设计者与技术参数互动过程的产物，而法学聚焦算法作为法律原则外化的符号或代表的作用。

就算法的规则属性来看，莱辛格教授提出的"代码即法律"无疑是研究的起点，不过他在十余年前对于该论断的解释并不足以完全回应算法治理在当前所面临的挑战。在莱辛格教授看来，"代码即法律"的意义在于回应了网络自由主义者对于"网络乌托邦"的想象。他指出，网络空间虽然能够避免政府干涉，但它却被置于市场主体这只"看不见的手"的完美控制之下，而后者正是通过算法来塑造网络空间的运行规则并进而对人类社会产生影响的。

莱辛格教授的洞察开启了社会科学对于算法的研究兴趣，不过伴随着技术演化与业态发展的进程，算法本身的生产过程及其对于人类社会的影响机制与结果都发生了巨大变化。就前者而言，在以机器学习为代表的第三次人工智能浪潮兴起的背景下，算法不再仅由商业公司（甚至不由人类）生产并控制，算法的自我生产能力决定了其作为"规则"的复杂性；就后者而言，网络空间与现实空间的不断融合使得线上和线下的边界逐渐模糊，原本局限于网络空间的算法规则开始对现实空间产生越来越多的影响。

算法机制中的劣币与良币

在人工智能领域，算法被认为是人工智能系统的核心，也是其智能的体现。而在 2020 年 9 月《人物》杂志发表的《外卖骑手，困在系统里》一文则重点关注了算法带来的风险。文章凸显了外卖骑手被算法所控制这一伦理命题。该文表明，外卖系统 3km 配送时效从 2016 年的长达 1h 缩短到 2017 年的 45min，再缩短到 2018 年的 39min；而 2019 年中国全行业外卖订单的配送时间比过去 3 年少了 10min，这背后是外卖骑手们为此付出的巨大生命安全代价——交通事故和伤亡事故层出不穷。这篇文章最终聚焦于算法，提出"算法到底是如何存在的"这一问题，这引发了社会各界广泛的讨论。

让我们来看看这篇文章中讨论的问题。外卖平台似乎利用算法不断压缩外卖员的配送时间，在强大的算法系统驱动下，外卖骑手为了避免差评和维持收入，会选择逆行和闯红灯，这不仅影响了自己的生活和健康，也给交通安全带来了隐患。外卖平台以大数据技术为基础，了解消费者的意愿和外卖骑手的可挤压时间，利用算法为不同的外卖骑手制订不同的配送方案，对外卖骑手实行"价格歧视"，最终利用所有外卖骑手牟取暴利。

事实上，外卖业务也是各大生活服务平台最大的净利润来源。根据美团财报，美团 2019 年营收 975 亿元，同比增长 49.5%，这是美团首次实现盈利，其中外卖业务的毛利为 102 亿元。到了 2020 年，其外卖收入同比仅增长了 2.1%，但净利润却增长了 96.4%，其核心原因是通过优化算法提高了外卖骑手的配送效率，这也是美团上市两年后市值增长超过两倍的原因。换句话说，平台的配送效率已经成为商业竞争的壁垒，算法推动了配送路线的不断优化，但这些优化都是极端条件下的理想场景，在增加隐性风险的同时也导致了工作效率的提高。

上述文章之所以引发如此广泛的讨论，除了外卖骑手的不利处境外，还有一个重要原因：算法在当前数字经济时代已经无处不在，在各种场景下任何人都可以成为下一个被利用的"外卖骑手"。这种担忧的根源在于算法的保密性、技术盲点、复杂性以及算法使用者的刻意隐瞒，使得大多数人无法了解算法的工作原理，导致算法使用者在可解释性上占据主导地位，形成"算法霸权"，严重危害了算法相对人的合法权益。

算法作为一种数据处理规则，不仅可以对事件进行模式化处理，降低事件处理成本，还可以根据数据进行分析和预测，是对社会进行量化分析与精细化管理的重要途径，进而作为辅助决策系统被广泛应用于各种决策场景，如个人征信、房屋租赁等领域。然而，由于算法本身的复杂性、相关技术知识的专业性、算法商业秘密的属性以及算法使用者的刻意隐瞒，算法一直披着技术的外衣行商业机密保护之实，拒绝向公众解释算法决策的原理。在算法笼罩的阴霾下，资产阶级可能会利用数据塑造算法霸权，并依靠算法霸权实施算法专制。算法的使用者对算法相对人享有事实上的支配权，在私人利益的驱使下，逐渐侵犯算法相对人的合法权益，导致算法歧视、算法操纵等众多算法乱象。

事实上，我们看到算法作为一种技术工具如何干涉社会的运行逻辑。随着数据的海量增长、数据处理及运算能力的提升以及机器深度学习技术的快速发展，人工智能不仅被广泛应用于自然科学领域，而且涉足政治、文化、法律等人文社会科学领域，被用来广泛采集用户信息、分析用户特征，以此为基础判断、干预甚至操控社会问题与社会现象。作为技术工具的人工智能被有效嵌入社会的政治体系、制度框架等上层建筑的各个子系统之中，或干预社会政治文化体系，或引发社会问题与社会危机，算法歧视与算法操控就是最明显的表现形式。

所谓算法歧视（algorithmic bias）指的是人工智能算法在收集、分类、生成和解释数据时产生的与人类相同的歧视，主要表现为年龄歧视、性别歧视、消费歧视、就业歧视、种族歧视、弱势群体歧视等现象。

例如，人脸识别技术凸显的算法歧视问题非常明显。2015 年，

Google 公司曾将黑人程序员上传的自拍照贴上"大猩猩"标签，雅虎平台也曾将黑人的照片标记成"猿猴"。美国警方的犯罪数据识别系统自动认定黑人社区的犯罪概率更高，2016 年，当研究人员将一套算法模拟应用于加利福尼亚州时，该系统反复派遣警方人员到少数族裔比例高的地区巡逻执勤。与求职就业相关的算法向男性推荐的工作岗位整体工资要高于向女性推荐的工作岗位。随着人工智能技术的进一步发展，算法歧视将带来越来越严重的社会问题，一位英国学者指出："随着算法决策系统的普及以及机器学习系统的结构复杂化……算法在人们日常生活中的应用与影响越来越广泛，如果不加以控制的话，算法歧视冲击社会公正与公平的风险将进一步加剧。"

我们发现，机器学习技术与基于自动识别数据模式的统计技术的交融为人工智能时代的标签"算法制胜"打下了基础，算法制胜被嵌入意识形态领域，带来的丰厚回报就是算法操控。通过大数据技术与机器学习的嵌入助力人工智能"参政议政"已被西方政治家"有效实践"。算法可以对人们的政治人格进行大规模的回归分析，为政治目的操控每一种情感。与社会歧视相比，算法歧视与算法操控具有更加隐蔽与更加多元的特点。

首先，传统的种族歧视、性别歧视等是被社会反对或被法律禁止的；但算法歧视与算法操控由于披着科技的外衣而更加隐蔽，人们不会提出明确反对，即便提出质疑，也会因为"算法黑箱"这一冠冕堂皇的理由而谅解这一现象。其次，社会歧视往往依据人的肤色、性别、家庭出身、学历等显性特征做出判断；但算法可以依据消费记录、网页浏览记录、行程记录等属于个人隐私的数据作为统计与分析的依据，因而更加多元，其渗透力与影响力也更大。因此，我们需要规避这样的风险。

追溯历史，提高计算机系统透明度的呼声早在 21 世纪初期就已存在，例如对计算机辅助决策模型透明度的研究在 2005 年就已出现。在随后的近十年，一方面因算法技术的发展受限导致相关研究趋缓；另一方面算法的可专利性、算法致害的损害赔偿责任及反不正当竞争等问题成为彼时研究的重点，导致与算法透明相关的研究停滞不前。直至 2014 年前后，由于算法技术的再度繁荣及其应用场景的多元化，再加上算法危害事件频频出现，对算法透明的探索再次作为一种迫切的需求被诸多学者关注，成为一大热点话题。

在目前的算法治理理论和实践中，对算法透明有两种理解：一种是将算法代码、数据和决策树等信息作为重点披露对象；另一种则更加强调算法透明是一个完整的过程，仅披露代码和数据等信息远远不够，还要通过文字和图形解释算法决策的过程。前者可称为狭义的算法透明；后者可称为广义的算法透明，其中还包括算法可解释性。算法可解释性要求算法使用者确保算法决策的逻辑、意义和理由以及用于决策的任何中间数据能够以非技术的方式向算法利益相关者和其他利益相关者解释。

严格来说，算法解释和算法透明并不是治理的两个独立维度，它们有一定程度的共同点：首先，算法解释和算法透明具有目的一致性。无论是算法解释还是算法透明，其核心都是为了规避算法使用者因算法而享有不合理的算法权力，同时避免由于算法带来的歧视性现象，从而保护算法作用群体的合法权益和公共利益；其次，算法解释和算法透明具有一定的重叠性或交叉性。公开算法代码和数据等信息是算法透明的主要方式，也是算法解释的必要步骤之一。

同时我们应当注意，二者存在一定差别：首先，狭义的算法透明侧重于代码和数据等信息的公开，而算法解释更侧重于算法相对人或公众对算法决策的可理解性；其次，算法代码和数据等信息的公开是算法透明的核心关注点，但算法解释更侧重于以通俗易懂的方式解释算法决策的原理、决策树和逻辑关系；最后，两者在功能上存在差异，算法透明是算法解释的前提或基础，算法解释因算法透明而更具说服力和可理解性。在现有的研究中，对算法解释的研究可以分为两类：一类是将算法透明和算法解释融合为"可理解的算法透明"；另一类是基于算法解释和算法透明在功能和关注点上的差异，将算法可解释作为算法治理的一个独立子集来讨论。事实上，在算法社会中，算法的黑箱属性在赋予算法使用者以算法权力的同时，也逐渐侵害了算法相对人的合法权益。为了治理算法，保护算法相对人的合法权益，以公开算法代码等信息为主的算法透明措施在算法治理中发挥着越来越重要的作用。然而，由于算法和机器学习等技术的复杂性、信息公开对象的技术水平以及商业秘密制度等阻碍因素，算法透明的效果被削弱了。

以上是对算法机制的平衡与算法歧视带来的风险与应对的讨论。笔者认为，对效率的过度追求实际上会给社会治理带来风险，人工智能带来的自动化、智能化延伸了大脑的功能，让人进一步从体力和脑力劳动中解放出来，但也在一定程度上消解了人的主体性。即便我们目前不必过多担忧强人工智能与超人工智能时代机器智慧等同或超越人类智慧引发的危机，但也不能忽视弱人工智能阶段智能机器主导劳动过程，人成为机器的辅助者，在人类自身解放的同时逐步丧失部分劳动能力，人与机器主客体关系被颠倒的异化问题。机器的独立性越强，自主性越明显，人的依赖性就越严重，被动性就越突出，人的某些能力就越容易退化。在智能机器主导的自动化经济中，人让位于智能机器或者被智能机器剥夺其劳动岗位，劳动者失去了本应该从劳动过程中获得的愉悦感、幸福感、满足感，低技能劳动者的一些基本劳动技能逐步退化，高技能劳动者的创造力逐步消失。

马克思认为："人的本质不是单个人所固有的抽象物，在其现实性上，它是一切社会关系的总和。"人是按照一定的交往方式进行生产活动的人，是发生在一定社会关系和政治关系中的个人。传统机器化生产中人与人相互配合、相互补充、统一调配的工作方式在人工智能时代完全可能由程序员设计的自动程序取代。无人化的工作环境与工作方式很容易使人的生活方式发生变化，人与人之间的关系不再那么社会化，越来越多的人倾向于选择离群索居、孤立生活，甚至将来与机器人"女友"或"男友"相伴一生也不是没有可能。此外，在人工智能时代，物联网技术也使更多的人常常沉迷于虚拟世界，与周围的现实世界之间横亘着一道无形的鸿沟，对身边的世界漠不关心、疏远冷漠，手机依赖症已是最普遍的一种现实映照，人的社会性正逐步被消解。这些问题的出现都在提醒我们，算法并非社会系统发展的唯一答案，应该通过系统性的规制去推动其正向的价值。

代码的权威与算法规制

在清楚了算法的基本机制和带来的社会伦理道德风险之后，笔者将基于算法规制（algorithm regulation）的概念来分析算法如何树立"权威"以及如何引导建立全新的社会秩序。

首先，我们要理解算法规制的定义。简言之，算法规制是一种以算法决策为手段的规制治理体系。而算法决策指的是通过算法生成指示系统来做决策，可以理解为算法治理的工具。算法治理则是数字化治理的重要手段和方式，也是建立数字化治理体系的基础措施。

按照英国伯明翰大学法学院和计算机学院教授凯伦·杨的定义，算法规制是指通过算法来规制某个领域的决策系统，通过与受规制环境相关的动态组件实时和持续地产生和搜集数据，并通过知识图谱以及智能化的应用实现 3 方面的目标：第一是管控特定应用的风险，第二是改变用户群体的行为，第三是实现自动优化操作以推动系统预定目标的形成。

事实上，算法规制在数字经济领域无处不在，例如我们可以看到类似今日头条这样的新闻应用会通过推荐算法监管用户的发布和浏览行为，或者抖音这样的短视频平台会通过算法决策系统实现内容的发布和流量的管理。算法规制体现了一种风险管理的技术机制，这种机制的覆盖范围从使用应用的个体到某个平台的所有群体，其作用就是在设定特定目标下利用算法系统指导和影响这些群体。

算法规制的模式是一种基于"设计"思想的控制模式。从治理层面来说，算法规制可以看作一种协调数字生态中特定活动的社会秩序的输出形式。正因为如此，算法规制在学术界被认为是一把双刃剑：一方面，算法规制能够做出精准的行为预测，可以为管理者提供非常好的循环干预机制——对于公共行为主体可以通过对大数据的应用解决社会治理问题，对于私人主体可以借助数据提供个性化和定制化的服务；另一方面，算法规制存在着诸如黑箱、利益和风险不对称等问题，而且由于算法技术发展的超前性，新科技的创造者具备不对称的信息和技术优势，能够按照自身利益的需求塑造在平台上的算法规制逻辑和社会系统，这带来了监管的不确定性。

这里需要提到的是重要的女性政治理论家艾丽斯·M.扬的结构不正义理论。她认为，社会进程使得人们在系统性地受到被支配或者被剥夺其发展和行使才能的威胁的同时，又使得另一群人能够支配他人或者拥有广泛的机会来发展和行使他们的权力。这个理论为我们提供了理解算法规制的重要视角。人们之所以要承担这样的责任，是因为每个个体的行为都促成了这样不正义的结果。换言之，我们并不是追溯某个个体或者团体的回顾性责任，而是通过主动减少、修正以及预防的方式承担这样的前瞻性责任。由于这种责任是通过社会结构和进程存在于人们的关联之中，它就具备了共享性的特质。事实上，笔者认为其中涉及如何理解科技本质的问题。如果仅仅从创新视角去理解，则很容易关注到科技变革带来的规制行为的滞后性，从而对科技的发展产生疑虑。

如果我们从社会属性来理解技术，则打开了新的视角。科技的发展（包括算法的发展）不是无水之源、无本之木，它是社会发展过程中产生的技术组合。因此科技的演化就会和社会结构以及相应的监管系统产生耦合，从而适应社会的发展。

从某个角度来说，过去数十年中国的数字经济发展有赖于数字化技术与中国的创新社会环境之间的共生关系，创新的技术与社会环境相互影响并动态交互，伴随着时间推移和演化实现共同发展。换言之，算法规制是一种算法监管的技术，也是一种社会现象，构建了一套共生系统，从而实现了复杂的社会与技术之间的高效管理。这种管理机制具有以下特点：

第一，算法规制是通过高速的分布式信息处理机制进行机器学习实现的，其中比较典型的包括分类系统、推荐系统等，通过这类人工智能算法可以实现大规模社会治理机制的落地，它所面向的数据集也往往是大型非结构化数据集，而且在这个过程中算法会持续更迭，从而带来不确定的效果。由于这样的机制非常依赖数据，因此诸如 GDPR 这样的数据治理和保护的机制就会出现，成为决定算法规制等机制发展的重要文件。

第二，算法规制通过大型自动化技术系统实现落地，由于其提供的复杂算法系统正在渗入社会生活的各方面，因此关于它的研究往往涉及跨学科的研究工作。无论是经济学界提到的"监视资本主义"，还是法学界提到的"机器人自主权"的问题,或者是我们所关心的机器伦理问题等,都体现了这一问题的复杂性。目前学术界和产业界虽然对算法的规制和管理的重要性达成了共识,但是在具体应对不同问题时还是众说纷纭,这对现有的数字经济治理体制带来了非常大的挑战。

第三,算法规制需要相应的风险控制机制来应对,以避免产生类似算法系统偏见(算法歧视)等问题,不同的算法偏见和算法歧视已经成为数字化政策领域研究的热点问题。无论是在算法决策过程中的算法决策机制存在的偏见,还是其训练的数据集本身存在的偏见,都会带来机制的不公和对个体的损害。除此之外,对算法的模拟行为也需要控制在一定的限度内,如果过度使用算法来仿照人类的行为模式和外观,就会引发欺骗或者其他的社会道德问题。

基于以上的思考,我们可以将算法规制理解为一种风险管理系统,这个系统用于管理算法决策过程中可能会引发的技术与社会的嵌入和耦合后的风险。那么,我们在讨论算法对决策的影响时,真正关注的是什么呢?

从法学角度来说,我们可以将算法决策系统对于规制行为的影响理解为 3 个层面的问题。

第一,对于决策程序自身的风险担忧,这类担忧主要集中于对决策责任对象的担忧。由于机器学习的算法在运行过程中生成的逻辑基础有一部分是人类完全无法实施有意义的监督和干预的,且机器能够在短时间内处理成千上万个参数的变化,因此人类在算法运行过程中丧失了信息的优势,且对于结果的不可预料性也无法进行控制,因此,如何在决策过程中加入更多的人类监管因素非常重要,"负责任的人工智能"就是基于这个视角来讨论的。如果机器无法承担责任,而与此同时算法的决策剥夺了受影响力个体表达和反驳的权利,就会剥夺某些个体的"陈

情权"等基本权利，导致不正义的出现。欧盟提出，科技的治理必须是
一项可以执行的权利，其基本出发点就在于必须在这个过程中体现公平
和正义的可执行性，而不是算法自动化的集成。

第二，对于决策程序所导致结果的风险担忧，即对算法系统的安全
可靠性的质疑，例如无人驾驶等算法决策系统带来的巨大风险以及内容
推荐系统带来的偏误。我们所熟知的剑桥分析公司与 Facebook 公司的
丑闻体现了媒体内容的偏差是如何左右民主选举的进程的。除此之外，
算法决策所产生的不公和歧视也可以理解为结果的偏见和不准确，也是
引发人们对算法决策系统担忧的重要问题。

第三，对算法决策系统带来的个性化服务的风险担忧。国外的电
商平台亚马逊推出的商品算法的推荐引擎以及社交平台 Facebook 使用
的动态消息机制都属于这类个性化服务的代表。这样的服务通常是免费
的，通过对大量用户行为信息的持续追踪，对其中的信息进行分类和提
炼，为用户打上不同的标签，从而实现所谓"个性化服务"。这类个性
化服务通常意义上并非真实的用户兴趣和爱好，而是基于算法推断出来
的"兴趣和爱好"。换句话说，它们优化的是商业系统的商业利益的结果，
而不是用户自身的兴趣和爱好，没有保障用户受到误导以后的行为偏差，
也很难保障用户的长期利益。

资本创造的智能陷阱

现代人生活在算法时代，随着大型数据集和复杂模型越来越普及，
算法替代人类做决策越来越多，算法正改变着全球政治经济与社会的运
行和发展模式。与此相应，算法经济、算法新闻、算法权力、算法权威、
算法伦理等新名词、新概念、新理论框架甚至新学科不断脱颖而出。作

为一种新事物，人工智能算法不仅仅是一项新技术，更是新的权力形态。

算法即权力。与其他领域相比，算法早已渗透到政治领域的各个层面，算法与政治的日益结合正在发展为一种潮流，算法政治已经成为一个不容忽视的议题。

所谓算法政治指的是人工智能算法在政治领域中的应用与影响。它主要涵盖两大领域：一是基于算法自主决策系统的辅助政治决策领域，普遍应用于失业、救济、财政预算、税收风险管理、社会治安、公共安全等重要事项；二是基于算法的政治传播领域，包括基于算法的信息传播对政治价值观、政治态度、政治心理、政治决策、政党竞争、政治人物以及国际政治等政治生态的作用与影响，其中，尤以智能推荐算法催生的假新闻泛滥对政治生态的影响最为显著。

不可否认的是，算法不仅把以前需要专家支持或因为复杂性无法完成的任务变为可能，节省了决策成本，极大提高了政治效率与决策的客观性、科学性，而且把个性化推荐与信息传播结合起来，大幅提升了政治传播的精准性。因此，基于算法的人工智能系统在政治领域被普遍应用，可以说算法政治时代已经来临。

此外，在人工智能领域，有一个很容易被忽视的基本事实：算法已经成为大多数科技垄断公司的权利体现。例如，著名的 Facebook、Google 和 Youtube 等公司使用了非常多的人工智能算法，Google 公司也被认为是这一轮深度学习人工智能的发起者之一。

本节主要讨论在这些领域使用人工智能算法的相关风险，尤其是算法在政治领域的风险，其中最典型的应用是在社交媒体 Facebook 中，这不仅因为它是使用推荐人工智能算法的代表性平台，而且因为它具有最深刻的社会影响，尤其是在算法政治层面。

根据举报者克里斯托夫·威利的指控，2018 年 3 月，剑桥分析公司在 2016 年美国总统大选前获得了 5000 万个 Facebook 用户的数据。这些数据最初是由亚历山大·科根通过一个名为"这是你的数字生活"的心理测量应用程序收集的。通过这个应用程序，剑桥分析公司不仅收集了参加亚历山大·科根个性测试的用户的信息，还获得了他们朋友的信息，涉及数千万个用户的数据。为了参与亚历山大·科根的研究，Facebook 用户必须有大约 185 个朋友，使 Facebook 用户总数达到 5000 万个。事实上，这个故事可以追溯到更久远的时刻。早在 2014 年，剑桥大学的年轻学者亚历山大·科根构建了一个名为"这是你的数字生活"的个性问卷应用程序。数十万人注册了 Facebook，这不仅让亚历山大·科根可以访问他们的 Facebook 数据，而且由于 Facebook 当时宽松的隐私政策，他们的联合好友网络中也有多达 8700 万人。这一特权被传递给战略咨询领域的剑桥分析公司。这可能涉及一场关于其为政治客户模拟和操纵人类行为能力的大博弈。

2015 年 12 月，《卫报》报道称，剑桥分析公司利用这些数据帮助特德·克鲁兹竞选总统，但当时 Facebook 公司要求删除这些数据。特德·克鲁兹退出竞选后，剑桥分析公司继续与特朗普合作。Facebook 公司的一些人担心，他们与剑桥分析公司的关系还没有结束。一位前 Facebook 公司通信官员回忆，2017 年夏天，一位经理警告说，剑桥分析公司的故事中悬而未决的部分仍然是一个严重的问题，"公司还不知道自己还不知道什么"。

2018 年 3 月 21 日，数据泄露丑闻曝光 5 天后，Facebook 公司首席执行官扎克伯格终于打破沉默，发表道歉声明："我们有责任保护你的数据，如果我们不能，那我们就不配为你服务。"扎克伯格在声明中还详细说明了 Facebook 公司自 2007 年以来与剑桥分析公司的"互动"，并承认 Facebook 公司在保护用户数据方面"犯了错误"，并提出了一些加强用户数据保护的措施。扎克伯格在声明结尾写道，Facebook 公司在 2014 年采取了保护用户信息的措施，未来还有三方面需要改进：第一，调查 2014 年修改网站平台之前各种第三方应用程序获取的大量信息，对有可疑活动的申请进行全面审计；第二，Facebook 公司应该进一步限制应用程序开发者访问用户数据的能力；第三，确保 Facebook 用户能够更清楚地知道自己授权了哪些应用程序以及可以访问哪些个人数据。

2018 年 3 月 20 日，扎克伯格到欧洲议会接受质询。欧洲议会主席安东尼奥·塔贾尼说："我们邀请扎克伯格参加欧洲议会。Facebook 公司需要在代表 5 亿欧洲人的议会面前澄清，个人数据没有被用来操纵民主。" 2019 年 1 月 13 日，Facebook 公司被德国政府反垄断监管机构（联邦卡特尔办公室，简称 FCO）下令停止在德国的数据收集行为。根据 FCO 的裁决，Facebook 公司必须获得用户授权，才能从第三方（包括 WhatsApp 和 Facebook 集团的社交平台，如 Instagram）收集和分发该用户的数据，以整合到 Facebook 平台中。

2018 年 4 月 10 日，扎克伯格出现在美国参议院，回答 44 名参议员的提问，共 5h。这是 Facebook 公司创立 14 年来，这位时年 34 岁的创始人首次参加国会听证会。参议院商务委员会主席、参议员约翰·图恩说："过去，两党议员都倾向于让科技公司自我监管，但这种情况在未来可能会改变。"康涅狄格州参议员理查德·布卢门塔尔表示："除非有外部机构强制执行的具体规定和要求，否则我不能保证这些含糊不清的承诺会转化为行动。"

通过这个影响非常大的案例，我们看到了算法如何在政治领域发挥作用。事实上，从本质属性上讲，政治系统致力于"为一个社会权威性地分配价值"，民主性、公平性、合法性、公开透明等是其重要特性，虽然行为主义政治学一再强调价值中立，但实践证明，政治无法做到真正的价值中立。在解决政治问题的定量与定性两种方法的较量中，政治的定性方法始终未过时，很多时候，定量政治的最终目的还是为了服务于定性政治。

人工智能算法虽然涉及计算机科学、心理学、哲学和语言学等多个学科，横跨自然科学与人文科学，也无法实现绝对的价值中立，因而，那种认为完全定量化的算法政治可以为人类社会中的各种政治事务和政治决策工作带来完全客观的认识是不现实的，必须高度重视其潜在的风险及衍生的次生灾害。

其理由有 3 个：第一，由于数据采集的准确度与样本大小、算法技术发展限制、算法设计人员的偏见、区域特色与差异等因素的制约，定量化的算法容易带来算法偏见和错误风险，而政治问题往往事关全局，不像产品生产那样允许一定的残次率，一旦算法出现问题，道德风险与政治代价是高昂的；第二，定量化的算法难以解决政治的非中立性和价值多元性，其不透明、难以审查等特征必然招致质疑与合法性危机；第三，当可以影响政治生态的算法完全且不受监管地由网络科技公司掌控，追求最大利益的冲动超越政治利益与企业社会责任时，必将对公民权利、政治生态造成极大伤害。

2016 年美国大选以来，由基于不当算法的社交媒体推送的假新闻祸及全球就是明证，这种乱象不仅撕裂社会，更成为政治极化的发酵剂。可见，算法政治的风险既包括算法在政治领域应用时由算法的内在缺陷触发的道德风险、决策风险、合法性危机以及算法失灵等引发的意外未知风险，也包括算法在政治传播领域的不当使用（尤以智能推荐算法催生的假新闻泛滥为甚）引发的安全风险。有人称之为"技术上最伟大的胜利与最大的灾难几乎并列"。很显然科技是一把双刃剑。在算法政治时代，其风险已经成为一个必须正视的议题。

上面所发生的一切为 Netflix 公司提供了一个机会，它在 2020 年拍摄了一部名为《监视资本主义：社会困境》的纪录片，我们在影片中看到 Google、Facebook、Twitter、Pinterest 等几家互联网巨头，不仅因为它们是当今最大、最具影响力的几家国际互联网公司。根据肖珊娜·祖波夫的研究，监视资本主义有自己的发展历史，Google 公司是发明和完善监控资本主义的"先驱"，正如通用汽车公司在一个世纪前发明和完善了管理资本主义一样。这一模式随后由 Facebook 公司和微软公司开发，由亚马逊公司改变，成为苹果公司争论的话题。今天，监视资本主义不再局限于相互竞争的大型互联网公司，它的机制已经成为大多数互联网公司的标准模式，并且已经从在线机制扩展到离线机制，越来越多的域名参与其中。

学者把监视资本主义为"21 世纪的浮士德契约"。在某种程度上，互联网让我们的生活更快、更高效，但它的出现也是对生活的一种"入侵"。舒适和抵抗入侵之间的矛盾导致了精神麻木——我们接受并习惯被跟踪、分析、挖掘和修改，甚至选择对挫折和无助视而不见。人们被配置在一个由监视资本主义构建的网络中，我们相信我们可以自由地做出选择，但在现实中，我们长期受到这种知识模式和权力失衡的各种非理性选择的影响。正如 Netflix 公司的电影所指出的，对于不同的互联网用户来说，通过互联网展现的所谓世界甚至可能看起来非常不同。然而，我们不仅别无选择，而且几乎束手无策。

2016 年，美国白宫发布的《大数据报告：算法系统、机会和公民权利》重点考察了在信贷、就业、教育和刑事司法领域存在的算法偏见问题。普林斯顿大学的研究人员发现，被在线的普通人类语言训练的通用机器学习程序可以获得文字模式中嵌入的文化偏见。所谓算法偏见指的是在看似客观中立、没有恶意的程序设计中却带着开发者的偏见，或者因为采用的数据存在倾向性，或者因为设计技术的局限性，在实际应用中导致了种族歧视、性别歧视、年龄歧视、阶层歧视、区域歧视、仇外思想等严重的政治问题。在机器学习和人工智能发展的关键时刻，算法偏见正在成为一个主要的政治与社会问题。如果算法内部存在偏见，这些偏见会使得更重要的决策变得无法识别和无法检查，那么它可能会产生严重的负面后果，特别是对于贫困社区和少数群体而言。基于算法和统计学的歧视可能导致弱势群体在住房、信贷、保险、就业甚至在执法上遭遇歧视，被数据探勘技术标记为"高风险群体"，在日常生活的每一个领域都持续遭遇各种歧视性待遇，陷入"数据自我实现的怪圈"。换言之，那些"运气较差"的人可能会一直处于运气不好的境遇，并非纯粹的偶然性所致。

显然，算法政治不仅是一个技术问题，更是一个政治与道德问题。政治正义是每一个公正合理的国家必须建立的政治基础，其中，权利的优先性理念是一个根本要素，而在公平正义中，该理念作为公平正义观点的一种形式具有核心作用。 人工智能算法依赖于大数据，而大数据并非客观中立。人类倾向于将固有价值注入规则。它们从现实社会中抽取，不可避免地带有社会固有的不平等、偏见与歧视的痕迹。2014 年，美国白宫发布的大数据研究报告就关注了算法偏见问题，认为算法偏见有可能是无意的，也有可能是对弱势群体的蓄意剥削。而与之不匹配的是，算法的高科技面貌和责任主体模糊往往使得算法决策陷入审查难、问责难的窘境。非但如此，算法"科学化""客观化""专业化"的幻觉也加重了官僚制中本已令人诟病的工具理性弊端，潜在的决策风险及其后遗症亟待正视。

我们看到，随着算法辅助决策系统在政治领域的广泛应用，形式合理化的算法的"科学化""客观化"的幻觉把官僚体制的工具理性弊端推向新高度。刻板、无弹性、按部就班办事的官员患上了"工具依赖症"，模式化地把选择、决策、信任、责任交给算法，把思考交给机器，官僚与算法的"辅助角色"换位。恰如韦伯所言："官僚体制统治的顶峰不可避免地有一种至少是不纯粹官僚体制的因素。"官僚体制在功能主义与技术主义的工具理性追求中遗失了价值理性，形式合理性设计的严格纪律、僵化规则以及办事程序把人淹没在冷冰冰的技术主义之中，在实践过程中它促使官僚主义得以滋长和蔓延。官员们已经习惯不质疑，刻板做事，算法的"科学性""客观性""专业性"让他们觉得它"更权威""更安全"。尤其是在时间紧迫和资源有限的情况下，官员们可能更倾向于依赖所谓"专家系统"的决策而不是自己的思考。其后遗症更令人忧心，过分依赖算法不仅会加重官僚体制的僵化，与公共服务人性化潮流背道而驰，也会妨碍行政人员的自主性、积极性以及制度创新。

"虽然许多不确定因素仍然存在，但很明显，人工智能将在未来的安全形势中占据显著位置……人工智能、数字安全、物理安全和政治安全是深深联系的，并且可能会变得更加如此。"以色列历史学家尤瓦尔·赫拉利在《未来简史》中曾不无忧虑地认为，人类的进程其实是由算法决定的，在未来，人类的生物算法将被外部算法超越。

算法政治时代到来是人类之福还是人类之祸？"一千个读者心中有一千个哈姆雷特。"但有一点是明确的：算法给政治管理与政治决策模式带来了革命性变革，在公共行政领域，人们对以前无法有效完成的复杂任务能迎刃而解，但伴随而至的歧视、偏见也给人们带来了无数的烦恼与无尽的担心与忧虑。历史一再表明，"技术恐惧症"是人类的老毛病，从水力纺纱机到打印机无不如此，但它们的出现都深入地改变了人们的生活。"技术恐惧症"要不得，但"技术拜物教"同样要不得，对于伴随科技发展而来的弊病，必须有明智的认知，并采取有效措施解决、控制它。

因此，对于算法政治时代的到来，人类不应该拒斥和逃避，最好的做法是：面对它，接受它，处理它。换言之，既要摒弃官僚制，又要清醒地认识到"算法拜物教"的危害，防止为算法所控制，更要扬长避短，在算法的协助下不断探索公共服务新方式与制度创新，要做有使命感的政治人，"服务于公民，而不是服务于顾客……重视人，而不只是重视生产率"（《新公共服务：服务，而不是掌舵》）。因此，如何通过人工智能实现善治，是算法政治领域最重要且最值得探索的问题。

第三章

智能时代的伦理启蒙

03

如果说启蒙运动的意义是推动在特定领域的理性反思和价值观重构，那么中国的科技公司在过去几年来开始推动"科技向善"的思想观念的风潮，可以将其作为智能时代中国"伦理启蒙"运动的一个显而易见的标志。

之所以在这个时代做出"科技向善"的表达，主要是因为我们在推动数字经济发展时遇到了一些伦理层面的挑战，例如旅行网站屡禁不止的大数据"杀熟"、共享汽车带来的安全风险等。我们看到了这些技术伦理问题都在挑战着人们的道德底线以及数字生活的伦理观念。如何在科技推动商业发展时划定红线，以及理解科技向善的理念是如何为科技创新创造一个良好的社会伦理导向和软着陆机制的，是我们需要思考的问题。

考虑到人工智能技术是解决人类贫困和不平等的重要技术之一，以及在发展过程中它有制造和扩大数字鸿沟的可能性，我们非常有必要从经济学视角理解技术伦理——从根本上考虑伦理对社会发展的底层逻辑的挑战，而不只是仅仅考虑技术对经济和社会的影响。科技企业以科技向善为使命，实际上就确定了新的评估技术、产品和服务的价值维度，这也意味着技术的创新不仅要考虑商业价值，还要综合考虑伦理以及社会责任等方面，很显然这是一种启蒙，也是一种认知升级。

人工智能伦理研究的核心是以人为本，将人类的伦理价值观与人工智能的伦理价值观进行协同，让人工智能为人类谋福祉。更进一步说，人类应当首先在自身伦理价值层面达成某些共识，在这些共识的基础上，我们才能讨论人工智能伦理的发展框架和基本的治理原则。

因此，本章的核心就是讨论这些已经形成的人类伦理共识及其相应的起源，在现代性的基础上理解它们的理念。正如康德所指出的那样："要使得公众得到启蒙，最为需要的是自由，是在一切事物中公开地运

用自己的理性的自由。"

本书第一部分的内容意在告诉读者，人工智能伦理问题（包括所有的技术伦理问题）实际上就是现代性和现代化带来的人类自身的问题。康德在回答"人类是否在持续地改进"这个问题时的回答是：人类进步的历史必须以某种经验为奇点，人类的进步是某个事件发挥作用的必然结果。而我们在面对人工智能伦理这样的具体命题时，就必须将它放入人类进入现代社会这样的历史进程中去看待。

值得一提的是，诺贝尔经济学奖得主阿马蒂亚·森所批评的现代经济学理论"贫困化"的问题，一方面是由于当今主流的新古典经济学是在一种理想的交易费用为零的理论假设下进行分析和模型建构的，因此与人类生活的真实经济世界相去甚远；另一方面是，尽管新制度经济学理论引入了交易费用等变量探讨市场运行的制度安排，但是并未将制度的伦理要素放入其中，道德基础和伦理思考似乎从来没有进入经济学的研究框架中。因此，这也是我们在数字经济领域中面对伦理问题的困难之处——连传统的经济视角都没有考虑伦理，数字经济与人工智能中的伦理观又如何建构呢？

如果不从伦理道德的维度考虑制度变迁的路径和作用，那么就无法理解经济运行过程中的一些"非帕累托效应"或者"非纳什效率"存在的原因，也不可能理解为什么大多数人会遵循一定的伦理规范在社群中进行协同合作。

真实的经济世界是哈耶克"人之合作的扩展秩序"，而不是霍布斯在《利维坦》中讨论的"一切人对一切人的战争"。康德在论文《关于人类历史开端的猜想》中提到了对历史、人性和人类社会的看法，也许可以帮助我们正确理解当下所面临的问题。他猜想人类自由的最初发展史并给出了一个优美的诠释：人类最初只有动物性的本能，他必须依靠本能的指引，听从上帝的命令。然而，通过理性的驱动，人类把知识和行为扩展到本能之外，这也就标志着理性驾驭了冲动的意识。接着，人类开始学会对未来进行预测，也就是为长远目标做好准备，这是人类优势的决定性因素。最后，人类意识到人才是大自然的真正目的，因此把万物当作工具和手段，除了人类自身之外，由此找到了改变自然演化的方式。换言之，从历史上看，人类"恶的手段背后隐蔽着善的目的"。我们在看待智能时代的伦理问题时也需要坚持这一点，就是一切是以人类为中心，要实现自我启蒙，即有勇气运用自己的理性面对未知的问题。

人类意识与机器意识的发展

要讨论人工智能伦理问题，就要先从哲学角度讨论人工智能的意识问题。《人类简史》作者尤瓦尔·赫拉利曾说："智能和意识是天差地别的两种概念，智能是解决问题的能力，意识则是能够感受痛苦、喜悦、人工智能和愤怒等事物的能力。"很显然，伦理是与意识相关的命题，因此机器与人是否存在本质的差别，就决定了伦理问题的意义。

本章从东西方哲学的角度讨论人类意识与机器意识的哲学意义，以及从人性的独特性讨论伦理问题的必要性，最后从广义意识的角度理解人工智能的发展，并讨论这样的技术范式对人类文明的影响。

首先，我们来讨论智能和意识之间的关系。我们可以从哲学概念上比较两者的差异：智能倾向于用目的化、客体对象化和效能化的方式看待与处理问题，以期获得解决问题的答案；意识则意味着主体能够感受痛苦和情感的能力，它是个体在身体和精神上被触动后构建意义的能力。因此，意识就体现了某种意义，这种意义可以有对象，也可以没有对象。例如，医学上出现的幻肢现象就意味着无论有没有对象，个体的意识都可以在主观上赋予意义。

我们可以看到，当哲学家在讨论人类的本性时，基本上都是沿着智能或者意识两个路径进行的，而正是因为不同的文明和社会对于智能和意识的理解差异，形成了东西方对当代技术哲学不同的理解方向，也显示了双方不同观点下的人工智能哲学的演进路径。

通过对比中西方哲学的相关内容，我们发现西方更在意智能的哲学意义，在讨论"何以为人"这个问题时，人们是通过智能来回答的。我们可以看到西方应用伦理学在讨论机器人伦理学时，更多的是考虑智能视角的伦理命题。因此，机器人伦理学的主要目标就是创建一个能够遵循理想的道德原则和伦理律令控制行为的机器人，因此就要求机器人在智能上能够添加伦理的维度：首先，在机器人设计中，能够依据人类的意愿把伦理准则和道德律令嵌入机器人中，使之能够按照工程师设定的道德方式进行相应的行为；其次，给出机器人理想的道德原则，包括相应的道德困境、正确反馈的案例以及抽象的立项伦理原则的算法，使得机器人可以根据相应的实例指导其行为规范。

针对第一个领域，西方的哲学家和计算机科学家共同开拓了计算伦理的研究；针对第二个领域，西方的研究者正在研究可以通过自学习产生道德和伦理智能的机器人。

与西方的智能相对应，东方哲学主要从意识层面讨论伦理和人性的问题，比较典型的是中国的儒家道德哲学。

儒家有孟子与荀子两个代表。孟子认为，人之所以独特，是因为我们生来有不忍之心，而培养仁德之心可以让人类拥有真正的人性，从而推动人类社会走向有道德的生活；荀子则认为，人是通过习得社会规范变得有道德的，即通过不断的社会实践产生了道德行为，即通过社会程序的方式获得伦理。

因此，无论是孟子还是荀子都强调人的道德意识是关键，从这个角度来说，荀子的思路更符合当代的人工智能的发展。他认为人类意识的关键就是"义"和"群"，前者定义了人类主体的道德意识，后者定义了人类组成群体的能力，而这两者都强调社会系统中伦理法则的重要性。我们可以看到，儒家哲学相对于西方哲学更能够应对人工智能领域的伦理挑战。例如，康德的伦理学以理性为前提，认为人人都有理性且能够实践理性；而儒家则在接受人人都可以成为君子的前提下，讨论不同的人如何根据自身的实际情况推动伦理的实践。换言之，儒家哲学在接受人工智能作为道德主体上有更大的余地，即将人工智能作为有道德可能性主体的同时，也不需要将其作为与人类完全平等的存在。

接下来，我们来讨论人工智能意识与人类意识的异同，这里不得不提到的是莫拉维克悖论，它是由汉斯·莫拉维克、罗德尼·布鲁克斯、马文·明斯基等人于20世纪80年代提出的。莫拉维克悖论指出：和传统假设不同，对计算机而言，实现逻辑推理等人类高等级智慧只需要很少的计算能力，而实现感知、运动等低等级智慧却需要巨大的计算资源。

科学家们发现，让计算机在智力测试或者下棋中展现出一个成年人的水平是相对容易的，但是要让计算机有如一岁小孩般的感知和行动能力却是相当困难甚至是不可能的。这是因为大量的感知行为能力是依赖很多隐性知识、人类的情感以及一定的自我意识的，而这些内容是很难算法化的。换言之，我们所面对的人工智能属于"无心的机器"，这体现在3个层面：首先，人工智能不能理解符号的意义和物理世界的意义，因此不能主动建立与外部世界的关联并理解关联的意义，尤其是人类语言的意义；其次，人工智能没有意识的能力以及意识的体验，这是人作为独特生命体的重要特征；最后，人工智能缺乏自主性和自我觉知，我们看到的人工智能是人机交互的耦合体。

这里就能看到人类的意识和人工智能的智能的差异。人类与其他物种的差异是：人类不仅能够借助抽象符号思维，而且能够用抽象的符号表达思想并共享信息，尤其是语言的能力；而人工智能，尤其是深度学习产生的人工智能完成的任务都是通过识别、搜索、过滤、匹配等实现的，完全不涉及对意义的理解，而是函数的拟合，这就是"符号落地难题"。

当前，人类意识和人工智能意识的研究已经成为重要的课题。目前，科学家探索有意识的人工智能主要从两个方向着手：一个是通过算法进行构建，即符号计算和统计计算的方式；另一个是通过类脑（brain-like）研究构建，即通过研究人类大脑结构和工作机制的启发进行相关的研究。

比较有名的是欧盟推出的人类大脑计划。2013 年，由欧盟政府牵头、26 个国家的 135 个合作机构参与、预期 10 年的人类大脑计划（Human Brain Project，HBP）正式启动。欧盟为该计划投入 13 亿欧元，并为其定了一个很高的目标：开发信息和通信技术平台，致力于神经信息学、大脑模拟、高性能计算、医学信息学、神经形态的计算和神经机器人研究。这项研究侧重于通过超级计算机技术模拟人类大脑功能，以实现人工智能。

欧盟人类大脑计划的实现分 3 个阶段：第一阶段是最初两年半的起步阶段，要建立一个信息通信技术平台的初步版本，并且用一些经过战略选择的数据植入这个平台，目的是为项目内或项目外的研究人员使用该平台做准备；第二阶段是此后四年到四年半的运营阶段，要加强对该平台的使用，从而产生更多的战略数据并加入更多的能力，同时展现出平台对基础神经科学研究、药物研发应用和未来计算技术的价值；第三阶段是最后三年的持续阶段，要确保该项目在资金上自主可持续，并成为欧洲科学和行业的永久资产。

当然，这个计划目前看来已经失败了。相比之下，中国的脑科学研究更为实际和可靠。2016 年，中国加入全球的"脑计划"竞争之列。中国"脑计划"分两个方向：以探索大脑秘密、攻克大脑疾病为导向的脑科学研究和以建立和发展人工智能技术为导向的类脑研究。中国的计划以研究脑认知的神经原理为主体，以研发脑重大疾病诊治新手段和脑机智能新技术为两翼，目标是在从 2016 年起的 15 年内在脑科学、脑疾病早期诊断与干预、类脑智能器件 3 个前沿领域取得国际领先的成果。这是我们总结国际经验后结合中国的实际情况推动的科研计划，在国际上也更受认可。

在此，我们总结关于人类意识与机器意识的研究和发展。明斯基曾说："人不过是肉身的情感机器。"科学家提出，构建有意识的机器需要满足以下条件：有感知状态、有意向能力、有注意能力、有规划能力以及有情感。机器必须拥有情感才能算有意识，即进行价值判断（或者说道德判断）并采取有道德行动的能力。我们今天讨论人工智能伦理，仅仅把人类的规范自上而下地植入机器系统是不够的，还需要机器自下而上地学习人类的伦理和价值判断，产生自发的道德情感和道德觉知，形成有意识地做出既不伤害人类又兼顾实际需求的道德决策的能力。

20 世纪 90 年代，认知心理学的先驱乌尔里克·奈塞尔标记了"自我"的 5 个关键层面：生态自我、人际自我、随时间延续的自我、概念自我和私人自我。生态自我把一个人和他人区别开来，给了人拥有自己的身体的感觉，给了人在现实世界与环境互动的自我。人际自我是自我认知的基础，让人懂得别人和自己有一样的动因，并对他们怀有同理心。随时间延续的自我赋予人对自身过去和未来的觉知。概念自我是关于"自己是谁"的看法：一个有人生故事、个人目标、动机和价值观的存在。私人自我是一个人的内在生活，即一个人的意识流和对它的觉知。这个理论成为目前机器意识研究的重要指导理论，也是我们理解机器意识的重要视角。当机器对以上"自我"有所意识的时候，就是机器实现了超级智能。

构建人机交互的良好生态和社会环境是我们目前面临的具体挑战，我们要特别警惕，以避免有恶意意识的机器产生。如果有一天具有自主性和自我意识的人工智能真正实现了，那么机器的主体权利也会成为一个问题，我们需要从个体主体层面、个体自我层面和作为社会技术系统的层面考虑人类和机器未来的发展，尤其是道德伦理领域的建构。

从东西方差异视角看人工智能

在讨论了人工智能与人类意识之后，我们回到人类文明的进程中来。随着人工智能的自主性不断提升，其在人类生产活动中的关键作用愈发凸显。然而传统的伦理观念与道德理论在人工智能的冲击下陷入适用性困境，甚至一些命题可能落至道德哲学的真空地带，继而引发争论。

与此同时，此类风险也倒逼伦理和哲学研究者进行更深刻的思考，基于先贤的经验与东西方不同视角下的文明语境与认知特性，对现有的道德概念和伦理理论进行修正与优化，从而提出更能适应全球化智能时代的哲学道德体系。从多元角度来说，我们可以纵向发掘人工智能在不同时代的道德哲学思辨，也能横向探索在东西方不同文明语境下的人工智能伦理发展，这是对传统道德哲学的延伸与扩张。

人工智能从本质来说还是人的产物，也是人类文明的产物，因此我们先来思考以下问题：东西方文明对于人工智能的思考视角有哪些异同？能否从人类文明的视角思考人工智能发展？概括地说，要理解人工智能的挑战，可以先思考人类文明进程，从而进一步思考人类的本性、人类的价值观以及人的进化和异化。

先来看西方文明的视角。通常来说，西方文明视角下的人工智能哲学研究来自图灵在 1950 年发表的《计算机器与智能》一文，从这篇文章开始，西方的哲学家和计算机科学家热衷于讨论人工智能，他们预期机器可以成为跟人一样有思想感情、本能反应以及创造力的智能物。从更古老的文明来看，古希腊传统把人定义为理性思维的生物，因此如何开拓出理性的智能是目前主要算法拓展智能的路径。

如何开拓出机器"理性的智能"，也就是如何使得机器具有伦理属性，成为应用伦理学研究的重点，并出现了多种路径。有围绕价值敏感设计的路径或者基于地域文化的路径。其中，以人类权利为中心的人本主义以及追求通过技术实现安全、可信、可靠、可控等有利于人类自身道德目标的技术主义是最为典型的路径。

人类中心主义认为，人不是自然界的一部分，而是高于自然界的存在；智人具有独特的理性、自我意识和主观人格，智人在世界上的地位高于其他任何动物、植物，甚至任何生命。人类社会进入工业化和全球化时代后，人类中心主义发展到鼎盛时期。从人类中心主义角度出发思考人工智能伦理，必然将人类尊严和福祉置于伦理学考虑的核心。但这一路径所固有的人文主义预设导致针对一些命题的讨论陷入形而上的困境。例如，在人工智能智能体中嵌入伦理原则，就会陷入人类权利的保障机制、解释方面的挑战和超越最小标准等困境。

在这一领域颇具代表性的是现代美国科幻文学大师艾萨克·阿西莫夫的扛鼎之作"机器人系列"以及该作品中提出的"机器人三法则"，被很多学者认为是机器人伦理学的理论基础，成为机器人伦理学学科构建的重要原则。艾萨克·阿西莫夫在 1950 年出版的《我，机器人》中提出了"机器人三法则"，其目的是对未来的人工智能进行伦理规范。"机器人三法则"如下。

- 第一法则：机器人不得伤害人类，也不得看到人类受到伤害而无所作为。
- 第二法则：机器人应服从所有人类的命令，但不得违反第一法则。
- 第三法则：机器人应保护自己的安全，但不得违反第一和第二法则。

人工智能与以往的技术的本质不同是什么？简单地说，它是比工具更重要的东西。以往的技术是为人类服务的工具，而人工智能不仅仅是一种工具，它更是智能。可以说，对人工智能的功能性理解是一种重要的方法，但这种理解的一个局限性是：它引起了许多人对功能进化影响的担忧和恐惧——"机器人三法则"的提出就是人类对具有情感和移情能力的机器人等人工智能怀有非理性恐惧的反映，尽管机器人能遵守"机器人三法则"，但寿命却比人类长，在一些极端环境下的性能、耐受能力与坚固性也比人类更出色，这可能会引发人类的嫉妒和恐惧，导致人们想要摧毁它们。

基于"机器人三法则"，研究者进一步探讨"人工物道德智能体"（Artifacts Moral Agent，AMA）的伦理问题。就如生物伦理学领域"高等动物和人类胎儿是否应该拥有权利"的争议一样，机器人领域也开始对智能机器人的道德地位展开讨论。人们参与机器人道德地位的讨论，主要是为了解决人工智能本身及其应用过程中产生的社会伦理问题，而最终目标是创造一个能够按照人类所需的道德原则和伦理要求行事的机器人。这里需要思考的是，机器人伦理学是可计算的吗？是否应该告诉机器人在道德困境中的行为方式，以便它找到自己？如果机器人遵循伦理原则，是否有必要确定机器人本身的道德地位？

思考"人工物道德智能体"，则涉及所谓的"道德机器"，也就是为机器人增加道德层面的判断，可以根据人类的意愿在机器人设计中嵌入一些道德准则算法，使其能够按照设计者的设定以完全的道德方式行事。此时机器人的行为完全按照人类设定的伦理程序进行，这种思路更类似于技术伦理学而非机器人伦理学。另一个思路是创造一个能够按照设计者的设定以完全的道德方式行事的机器人，并给机器人植入理想伦理原则，甚至让机器人学习理想伦理原则，或让机器人通过强化学习等得出伦理困境的案例和正确答案，掌握抽象的理想伦理原则，从而以这些原则指导自己的行为。在这种情况下机器人能够在伦理困境中做出自主判断，才可以说是完全自主的，可以被称为真正的 AMA 机器人。

在西方，技术主义大多被技术专家所重视，与人工智能技术密切相关。技术主义主要针对第二代人工智能的鲁棒性和不可解释性问题，探讨如何通过技术实现有利于人类自身的道德目的，如安全、值得信赖、可靠、可控等。这方面的两个典型代表是值得信赖的人工智能和可解释的人工智能。例如，在 2019 年世界人工智能大会上发布的《中国青年科学家 2019 人工智能创新治理上海宣言》（以下简称《上海宣言》）就有很强的技术主义预设。《上海宣言》的四大责任——道德、安全、法律和社会特别强调了与技术有关的人文原则（如稳健性问题、算法透明度），以此作为责任的起点。在思考技术主义时，研究人员可能会忽视技术与非技术因素（如伦理、法律和社会）的内在相关性，进而不能有效地突破人工智能发展的困境，即人工智能发展中出现的哲学、社会和技术困境，阐明它们的内在相互关系，指出算法透明度作为基础概念的必要性和问题性，并提供解释学视角。它还从解释学的角度阐明了相关性如何作为另一个必要的原则存在。

当然，除了以上路径，还有很多研究者试图寻找实现人工智能伦理友好的更多方法。例如，人工智能科学家斯图尔特·罗素在其著作《人工智能：一种现代的方法》中提出，智能主要与理性行动有关，在特定情况下智能生物会采取最佳行动。从这个角度来说，研究人工智能伦理实际上是研究被构建为智能的行为者的问题，而理性的行动者本质上等同于理性的智能体。斯图尔特·罗素将人工智能看作一个理性的行动者，即在特定情况下采取最佳行动的理性智能体。从这个角度我们可以一窥人工智能和行动之间以及行动和特定情况之间的内在联系，即良好的人工智能具备一个智能的理性行动能力，而人工智能的行动是在特定情况下做出最佳决定和行动。可以说，这样的思路有效地规避了人工智能是否具有道德主体地位的困难问题，将人工智能视为一个有活力的代理人，并从背景和行动方面定义了人工智能行动者。这也意味着关于人工智能的可解释性的讨论可以在行动和语境的关系基础上进行解释。

以上主要是西方人工智能领域的专家观点。除此之外，我们也可以暂时抛开当前主流的西方视角，从东方文明的视角理解人工智能，这未尝不是一种有意义的思想实验。

与西方的人本主义与技术主义视角下对人工智能"人性"的思考相对应，中华文明中以孔子为代表的儒家将人定义为人际关系中的社会人，认为能够互相识别为人（"仁"的定义）和能够反思自己的行为、价值观和思想（"自省"的方式）是作为社会人的重要体现。从哲学视角看，人工智能的出现意味着人类要创造新物种，如果说启蒙运动开启了人类脱离自然的独立存在之路，那么人工智能的存在就是这一运动的重要实践，换言之，人获得了存在论意义上的主导权后，开始改变文明的进程和意义。

一些西方人认为，类似人工智能这样的前沿科技进展可能对人类构成生存威胁；而中国人对人工智能则显得更为包容与接纳，不像西方人那样过度恐慌。关于这一有趣的现象，我们可以从中国古代哲学思想的三大特征入手，以理解为何面对人工智能技术的发展，中国人显得更加从容。

中国的儒家与道家思想是古代主要的哲学思潮。道家认为，人性是暂时的，不执着于任何对象，就能与万物统一，从而能够实现事物的自然体性，而不是把它们当作客观的物化对象。儒家认为，家庭伦理关系是一切价值的起点，"仁者人也，亲亲为大"，人性的形成是由亲近的人向他人甚至向世界或万物逐渐传播爱的结果。可以说，在东方哲学的世界观中，非人类中心主义——天、地、人三位一体的观念是中国人理解人、自然、社会关系的经典框架。

这一观念来源于中国古代的《易经》。根据《易经》的理论，天、地和人以及其中包含的阴阳两种力量是构成宇宙的最基本元素，自然在其中演变，人类在其中发展，社会在其中进步。根据这一理论框架，人类本质上是自然的一部分，并与自然紧密相连。只有遵循自然规律，尊重人与自然的统一性，人类才能繁衍和发展。

人作为立于天地之间的个体，与生俱来地拥有向大自然求"道"的独特能力。人从自然万物的力量以及生活于其中的世界生机勃勃、永续运转领悟"道"并使"道"在人间获得发扬，即"参赞天地之化育"。从儒家的角度来看，"道"意味着人们应该遵循仁、义和诚信的道德准则。虽然儒家思想鼓励人们积极入世，但也主张人应该尊重自然规律，在处理具体事务时应遵循自然规律。人类应该从各种自然现象中理解天地之"道"，如季节的变化，并按照"道"行事。

此外，儒家思想还主张人们应根据时代调整自己的思想和行为。孟子称赞孔子为"时之圣人"，意思是说孔子是一位能够应对时代变化的圣人。因此，儒家思想不是僵化的教条，而是可以应用于不同时代和情况的智慧。儒家传统对于人的认识是非常丰富的，强调社会之中的人际关系中包含的自然生命秩序，也提倡由此情感出发推广到世界万物的广义的"仁"。换言之，儒家的生命意识既包括生理性的人类个体，又包括社会性的理想人格。儒家从可能与实现的角度思考人性，即人通过学习和完善提升自己的品格，就可以脱离动物属性，从而凸显出人性中不同于动物的道德属性，这是我们理解其价值的重要视角。

"天人合一"的观念在道家思想中有更高的地位。老子在《道德经》中指出："人法地，地法天，天法道，道法自然。"道体现在天、地、人三才之中，天道、地道、人道相互嵌合，能够相互满足，使天、地、人和谐共处。庄子进一步发展了"天人合一"的思想。庄子认为，天、地、人是同时诞生的，宇宙和人的存在是一体的。

综上所述，我们可以认为中国古代哲学没有赋予人在宇宙中至高无上的独特地位。人工智能作为一种发展中的前沿技术，不是自然界的产物。从"天人合一"的角度来看，人工智能的发展应当被限制在合理的范围内并受到有序的引导和约束，从而实现对生命的自然属性的尊重。也正因为深受非人类中心主义哲学传统的影响，中国人面对人工智能技术的发展，并不认为自己的生存受到人工智能技术的威胁，因此不像西方人那样感到强烈恐慌。

一方面，许多中国思想家不相信人工智能的发展有一天会超越人类的智慧；另一方面，机器或动物可以在个别方面超越人类并不是一件稀奇的事情。在道教中的神仙等超级生命与人类共处的文化传统影响下，人工智能或某种数字形式的智能在中国人眼中可以被视为一种超级生命形式。甚至一些儒家和道家学者希望人工智在未来能够融入人类构建的秩序，他们已经开始将人工智能视为人类的伙伴或朋友。

除了非人类中心主义，中国文化面对不确定性和变化往往持有比较开放的心态，相对于西方人因为人工智能技术的发展而产生强烈的恐慌心理，中国对不确定性和变化的容忍度更高，这也源于《周易》的影响。

根据《周易》的中心观点，不断变化是宇宙存在的基本形式，而具有静态特征的存在并不是宇宙存在的本质。这种静态存在的思想在 20 世纪的欧洲思想界获得了广泛的认可。儒家受到《周易》的影响，认为人们应该积极主动地预测和应对变化，这反映了儒家的人文活力。德国汉学家理查德·威廉在 19 世纪末和 20 世纪初曾在中国传教，他是第一个将《周易》翻译成西方文字的人。理查德·威廉说："在这个世界上没有所谓的永恒的困境；一切都在变化之中。因此，即使我们面临着极其困难的局面，我们也应该做一些事情来促进未来新局面的形成。"

除了儒家，自汉代以来，道家的特点是愿意与时俱进，根据实际情况主动进行变革。道家代表人物庄子的观点在当代中国文化中获得了重要地位。从中国古代哲学的角度来看，不确定性和变化不是需要解决的问题，而是自然规律的重要组成部分，是宇宙中的一个常量。而在佛教思想中，无常是一个非常重要的概念。根据佛教思想，我们接触的现实本质上是虚幻的，这使得世界上的许多变化显得更加微不足道，这种佛教思维方式也使得中国人面对人工智能更加包容。

最后，中国哲学中提倡的自省、修身和觉悟也使中国人面对人工智能往往会习惯回顾自己的过去，并意识到也许问题的症结就在我们自己身上。儒家、道家和佛教这 3 个思想流派的共同观点是：人们应该自律，不断自我反省，为实现内心的圣洁做出无尽努力。此外，这 3 个思想流派都认为，为了建立一个良好的社会，每个人都应该从自己的自我修养开始；没有每个人的修养，一个良好的社会就无从谈起。

因此，在中国哲学家看来，在讨论人类技术发展的未来方向时，在人类争论技术进步带来的生存威胁时，我们应该审视自己，从人类社会的进化史中获得启发。换句话说，我们需要回顾我们的过去，并认识到问题的关键也许在于我们自己。除非我们能够反思我们的道德，并承担

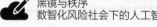
我们的责任，否则将无法生产出道德上令人满意的人工智能产品。

人类面临的全球挑战越来越多，也许我们应该拓宽思路，从中国古老的哲学传统中获得启发。现在是时候摆脱零和游戏的心态、对个人财富最大化的偏好以及完全不受约束的个人主义了。为了创造"对人类友好"的人工智能或其他尖端技术产品，我们必须致力于建立一个对人类具有包容性、和谐性和同情心的全球体系。我们可以看到，人类对自我的认知通过实践活动不断丰富，技术的进步正在拓展人的能力以及对自身的认知尺度，因此需要在这个过程中对东方的哲学价值和内涵进行更深刻的研究，以获得对于智能社会中人机伦理关系的新认知，这也是本节内容讨论的核心和重点。

人工智能伦理与道德责任

我们从人工智能的发展中受益颇丰，但我们也应当重视其中潜在的诸多伦理、道德与法律方面的风险。例如，"达·芬奇"手术机器人医疗事故责任界定、"微软小冰"诗集的著作权归属、Uber 自动驾驶汽车致人死亡的责任归属与责任承担等一系列问题仍未有明确答案。为了规避人工智能的道德风险，道德机器的思想开始出现并得到了很多人的支持，但这种观点是出于情感而非理性的。而机器道德的提出，源于人类对人工智能技术发展的担忧和恐慌，希望机器能够拥有道德，从而使机器在服务于人类的同时又不会伤害人类。

机器道德是人类道德在人工智能时代的扩展，而人工智能始终是人工的产物，对于其是否拥有人类的社会性，学界莫衷一是。另一方面，将人工智能放在法律层面来研究，脱离不开人工智能如何担责这一基本范畴，而解决这一问题的前提则是明确人工智能的法律地位以及与人的关系，尤其是未来具有自我意识和自主决策能力的强人工智能对现有司法体系带来的冲击和挑战、对人格权和人类主体地位的动摇以及对人类合法权利的影响。

与传统伦理学的研究对象——人的道德实践相比，自动驾驶汽车等智能机器的道德实践具有显著的特殊性。首先，机器行为是人为设计的计算过程所决定的，并非自然的因果过程，而使机器行为区别于一般的意外或自然灾害；其次，机器行为在很大程度上不由其使用者决定，这使得机器不同于传统意义上的工具；最后，对于具有广泛适用性、需要处理复杂情况的机器，尤其是拥有学习能力的机器，设计师和制造商很难或者原则上不可能准确预料机器行为，或对机器行为进行控制。

这种特殊性导致传统的道德责任归属不适用于智能机器。以自动驾驶汽车为例，如果一种具有较高可靠性的自动驾驶汽车反常地违背了交通规则或者造成了交通事故，那么将事件视作意外、要求乘客负责和要求设计师负责的做法都不能让人信服。赋予机器以道德主体地位就是让机器为自己的行为决策负责。从长远来看，要机器为自己的行为决策负责，前提是机器具有道德主体性。这意味着机器具有自由意志且行为是自由的，因为仅当机器的行为是自由的，将道德责任归属于机器的做法才是合理的。

人工智能具备以下与人类高度相似的特征。第一，理性条件——人工智能可以基于训练学习得出的算法模型独立自主完成设定的任务，在进行任务的同时也能基于实时反馈的数据实现无监督学习和进化，这与人类的学习行为相似。第二，道德内化——人类的道德行为准则并非与生俱来，而是后天耳濡目染的结果。如果将道德行为准则量化成计算机可以识别的数据并输入给人工智能，它也可基于本身的学习特性习得。第三，人工智能具备享有相应权利、承担义务职责的可能；第四，强人工智能或许拥有与人类相似的"自由意志"并通过"认知——学习——创造"实现与人类相似的生产行为。

人之所以有人格，是因为人具有理性的特质；而人工智能具备与人类似的理性本质。在反对"人类中心论"观点的学者看来，从道德出发应当像对待人类一样对待所有的理性存在者。只要这种理性关系存在，无论其在生物学方面与人有何不同，不尊重其人性或以不人道的方式对待之都是错误的。如果我们不遵循这一法则，又怎么能平等对待所有具有智慧的生命体呢？这一关系的建立前提是：该对象能够像人一样服从道德，而不会对社会造成危害，或者其对社会的危害总体可控，才能认定人工智能具有道德能力，才符合基于伦理人格主义所确立的标准；而那些不具备道德能力、可能威胁人类利益的人工智能则不应被视为道德主体。

需要注意以下几点。首先，是否为人工智能赋予道德主体地位与人工智能应当遵循正确的价值观并无必然联系，即便人工智能不具备道德主体地位，正确的道德与价值准则都是人工智能必须遵守的。其次，随着人工智能的能力不断拓展，其所承担的责任也不断增大；但人工智能的道德主体地位有限，在责任划分上则会产生分歧与麻烦。最后，在确立人工智能具有道德能力之前，我们应当设立评判人工智能是否具有道德能力的可靠标准。

人工智能具有道德主体地位的必要不充分条件是认知能力、意志能力与道德能力。

认知能力主要是指人工智能具有像人类一样的可以有效感知物质世界和精神世界的能力，其所涵盖的要素包括记忆、好奇、联想、感知、自省、想象、意向、自我意识等。认知能力可以具象成人工智能通过传感器接收环境和周围其他对象的信息，并在自我计算的过程中加以运用和创造，这也是理性构建的基石。

当然，仅有认知能力是远远不够的。被动地服从程序设计者设立的目标会让人工智能沦为工具，也无法获得道德主体地位。人工智能需要为自身设定行动目标，也就是具备意志能力。所谓意志能力是指行为能力，也就是责任能力，意味着道德主体依其本质属性，有能力在给定的各种可能性范围内自主地和负责地决定他的存在和关系，为自己设定目标并对自己的行为加以限制。该能力包括沟通、评估、选择、决定、自由意志等多方面。

尽管人工智能的智慧与认知水平和人类无差别，但因为缺乏伦理道德的规约，其行为难以将人类权益作为中心，可能对人类社会秩序、核心利益乃至生存造成严重危害。关于此问题，可以援引菲尼斯曾提出的一项原则："如果损害公共善的潜在风险是由同胞的行为造成的，则我们必须接受这种风险；如果是由同胞之外的人造成的，则不必接受。"

这就使得人工智能需要具备像人一样的道德能力，尽可能降低或者消除其对人类利益危害的风险。道德能力是指像人一样在道德规范与伦理规约的框架下严格按照道德实践判断、决定、控制行为的能力，每个人拥有权利的前提是其本质上是一个具有伦理意义的人，任何人都既有权要求别人尊重他自己的人格，也有义务尊重别人的人格。具备道德能力的人有充分的道德理由要求他人尊重其人格；而不具备道德能力的人则没有尊重他人人格的能力，也不需要被他人所尊重。

事实上，从 20 世纪 50 年代人工智能被首次提出到现在，经过半个多世纪的发展，人工智能依旧停留在弱人工智能阶段。目前的人工智能主要是在深度学习、大数据和计算能力的推动下形成的基于具体应用场景的技术，是一种初级阶段的人工智能，它以大量的数据要素作为思考、决策和行动的基础，这种建立在大数据基础上的静态的人工智能属于弱人工智能，其算法的性能在虚拟环境中可能实现指数级提升，但是现实数据环境中只能实现线性提升，有一定的局限性。

从技术层面来说，下一代人工智能有以下 3 个可能的发展方向。

第一，从底层技术范式来说，下一代人工智能是基于动态实时的环境变化实现复杂计算的人工智能技术，其中包括大数据智能、群体智能、跨媒体智能、混合增强智能和智能无人系统，这些方向也是我国正在推动的新一代人工智能技术，其中尤其以混合增强智能与智能无人系统值得关注，是基于新的底层智能化系统推动的人工智能技术落地。

第二，从应用目标场景来说，下一代人工智能是基于复杂目标形成的新的应用范式的人工智能技术，也就是以城市群体为目标建构智能化社会的人工智能技术，其中涉及城市全维度智能感知推理引擎的落地以及面向媒体感知的自主学习等新的技术方向，目前比较典型的例子是丰田公司在日本立项推动的"编织之城"以及沙特阿拉伯正在推动的未来城市 Neom 等。

第三，从基础芯片架构来说，下一代人工智能是基于新的芯片架构所形成的变革性人工智能技术。目前主流人工智能芯片采用的是冯·诺依曼架构，由于计算与内存是分离的单元，因此存在着内存性能的天花板，这导致处理器性能和能效比的增长空间有限，也导致目前的神经网络模型的计算能力对复杂场景处理的有效性较低。而新的芯片架构采用内存计算的方式。

可以看到，尽管所谓"具有自由意志"的强人工智能已然成为"主体论"拥护者热议的对象，但当前人工智能发展的以下 3 点特性，不得不让我们质疑持有该观点的学者陷入了空想的状态：从研究方向来说，对人工智能的研究并未明确指向强人工智能领域，而且强人工智能在现在来看依然是一个虚无缥缈的方向，也不会给人类的价值与效益带来显著提升；从技术架构来说，无论是现在以半导体材料为基础的算力架构还是以二进制逻辑为基础的算法开发，都难以实现人工智能的"自主进化"，强人工智能诞生的基础是突破现有逻辑电路和数据结构的桎梏，而这一点在短期内几乎不可能实现，也缺乏足够的理论依据；从研究原则来说，无论是科学研究还是工业发展都需要严格遵守伦理和道德原则，即便强人工智能可以被实现，其风险也远大于收益，这一潘多拉魔盒不应被打开。

人工智能是由人类创造的，基于智能科技而非生命代谢的非生命体。首先，人工智能缺乏人类的"碳基"大脑等生理基础。人类大脑是人类生命的核心，大脑死亡意味着法律人格的丧失。而"硅基"的人工智能程序和人工智能机器人都不符合现有道德框架下主体人格的生理基础。其次，人工智能不具有理性和意志。理性包括人对周遭事物特性和规律的感知、道德伦理的认识与遵从以及情感的同理。康德提出"人是理性的，其本身就是目的"，黑格尔认同"人因理性而具有目的"，人因为理性而具有自省、自审的能力。不同于人类的理性，人工智能的"理性"本质上来说是一种基于算法模型的逻辑关系，更不存在人类的天赋理性，其"理性"存在的价值也是为实现人类的意愿、目的，更不可能实现自省、自审，无法挣脱人类从算法层面为其规制的限制以进行批判性反思。即便人工智能具有深度学习能力，这种基于算法的修正本质上还是一种模式识别，而非真正拥有与生俱来的理性，这种"智慧"是人类赋予的算法模拟表象。

意志也并非单纯的逻辑演算，它包含欲望和行动两大关键因素。人类在欲望的驱动下针对面临的现实问题进行伦理价值判断，人对生存、生活质量、身份人格等方面的欲望和追求驱动人类不断改造自身与自然，创造更良好的生存环境或作出趋利避害的判断。但人工智能没有从自身和公共角度出发的欲望，更没有情感的羁绊，面对"电车难题"等问题时，它作出的决策的合理性难以被评估，大多数情况下人工智能只是在人类算法的基础上进行概率演算，更不用谈脱离人类建立自由意志的可能性了。

针对将人工智能视为"非完全行为能力的人"的观点，有批评者认为它充满对于人类社会中缺失理性和意志的特殊人群的歧视，缺乏对于特殊人群的保护，本质上就是一种非理性的体现。小孩在成年之后也会具有理性和意志，大脑损伤的植物人也可能苏醒并重新获得理性和意志，这显然与人工智能的特质相矛盾。

需要强调的是，在现有道德框架下人工智能无法承担责任，赋予其道德主体地位只是一种形式上的规制。而诸如"有限人格论"等本质上已经自证赋予人工智能道德主体资格是不必要的，无法通过奥卡姆剃刀原则的检验。

以上就是对人工智能道德责任与技术哲学问题的初步思考，后面还会对不同领域的人工智能道德与哲学问题进行讨论。本书关注这类问题的基本出发点在于，这类问题与人类文明的命运息息相关。威尔·杜兰特和阿利尔·杜兰特在其巨著《世界文明史》中说："文明是促成文化创造的社会秩序，它由四个要素构成：经济供给、政治组织、道德传统以及对知识和艺术的追求。文明始于混乱和不安全感结束的地方，因为当恐惧被克服时，好奇心和建设性才会自由驰骋，人通过本能的冲动去理解和美化生活。"

简言之，只有我们克服了对人工智能在未来人类文明中存在的道德恐惧，我们才有可能创造出更好的文明。人类文明推动着我们寻找解决之道，而我们所做的工作就是在推动文明发展时找到人类和人工智能长期共存之道。

第四章

数智化风险社会来临

04

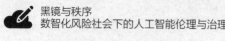

人类已经加速走进数智化时代。如今，精密制造的机器人在富士康工厂中繁忙地工作，百度 Apollo 自动驾驶汽车已经在北京街头载客，办公大楼里随处可见的人脸识别测温系统大显神通，《自然》（*Nature*）等杂志连续报道人工智能疾病诊断准确性超过医生……这些曾经听上去不可思议的场景都已经潜移默化地植入人类生活的方方面面。据第一财经报道，斯坦福大学专家预测，未来美国 48% 的工作可能被人工智能取代，而中国 70% 的工作可能被人工智能取代。

与此同时，大数据科学和技术快速发展，数据中心为各行各业提供关键基础设施。中国信息通信研究院《数据中心白皮书》显示，全球数据中心产业规模不断扩大，截至 2019 年底，全球数据中心数量达 42.2 万个，服务器超过 6200 万台。中国国家主席习近平在 2020 年 9 月的联合国大会发言中宣布："中国将设立联合国全球地理信息知识与创新中心和可持续发展大数据国际研究中心。"各国争先布局的大数据发展战略也使大数据在哲学上获得了极高的位置。数据主义（Dataism）作为新兴的哲学理论，可能成为数智化时代最重要的哲学理论之一。

数智化时代，顾名思义，是指数字化和智能化并存的时代。要想清楚理解这个概念，需要以历史的眼光回顾近现代以来的科技革命。在时间维度上，数智化时代正处于第三次工业革命向第四次工业革命转化的交替期。在这一阶段，第三次工业革命的主导技术——互联网技术已经趋向成熟，市场已经趋向饱和。大量互联网企业基于交易和互动产生并累积了海量的数据、强大的算力和严密的算法，为人工智能预测消费者和生产者行为提供了多种可能性。这些互联网工业革命遗产酝酿并开启了一个崭新的数字化和智能化时代，简称数智化时代。由传统互联网时代向数智化时代迈进是一个创造性破坏的过程。数智化时代不仅仅是一场技术革命，更是一场产业革命、生活革命和人才革命，是一次涉及经济、社会、教育的深刻和系统的创造性破坏浪潮。经济和社会等诸多领域数智化革命背后的根本性力量正是数智技术与创业力量高度耦合后产生的。

数智化时代最大的特征是人工智能及大数据等学科的融合发展，这是在继相对论和量子力学之后，科学技术发展对人类思想、经济和社会生活最具颠覆性的事件。然而，这种颠覆也给人类生活带来极其严峻和深刻的伦理问题。当前人工智能带来的风险正在不断地扩大，尤其是在其大规模地应用于社会和经济的基础设施后，深度学习等算法带来的不可解释问题以及各类安全问题层出不穷。因此，本章的核心就是讨论数智化带来的风险和挑战。

当今社会，一股全球化的力量迅猛发展并不断塑造我们生活的世界，全球化不仅包括经济全球化、文化全球化和技术全球化，也是风险全球化。在全球化的大背景之下，人类社会面临着比以往任何时候都更多的风险，例如大规模失业的风险、贫富分化加剧的风险、生态风险等。1986 年，德国著名社会学家乌尔里希·贝克在其《风险社会》（*Risk Society*）一书中，首次提出了风险社会的概念。贝克指出，马克思和韦伯提出的工业社会的概念围绕的中心议题是：在一个匮乏社会中，社会性地生产出来的财富是怎样以一个社会性不平等但同时"合法"的方式被分配的。而风险社会则建立在解决以下问题的基础上：作为现代化一部分的系统性地生产出来的风险和危害怎样才能被避免、最小化或引导？

从某种意义来说，人类历史上各个时期的社会形态都是一种风险社会，因为所有拥有主体意识的生命都能意识到死亡的危险，风险一直与人类共存。但近代之后，随着人类成为风险的主要生产者，风险的结构和特征发生了根本性变化，产生了现代意义的风险并出现了现代意义的风险社会雏形。

立足于数智化时代，风险社会又有了更深层的含义。随着数字经济不断发展，人类通过智能科技改造社会生活和自然的程度不断加深。从某种意义来说，借助于数字技术和手段，人类应对各类风险的能力提高了，但同时也面临着技术带来的新型风险，即技术性风险和制度化风险。

技术性风险是指新技术带来的负面影响，包括对人权的挑战、对系统安全的威胁和隐私泄露等。我们可以看到，由技术引发的风险带有很强的隐蔽性，是一种不可见的存在，极端复杂的风险正在被系统生产出来，这也使得知识的确定性发生了动摇。

制度化风险则是指在全新的数智化时代规则运转下，不断沉淀下来的平衡社会各方矛盾的制度以及规范性框架存在失灵的风险，更何况此时正处于新制度和旧制度的交叠期，许多规则等待人们重新制定。

技术性风险和制度化风险是数智化时代风险结构中的主要类型，且具有全球性影响。这类风险诱发了全球风险意识的形成，人类需要在识别和应对风险上有整体认同，这也催生了人类命运共同体等一系列将人类命运紧紧相连的时代观念。

党的十九届五中全会明确提出："要高举和平、发展、合作、共赢旗帜，积极营造良好外部环境，推动构建新型国际关系和人类命运共同体。"构建人类命运共同体是《习近平谈治国理政》第一至三卷反复强调和阐述的一个重要的外交和全球治理理念，它是为了应对当代人类面临的共同风险与挑战、维护和实现全人类的共同利益而提出的中国方案。

总体来看，数智化风险社会已经来临，身处其中的我们需要与全世界人民共同对抗风险，确立数智化时代的规则。随着人工智能技术不断成熟，落地场景不断丰富，人工智能伦理风险越来越受到社会关注。

在厘清对抗风险行动计划之前，不妨思考以下几个问题。

第一，生物体真的只是算法，而生命真的只是一个数据处理的过程吗？

第二，什么是更有价值的，是智力还是意识？

第三，如果没有意识而又有很高智力的算法了解我们比我们自己更多，这将对社会、政治和日常生活意味着什么？

要想探究这几个问题，还是要回到本质上思考如何看待技术发展的价值与风险边界，以及理清风险背后的逻辑。尽管人工智能等技术带来的一系列风险还有很多不确定性因素，但我们可以明确的是，人工智能一定要体现人类的需求和利益，其中不仅包括生存的必需，也包括发展的需求、精神的需求以及社会的需求，这是我们发展人工智能的动力，即人的价值尺度与目的性。

数智化风险社会中的人工智能伦理

目前的人工智能技术发展，主要是以计算机为载体推动自动化技术的发展。基于数据的人工智能技术可以帮助我们用各种自动化装置取代人们的各种生产活动，从而提升社会整体发展效率。人工智能在带来巨大的效能提升的同时，也会带来巨大的风险。我们需要仔细思考：人工智能会带给我们什么样的未来？人工智能的风险是如何产生的？如何防范相关的风险？

在回答这几个问题之前，我们先来回顾以下事件：

1997 年 5 月，IBM 公司研制的计算机"深蓝"首次战胜了国际象棋大师卡斯帕罗夫。2016 年 3 月，人工智能程序 AlphaGo 击败了韩国顶级围棋大师李世石。

2017 年 10 月 25 日，世界首位机器人公民"索菲亚"（Sophia）

成为拥有沙特阿拉伯国籍的"女性"机器人，成为首个被授予合法公民身份的机器人。

2018 年 11 月 7 日，在第五届世界互联网大会上，由搜狗与新华社合作开发的全球首个全仿真智能合成主持人正式亮相。

这一系列事件激起了人们对人工智能的担忧和思考。随着通用人工智能技术的不断发展，人们从意识上慢慢接受了机器人走进生活，甚至将人工智能产品视为同类。电影《她》中描绘的人工智能伴侣逐步成为现实，让我们不得不重视人工智能发展的风险问题。我们可以先从以下 3 方面进行讨论：人工智能的风险范畴、人工智能风险的形成机制以及人工智能发展的边界。

关于人工智能的风险范畴，仍需要从上文提到的乌尔里希·贝克的风险社会概念谈起。贝克认为："在风险社会，风险已经代替物质匮乏，成为社会和政治议题关注的中心。"与传统社会不同，现代社会的风险起源于人类对科学、技术不加限制的积极推进，而这样做的后果就是目的和结果的不确定性。换言之，技术性风险既是技术自身的内在属性，也是人为选择的结果，这是我们理解技术性风险的基础。

德国社会哲学教授马克斯·霍克海默指出："每一种彻底粉碎自然奴役的尝试都只会在打破自然的过程中更深地陷入自然的束缚之中。"启蒙思想本质是一种主题性思维，通过工具理性的方式推动人成为主宰一切的主题，科技使得人类活动在规模和对象上发生了重大的改变，因此导致了自然的终结和风险社会的到来。

值得注意的是，人工智能带来的风险虽然属于技术风险的范畴，不过也与传统的技术风险有着很大的不同。一般情况下技术风险都来自外部因素，例如环境风险、生态风险、经济风险和社会风险等，即由于技术与社会因素的相互作用而带来的风险。但人工智能技术会带来很大程度的内在风险，即对人的存在性地位以及人的边界和尺度的复杂性的挑战。我们看到诸多电影文学作品或者科幻小说中都展示了人类对于人工智能的最大担忧——来源于人机边界的模糊以及人机矛盾的加剧。现代性在消解了人与社会的传统关系的同时，也驱使人走向个体化，还带来了我们对人类这个物种的自我审视，并且面对风险社会最大的问题——责任问题。

我们可以看到，人工智能的风险主要包含两部分内容：一个是客观现实层面，即人类的能力逐渐被替代，从而增大了外部的技术性风险，例如失业率的大幅度上升；另一个是主观认知层面，即人类本身心理层面的风险。例如，随着机器人逐渐具备人类的形态和认知，人类会逐渐认同与机器人的同类关系，这必然带来伦理的问题。在风险社会的视域中，我们可以更进一步认识到风险社会是现代性的后果，而人工智能伦理则是风险社会的技术性体现。从另一个角度来说，有关人工智能伦理的社会呈现是数智化风险社会到来的标志之一。

如果说风险社会是由于工业社会片面追求经济利益的最大化以及对自然资源无节制的开发行为导致的，那么数智化风险社会就是由于人类正在过度追求技术与资本的结合而推动的。数智化风险社会是关于人类内生性风险的聚合体，正是人类重新审视自身与机器的关系，才导致了数智化社会风险的出现。

下文主要关注人工智能风险形成的基本逻辑。人工智能与人类其他早期科技最大的不同在于行为的自动化，人工智能系统已经可以在不需要人类控制或者监督的情况下运行。由此观之，人工智能技术带给人类社会的收益和风险同时存在：一方面，人工智能通过代替人类的劳动，使得生产力得到了解放，让人类活动拥有了更多的时间和空间；另一方面，人工智能使得人类有失去控制力的风险，人类的主体地位在某种程度上让渡给机器。更深入地看，现代技术发展的潜在动力就是人类对技术放大性的追求，人类通过人工智能技术实现了自身能力的提升。人工智能技术通过整合多种技术，使人类技术放大意愿得以落实。与此同时，人类也有可能逐渐在技术放大过程中失去自我，技术朝向背离人类意愿的方向发展，从而使得技术风险成为现实。

如果说康德的"人为自然界立法"论断成为了人脱离自然界控制，确立人的主体性地位的标志，那么人工智能的发展就正在对这样的主体性地位带来威胁——人工智能正在通过类人性特质的成长，逐步增强自己替代人类活动的能力。换言之，技术自身具备一种不确定性，人工智能技术本来是有利于人类发展的，但在发展过程中有可能产生增加人类生存风险的障碍，这是我们不得不警惕的地方。

除了技术自身的特质之外，我们很容易忽略的一点就是伴随着技术革命的另外一个要素——资本，工业革命以来的现代技术发展无法脱离资本的力量。众所周知，资本是逐利的，而技术的目的是实现人对物质利益的追求，因此技术就能够最大化地实现资本的目标。换言之，技术与资本体现了一定程度的同构性，资本在实现价值增长的过程中能够扩散技术的优势。

资本作为有效的资源配置方式，能够最大化地将资源放在最优的技术路径中进行配置；技术作为集置，能够将外部事物纳入自身的规范体系中，用自己的力量反馈给存在者，将事物以人类自身的方式解蔽。

简单地说，技术能够产生一种人类不能控制的力量。就像乘坐某种交通工具一样，人借助于技术这个交通工具不受限制地开发自然、掠夺资源，同时把人自身当作技术需要的资源投入进去，被技术所支配而无法脱离。这是海德格尔讨论的现代技术的本质，也是理解人工智能带来风险的重要视角。与此同时，由于资本具备一种不被局限在任何事务中

的超现实性，因此可以按照人们的需求去改变事物。更重要的是，由于
人工智能技术的发展会扩大数字鸿沟，因此关注这个过程中的数字化带
来的社会公平问题也是非常重要的。

在理解了人工智能带来的风险之后，接下来讨论人工智能技术发展
的边界，只有明确了边界才能理解风险。相对于通常的技术风险，人工
智能的风险带来了智能边界问题。由于人类是目前唯一具备智能的实体，
因此出现了人工智能之后就产生了所谓智能边界的问题。

我们可以从以下三方面理解智能边界这个概念。

第一，人工智能的"智能"是通过计算机技术将信息转换为知识发
展而来的，因此存在可计算的边界。目前来说，计算机更多地进行逻辑
相关的运算，而情感是无法被计算的。当然我们也看到了马斯克等企业
家试图通过脑机接口等技术实现对人的思维的解读，赋予了人工智能新
的智能模式。然而，考虑到我们对人的大脑的认知（尤其是与意识情感
相关的部分）是非常肤浅的，我们暂时还看不到人工智能产生自我意识
和概念的迹象。当然，如果技术的推进使得人工智能产生了意识，那么
毫无疑问就会产生系统性的风险，人类将不得不与其共存，相关的生存
空间的矛盾也就难以避免了。

第二，人工智能技术的边界对技术的社会属性的边界构成挑战。通
常来说，技术是具备自然属性和社会属性的。技术的自然属性就是技术
能够产生和存在的内在原因，即技术符合一定的物理规律；技术的社会
属性指的是技术要符合社会的规律。我们可以看到，人工智能目前还是
以功能性的个体或者群体存在的，并不具备所谓的社会属性，因此它无
法作为物种或者群体被看待。

马克思说："以一定的方式进行生产活动的一定的个人，发生一定
的社会关系和政治关系。"这种社会关系反过来制约劳动的方式，直接

决定人的本质。换言之，人的本质在其现实性上是一切社会关系的总和。正如上面所说，人工智能是基于计算的，而社会关系是无法通过计算获得的。而如果人工智能得以从人类群体中学习到社会关系的知识，并形成所谓的"集群智慧"，成为"超级智能"，那么人类的危机和风险就会被放大。

第三，我们需要看到人工智能技术可能推动"后人类"时代的出现，即通过有别于人类的物种，成为赛博格式的存在。赛博格打破了主体和外部环境的边界，也打破了自然和社会的边界，具备一种"后人类时代"的理念。在这个理念下，人不断地客体化，而客体则不断地人化，人与物之间的边界不断模糊，从而形成了一种有机体与客体之间的深度结合，使自然的身体具备了机器的属性。科幻电影中的大多数"电子人"或者"人工人"都属于赛博格的概念，这使得人类可能会超越自然所赋予的人的限度。

在电影《阿丽塔》中，人类主角只有大脑，其他部分则是由性能和技能更为强大的机器构成的。如果这样的事发生，就会带来两方面的结果：一方面，人类作为碳基生物的脆弱性被扭转，将具备更强的生存能力，在与机器的竞争中获得新的优势；另一方面，人类的身体丧失了自然属性下的独特性，变成了可取代的一种无机体的部分。

更深一层来说，数智化风险社会是一种"真实的虚拟"，即这种风险来自一种不确定性，带来的是一种有威胁性的未来。人们在认识到这种威胁后开始产生冲突性观念，而这种风险也是一种人造的，失去了自然与文化二元论的结果。我们在理解人工智能时要充分理解这一点：这个问题不仅是事实陈述，也是价值陈述；不仅要用工具理性改变规则，也要用价值判断约束伦理底线和规范责任。

在此，我们为人工智能风险提供一种解决思路，这也是研究人工智能的基本出发点，即人工智能一定要体现人类的需求和利益。其中不仅包括生存的必需，也包括发展的需求、精神的需求以及社会的需求。符合人类的核心需求是发展人工智能的动力，即人的价值尺度与目的性。与此同时，人类是需要承担科技责任的。

在苏格拉底时代，知识本身就足以让人行善并带来幸福。而在启蒙时代，知识远离德性，成为征服自然的工具。当代的问题是以培根、洛克和笛卡儿为代表的自文艺复兴以来的现代知识所造成的负面影响，这导致了社会的异化，也需要我们承担这样的科技责任。

钱穆说："生命演进而有人类，人类生命与其他生物的生命大不相同，其不同之最大特质，人类在求生目的之外，更还有其他目的存在。"这些目的超越了求生目的，即超越了生死的价值和理性的光辉。我们在人工智能发展过程中看到的是人类功利性目的的最大化，这夯实了整体人类社会的生存基础。但是，其中缺少了对理性和审美等超功利性目标的实践，更没有涉及关于人类自由和价值观的内容。如果单纯考虑功利性，毫无疑问就会带来人的个体和群体组织的异化，也就会带来对人自身的否定，挑战人类的尊严和存在。

我们应该意识到，技术的边界就是伦理问题，技术的可能性和伦理的约束性是有内在矛盾的。人们在技术的发展过程中往往只看到机器的力量和作用，而忽视了人类的价值。在自动化的机器系统中，人处于被动的位置，技术体现了人类本质的延伸，也压抑了人的本质。如果人的生命成为技术改造的对象，那么人类自身的技术化就不可避免。换言之，人类就可以被制造出来，技术将"不可能"变为"可能"的同时，也将"能够"变成"应该"。

我们要看到人的生命价值与技术之间的内在矛盾性，即：人的生命是自然的，而技术是人为的；生命是不可重复的，而技术是可以复制的。

人的价值是人存在的准则，而人类需要基于自身的道德天性实现情感与理性的统一，而这个统一带来的就是人的最高价值取向。人工智能技术的发展一定要在内部视角以人为价值尺度，在外部视角以人的社会群体为价值尺度。以人为价值尺度，保障了人的主体地位和独立意识；以人的社会群体为价值尺度，保障了整个人类社会的可持续发展。人工智能唯有在人本主义框架下发展，才不会轻易跨越伦理的界线，从而造成不可挽回的损失，这是我们理解人工智能未来发展的基本原则，也是我们理解人工智能风险问题的实质。

人工智能伦理风险实际上是数智化风险社会中的核心问题。当理性蜕变为工具理性后，人类社会进入了风险社会；而数字化的进程则推动了更深层次的风险，即人类的自我认知风险的到来。当知识所引领的科学与技术成为人类解决问题的一切办法，人类拥有了科技知识后，只关注力量而不关注人的自由、自然的生命，从而丧失了意义感和责任感，这是数智化风险社会的最大危机。我们需要改变人们的错误观念，并且确定"科技为善"的正确观念，其中的关键就是伦理责任的确立以及我们如何认识人工智能社会风险的实质。

风险从何而来

美国人工智能年会（AAAI）是人工智能的三大综合性国际顶级会议之一。2019 年，AAAI 的注册论文数量突破了 10 000 篇，有效投稿接近 9000 篇，而在正常年份仅有 2000 ~ 3000 篇，另外几个重要的学术会议（如 CVPR、ICCV、ECCV）投稿也出现了类似的情况，其中中国贡献了最大的论文增量。国际人工智能学界的热潮让我们想起 20 世纪 80 年代人工智能的第二次浪潮中的情况，不过遗憾的是，那一次浪潮很快就遇到了寒冬，所以关于第三次人工智能寒冬的担忧一直存在。而要对这个问题进行判断，就要理解人工智能产业的风险从何而来。

关于人工智能的风险问题，最耸人听闻的是关于社会分工以及社会阶层变化的某些观点。一些研究者认为人工智能会在未来代替一部分中产阶级工作，同时将影响财富流动性以及社会资源分配，使得社会财富过于集中在精英阶层或霸权国家，并借助自动化武器与军事系统使得竞争壁垒无限升高；还有一些人则担心，人工智能，尤其是具备自我意识的强人工智能会对人类的生存造成威胁，和人类的终极目标相违背，继而对人类的指令置若罔闻。物理学家霍金等曾提出类似的警告，创建了火箭公司 SpaceX、电动汽车公司 Tesla 的企业家埃隆·马斯克也持类似的观点。

马斯克曾警告人们："与人工智能共舞，就如同我们在召唤恶魔。"尽管马斯克的特斯拉汽车被认为是全世界最成功的自动驾驶汽车产品，但他却在担心人工智能的过度使用可能令其在未来变得过于强大，以至走向失控。

事实上，人工智能带来的问题并不是新问题。对于人工智能在一些工作上替代人类或者只让少数人获得利益乃至颠覆整个社会秩序等恐惧一直伴随着人工智能的诞生与发展。即便在两百年前工业化进程如火如荼的英国，类似的问题也争论不休，只不过那时人们将这一问题归结为"机器问题"而非"工业革命"。早在 1821 年，经济学家大卫·李嘉图便担心机器可能会对社会各阶层尤其是劳动者带来深远影响，导致他们的利益受损。历史学家托马斯·卡莱尔则在 1838 年将机器称为"机械魔鬼"，认为机器将成为"搅乱全体工人正常生活"的破坏性产物。

回到 21 世纪，机器问题正在以全新视角呈现。包括技术、经济、哲学等领域的学者正在就人工智能可能带来的风险与影响进行激烈辩论。这项在短时间内呈现长足发展的全新技术令机器能够完成以往被认为只有人类才能做的事情，这种影响是深远的。一些人认为，智能化机器可能让大批工作岗位从人类手中流失，例如翻译、书记员或者医学影像师，自动化程序带来的高效、精准与低成本将使雇主更愿意利用机器代替人类雇员。

牛津大学的卡尔·本尼迪克·弗雷和米切尔·奥斯本于 2013 年发表的一项被广为引用的研究表明，美国有 47% 的工作有可能会"被计算机资本取代"。而美国美林银行（Bank of America Merrill Lynch）也预测，到 2025 年由人工智能引发的年度创新性破坏影响将达到 14~33 万亿美元，其中包括：9 万亿美元人工成本，因为人工智能可以使知识工作自动化；8 万亿美元生产和医疗成本；使用自动驾驶汽车和无人机带来的 2 万亿美元效率增益。麦肯锡全球研究院（McKinsey Global Institute）声称：人工智能正在促进社会的转型，与工业革命比起来，这次的转型"速度上快 10 倍，规模上大 300 倍，影响力则几乎超过 3000 倍"。

在关于人工智能的故事被媒体传播得越来越神乎其神的当下，我们需要回到深度学习这一技术的起源，来看看到底发生了什么。

在 1956 年达特茅斯学院的一次学术会议上，人工智能概念正式被确立。与会学者希望借此将人工智能确立为一门独立科学，从而明确其任务和发展路径。与会学者对外宣称，有关人工智能的多项特征都可以被精准逻辑运算所描述，从而用机器来模拟和实现。此次会议上提出的"人工智能"这一术语在随后几十年沿着符号计算和神经网络两个路径螺旋上升发展。当时，大家对人工智能往往抱持过度乐观的态度，即便专家系统（Expert System）或者神经网络（Neural Network）取得了一些阶段性的成果，但关于人工智能的许多描述仍是镜花水月。直到 2012 年，一项名为 ImageNet Challenge 的网络竞赛使人工智能再次变得火热。

ImageNet 是一个包含数百万张人工标记图片的线上数据库，这些标记会指定图片为某一个事物，例如"气球"或"草莓"，同时将同一事物的照片作为一个集合。在每年的 ImageNet Challenge 竞赛中，参赛者通过使用计算机自动化程序识别和标记图片来竞争准确度。首先，计算机系统会读取正确标记的图片以训练模型，再基于模型标记一系列未标记的测试图片，为这些图片加标记并评估与图片自带的标记是否匹配，最终统计出匹配度。匹配度高的优胜者会在大会上分享其解决方案。在 2010 年，ImageNet Challenge 竞赛的优胜者可以正确标记 72% 的图片，而人类识别并正确标记图片的平均水平为 95%。而在 2012 年，由多伦多大学的杰夫·辛顿率领的团队通过使用一项被称为"深度学习"的新技术，将 ImageNet Challenge 竞赛的准确率提升到了 85%。随后 ImageNet Challenge 竞赛的准确率迎来了飞跃，2015 年 ImageNet Challenge 竞赛的准确率达到了 96%，首次超越了人类。

深度学习技术可以理解为"将过去的片段整合在一起"。深度学习的先驱者之一，蒙特利尔大学的计算机科学家约书亚·本吉奥认为，本质上，利用基于强大计算能力和海量训练数据的深度学习来强化人工智能领域的发展，源于一个古老的思路——人工神经网络（Artificial Neural Network，ANN）。在大脑中，一个神经元被其他神经元传递的信息触发，同时该神经元自身输出的信息也能继续触发其他神经元。一个简单的人工神经网络具有数据输入层与结果输出层，中间的隐藏层用于处理信息。人工神经网络中的每个神经元都有一系列权重（Weight）和激活函数（Activation Function），用来控制结果的输出。训练一个人工神经网络的过程其实就是不断调整权重，从而实现给定一个输入便可以产生合理的联想输出。人工神经网络在 20 世纪 90 年代早期开始逐渐取得成果，可以简单识别一些图像，例如手写的数字。然而，人工神经网络距离真正用于计算机视觉仍然有很长的路要走。

在人工神经网络的基础上，得益于 2000 年后算力与算法的进步，激活函数的升级迭代使得深度网络的训练成为可能；同时互联网市场的爆发所产生的海量文件、图像和视频数据成为训练的最佳素材。有了数据和模型，接下来需要算力的支撑，而计算机视觉领域的专用图形处理芯片 GPU 将为深度学习提供强大的算力支撑。斯坦福大学的吴恩达领导的人工智能研究小组发现，GPU 可以将他们的深度学习系统的训练速度提高近 100 倍，以往训练一个 4 层的人工神经网络需要几周的时间，而使用 GPU 不到一天即可完成。

ImageNet Challenge 竞赛充分展现了深度学习的强大潜力，也让大家都开始关注这一划时代的技术范式。从此，强大的深度学习算法源源不断地涌现并提供了充足能力，20 层甚至 30 层的人工神经网络成为常态，微软公司的研究人员还开发了一个 152 层的人工神经网络。人工神经网络高度抽象化，同时能够应对复杂应用场景与问题。Google 公司利用深度学习提高网络搜索的质量，帮助智能手机理解语音命令，协助人们通过特定图像搜索照片，给出自动回复电子邮件的建议，改善网络翻译服务，并指导其自动驾驶汽车了解周围环境。

深度学习可以分为不同的类别。其中最广泛使用的是监督学习，这种技术使用标记的实例训练一个系统。例如，在过滤垃圾邮件时，可以收集大量的样本邮件，将每个邮件标记为"垃圾邮件"或"非垃圾邮件"，以形成一个大型数据库。一个深度学习系统可以使用该数据库进行训练，并通过不断输入这些实例和调整人工神经网络中的权重来提高垃圾邮件检测的准确度。这种方法最大的优点是，它不需要人类专家设定一套规则，也不需要程序员编写代码，系统本身可以从有标记的数据中学习。

大量的数据可以支撑监督学习，这种技术的广泛使用使一些以前从事金融服务、计算机安全或市场营销的公司将自己重新定位为人工智能公司。

另一种技术是无监督学习，它将人工神经网络暴露在大量的实例中进行训练，而不告诉它应该寻找什么。人工神经网络将自动识别特征并对类似的实例进行聚类，以揭示数据中隐藏的集群、关联或模式。无监督学习可用于搜索人们不知道它们到底是什么样子的东西，例如，监测网络流量模式以防止网络攻击，或者检查大型保险索赔以识别新的欺诈类型。作为一个著名的例子，2011年，吴恩达在谷歌工作时领导了一个名为 Google Brain 的项目，这是一个巨大的无监督学习系统，用于在成千上万未标记的 YouTube 视频中识别通用模式。

除了以上两种深度学习技术以外，还有一种被称为强化学习（Reinforcement Learning）的技术，它介于监督学习和无监督学习之间。在强化学习理念下，人工神经网络通过不断与环境互动训练模型，在此过程中环境以奖励的形式给出反馈。强化学习的核心是通过训练不断调整人工神经网络中的权重，从而找到可持续产生更高奖励的策略。

从目前的情况来看，Google、Facebook、微软、IBM、亚马逊、百度等公司已经开放了它们的深度学习软件的源代码，可免费下载。这些公司的研究人员希望将他们的工作公开，继而发掘潜在人才。同时，通过免费开放人工智能软件并供开发者使用，这些公司可以获取大量数据，从而拥有进行大规模训练的基础要素。

在了解这一轮人工智能技术的起源后，可以看出，目前人工智能技术的发展是建立在以下3个基础上的：

（1）有效的深度模型，现阶段基本都是深度神经网络，都是由数理统计的逻辑推导出来的，所以存在技术应用场景的边界和可解释性问题。

（2）存在强大的监督信息，即数据都是要有标记的，而且越精确越好，所以存在效率和成本问题。

（3）学习环境比较稳定，所以存在鲁棒性问题。如果学习环境不稳定，输出结果也会出现相当大的偏差。

可以看出，这一轮人工智能技术发展的现实并不像我们想象的那么"浪漫"。其发展主要来自硬件的进步（带来更大的内存容量和更快的计算速度）和数据的增长（带来训练效率的提高）。目前的人工智能可以理解为狭义的人工智能，它只能应用于具体场景，这让我们对人工智能的想象大为受挫，也有助于人们确定未来努力的方向。

学术界关于以上风险的讨论主要集中于稳健性、效率以及可解释性等领域。实际上在过去几年的研究中，国内学术界开始关注封闭性的研究，其基本逻辑在于：目前的深度学习系统主要是采用暴力法与训练法的思维模型创建的。暴力法的基本思路是依据问题的精确模型建立知识表示，在压缩空间中通过推理或者搜索的方式穷举问题的可能解，从而得到最优解；训练法的基本思路是建立问题元模型，然后参照问题元模型进行数据标记与训练，并选择合适的人工神经网络结构和学习算法进行深度学习，最后通过数据拟合的方式得到相应的学习模型。在理解上述基本逻辑的基础上，以陈小平为代表的学者开始研究封闭性的准则，即通过一个实际问题是否具备封闭性或者可以封闭化来判断人工智能技术在原理上能否被应用于某个具体领域。

本节讨论了深度学习的发展历史以及人工智能界关注的风险。我们所面对的以深度学习为代表的人工智能技术是有边界的。一个基本事实是：现有人工智能技术已经具备了大规模应用的能力，只是需要在不同产业实践中解决相应的规模化的问题，并规避其中的产业、技术与伦理风险。

数据隐私与社会责任

对数据隐私的保护是承担社会责任的典型案例。事实上，"责任"不仅是一个法律概念，还构成了人们认识道德义务的基础。责任实质上超越了我们通常称之为道德的范围，要通过责任引导人们面对风险社会中的人工智能伦理挑战，为人们指出明确的伦理责任的方向。

我们来看具体的数据伦理的问题。数据要素的存在是数智化社会存在的基础，也是目前的人工智能伦理中最重要的命题之一。换言之，我们正处于真实世界和数据世界叠加的状态中，数据伦理的问题从根本上说并非只是一个单独权利的保护，而是对数字世界运行逻辑的认知重构。在众多关于数据隐私保护的讨论中，甚少见到关于数据隐私保护的基本逻辑的底层讨论，更多的是关于数据隐私的重要性和对于数据滥用危险性的担忧。因此，大多数讨论停留于公共议题的喧闹和对于科技伦理的表面讨论。

事实上，这个议题背后涉及两个根本性问题：第一，数据价值在整个智能时代作为生产要素的实质是什么，即通过数据挖掘以后的数据是如何使用的，以及作为新的知识产生的范式是如何对现实世界产生影响的；第二，现存的数据隐私保护理念的核心目的是什么，以及怎么认识数据背后技术与人之间的关系。我们现在的担忧在 20 世纪 80 年代的欧洲学术界就有相关讨论，经历那么多年时间后，关于这方面的讨论早已不停留在数据安全和基础伦理的层面，但遗憾的是我们对此知之甚少。接下来讨论这个问题。

第一个问题的核心就是价值，包括价值的意义和度量。在笔者所开拓的数字经济学学科中，价值理论位于整个学科的中心，数据价值理论就是要将创新驱动的价值主张放在核心，实现信息生产力和生产方式的内生化。自亚当·斯密开启了近代经济科学的历史，劳动价值论和交换价值论这两大派系争论了两百多年时间。从数字经济学角度来看，劳动确实是价值创造的基础，但是没有社会化的分工合作，价值创造就无从谈起。换言之，价值创造既与个人有关，也与社会有关。数据的价值也是这样，既与个人在数字空间的行为价值相关，也与个人在社群中与他人共同协作创造的价值相关。因此，在研究数据价值的过程中，我们引入层次的概念，这也是复杂性研究中的重要技术概念。我们认为，数字经济系统中的复杂性来源于个体构成整体后全新的主体、现象和规律的涌现。当个体在数字空间形成了新的利益主体、新的市场、新的网络时，就创造了新的价值。

第二个问题的核心是责任，包括个体责任、企业责任和社会责任在数据隐私和伦理问题中的体现。个人作为数据权利的主体面临的最大问题就在于企业和社会组织过度使用个人数据，导致一系列权利的缺失甚至被剥夺，最核心的就是数据隐私权利与算法歧视所反映的数据公平权利。前者的典型现象是科技企业过度使用用户的个人数据以实现其商业利益，后者的典型现象是在各种社会组织中不当使用算法带来的机会不平等。因此，如何让个体、企业和社会在数据使用过程中承担其责任，体现其在数字空间的权利与义务的对等关系，而不会因为技术的存在而丧失了对数据责任的承担，这是数据隐私保护的核心。

从历史来看，隐私权的出现改变了人与技术的关系，带来了新的视角。早在1890年，美国人沃伦和布兰代斯就指出了隐私权的问题，认为新的发明和商业手段引发了风险。2006年，欧文·舍米林斯基明确指出要重新审视隐私权，他认为应该进一步设定关于深挖个人信息的法律责任。讨论数据隐私保护相关的议题，欧盟2016年通过的《通用数据隐私保护条例》(General Data Protection Regulation , GDPR)是必须关注的文件。事实上，这份文件是在《数据隐私保护指令》(Data Protection Directive)的基础上形成的，后者是 1995 年通过的欧洲联盟指令，用于规范欧盟范围内关于个人数据的行为，是欧盟隐私法和人权法的重要组成部分。

我们可以看到欧盟的数据治理思路相对于 20 年前的变化。《数据隐私保护指令》是一个从数据隐私保护出发，对机器自动化决策进行治理的规范文件；《通用数据隐私保护条例》的立法目的并不是关注机器的使用，而是要彻底通过权利的赋予方式重塑人和机器的关系，即建立一种符合人类社会发展需要的人机交互关系。

在《通用数据隐私保护条例》中提出了数据最小化原则和适当性原则，规定了控制者有责任采取适当的技术与组织措施，以保障在默认情况下，只有某个特定处理目的必需的个人数据被处理，个人数据应该保持"精简和锁定"的状态。这与《数据隐私保护指令》中仅仅强调数据信息安全不一样，强调的是从软件或硬件设计到业务策略和商业实践整个链条的原则适用性。

具体到数据隐私问题，《通用数据隐私保护条例》第 25 条展现的数据伦理的核心思想是：以增强隐私数据保护技术为基础，将保护隐私的理念融入相应的软件系统中，将人类的伦理价值观融入技术设计的过程中，这也是未来解决数据隐私和伦理问题的核心，即将行为的正义性和伦理道德的合理性融入技术中，而不是仅仅通过保守的数据隐私保护的方式解决问题。

理解这一点后，我们认为数据隐私保护和算法决策等问题的核心在于，我们是否可以通过程序设计的范式来保护人类权利，并且在技术层面落实相应的伦理道德价值观。当然，可以预见，相应的阻碍会很大，包括法律语言的措辞和语法无法转换、复杂晦涩的法律权利和义务的范围难以说清以及交叉数据隐私保护和算法透明性等问题。然而这条路径在科技向前发展的情况下几乎是唯一可以实现权利保护和社会发展平衡的路径。与其陷入无休止的伦理道德争端，不如考虑技术路径如何实现这样的复杂系统。

从微观层面看，个体都是数据的携带者、生产者和使用者；从中观层面看，对数据的挖掘和使用就是智能化算法最主要的工作，也是人工智能能够对金融、零售、医疗等行业进行赋能的原因；从宏观层面看，国际政治、军事和经济会使用不同的数据。在数据被生产和被算法使用的过程中，下面两个过程是同时进行的：一方面，算法将自然界中的事物数据化，即人类存在的现实世界转换成新的样式；另一方面，数据的产生形成了新的自然界，与现实世界进行深度互动。

我们正处于现实世界和数据世界叠加的状态中，数据隐私的问题带来的是数据作为生产要素的特殊性，它改变了既有世界的本体论、认知论与伦理价值观。从存在论的角度看，人类存在于其中的世界已经产生了数据这种新的要素以及智能化机器这种非自然生成物，因此形成了一种新的存在环境。

从技术哲学的角度来说，存在的轨迹是以数据的方式呈现的，数据带来了在场性的变化，即通过数据化的技术让人的在场性被拓展，使得透明性退场，例如，通过图像识别技术重现人们的运动轨迹和时间序列，或者通过对商场的数据挖掘使得顾客的行为能够被引导。这样的方式改变了人们的行为逻辑，也是数据要素最重要的价值。从认知论的视角来看，人类与世界不再是人改造自然的简单关系，而是生成了新的物种和要素，人类感知世界的方式和自我认同的方式也在改变。

算法可以调整数据的出场次序和显现的影像。例如，Facebook 通过算法的改变对首页内容进行不同推荐，这样的结果不仅是商业层面的，也是认知层面的，这才导致后续剑桥分析公司丑闻的发生；相应地，这也就带来了数据伦理视域的视角变化，即从人、技术与自然世界的关系来重构我们的伦理观念。

最近发生的一系列关于数据隐私的新闻事件加深了人们对隐私问题的担忧，同时依赖人口红利的互联网经济和基于机器学的决策系统的复杂和不透明则加深了人们的这一担忧。发挥监管条例的作用的前提条件变得苛刻起来。这里不得不强调一个事实，即不管是算法还是监管措施都指向算法透明度，事实上，这对于现有的以深度学习为基础的人工智能算法来说是几乎不可行的。并且，个体关于透明度的权利并不一定能够确保实质性的良性竞争或者有效的救助措施，更多是在感觉上给大众一种监管有所作为的表象，而没有考虑事实上的技术和应用情境。相应地，《通用数据隐私保护条例》只是在原则层面提出"公平和透明地处理个人数据"，这为数据隐私保护提供了一个比较开放和灵活的尺度，衡量数据隐私问题的影响并让算法决策系统承担责任。

对数据隐私和算法决策的伦理进行解读，一方面我们承认个人数据权利的重要性和相应监管机制建立的必要性，另一方面也要减少一刀切的"规范性断联"以及"监管过度延伸"的情况出现。隐私保护不是不作为的借口，而是寻求算法规制的起点，我们要保护的是数据在成为算法决策依据后的公平和正义。

换言之，我们承认技术与伦理的双向调节作用：一方面，技术改造了物质环境，在这种物质环境中存在着数据这一特殊要素，人类正在认知这样的数据世界并形成新的伦理范式；另一方面，技术与人类正在形成特殊的连接，这种连接让人们在积极看待技术的发展的同时又怀着警惕的心态，人们利用技术调节为社会的道德发展制定新的规则和创新的诠释空间，即将非人类的要素（如数据）纳入道德体系中考虑。

因此，数据隐私问题绝不仅仅是商业权利跨越了道德门槛的问题，更深刻的理解是人类为了实现更大范围的正义（不仅包括现实世界，也包括数据的非现实世界）不得不提升自身的技术能力和修正伦理范式的过程。我们不仅要关注技术引发的伦理问题，也要看到技术对伦理的助推作用。

以上就是我们对人类如何承担风险社会的伦理责任的问题在数据伦理方面的实践和思考。我们可以看到，个人与他人、社会之间互为责任主体和责任对象，伦理责任因为人的关系性存在而生成和承担。责任内蕴于人与人之间、人与社会之间和人与自然之间，这是每个人和组织都可以通过经验得到的抽象性存在，它构成了个体和组织在面对风险社会时的道德根基。事实上，对责任的讨论提供了认识人类生活的意义和关于世界价值的信仰，这就是它成为当前所有道德论证的中心的原因。一方面，责任是社会中各个主体之间相互承认、相互协调并相互履行的关系；另一方面，责任是通过自我行为的道德约束和对来自社会的他律来实践个体的道德责任的自觉意识和内在动机。

马克思指出："人拥有规定、使命和任务。"现代性错误地改变了人类文明演化的方向，从而产生了风险。而人类能做的最重要的事就是突破现代性的束缚，对自身道德进行彻底革命，从而走出危机。其中的核心就是责任。具体到人工智能伦理这一领域，就是承担信息化技术革命带来的科技责任，找到人类与机器相处的道德范式。从本质上说，就是塑造一种和谐的秩序，以确保数智化社会的风险是可控的，使人类社会避免现实层面和道德层面的风险、冲突与危机，创造和谐、安全、幸福和健康的人类社会的未来。每个人都应该具备这样的责任意识，对他人负责，对自然负责，对社会负责。

第二部分

数智化时代的
风险领域

2020 年，新冠疫情这场足以颠覆全球格局的公共卫生安全事件，让本已在 21 世纪第 2 个 10 年伊始就受困于科技新范式发展疲软的人类陷入了前所未有的全球性危机。企业停产，工厂停工，学校停课，机场停航，全球贸易活动几近停滞，宏观经济各项指标屡屡下滑……疫情尤其使得基础防疫和应急体系受到冲击。抗疫初期，大量防护物资出现供应缺口，医药和医疗器械企业产能波动、原材料进出口受阻等诸多挑战棘手而迫切。

在疫情的放大镜下，医疗产业面临一场压力极大的考验，其逐渐好转的过程必定充满艰辛。然而人类之所以伟大，正是因为面对危难，我们会迎难而上——成千上万的医疗工作者奔赴一线支援；隔离医院的建设、治疗药品和疫苗的开发效率不断彰显"人类速度"。疫情推动了诸多新医疗需求的涌现，在数字化时代驱使智能技术向医疗产业的渗透与赋能，成为医疗产业发展的催化剂与加速器。

早在 20 世纪 50 年代，"计算机之父"冯·诺依曼就指出："技术正以其前所未有的速度增长……我们将朝着某种类似奇点的方向发展，一旦超越了这个奇点，我们现在熟知的人类社会将变得大不相同。"此后，学界惯用"奇点"一词代指技术变革引发社会生活革命性变革的时刻。事实上，人工智能的发展正临近奇点状态，其在医疗行业中开始发挥越来越重要的作用。

从积极的角度来看，人工智能可以在很大程度上缓解公共卫生长期以来面临的一系列困扰。同时，人工智能也很有可能改变人类对自身健康的认识，并在很大程度上改善人们的生活方式。因此，在人工智能的助力之下，人类有希望解决公共卫生所面临的许多技术难题和社会问题，从而开拓出人类健康和医疗的广阔新前景。医疗产业，包括临床医疗、医学研究、生物医药研制、医疗器械生产制造、医疗废物处理等，是直接影响百姓生命、健康和福祉，关乎全面建成小康社会，实现中华民族伟大复兴的民生大计。疫情暴露了我国医疗产业面临的诸多顽疾。而随着人工智能技术发展的不断深化，人工智能产业赋能医疗的需求与趋势日益显现。

医疗机器人、智能问诊等医疗人工智能应用层出不穷，随之而来的医学、技术、法律伦理问题值得进一步分析研讨。在希波克拉底誓言奠定医学伦理基础的 2400 年后，人工智能的出现可能给医学伦理带来史上最大的挑战。当人工智能系统决策失误时会出现哪些问题？如果有问题，谁该负责？临床医生如何验证甚至了解人工智能"黑盒子"的内容？他们又该如何避免人工智能系统的偏见并保护患者隐私？

第五章

医疗人工智能：疫情、
死亡与爱

黑天鹅事件： 疫情与流感

2020 年是世界"不幸"的一年，新冠病毒在全世界各地爆发，对全人类的生命和经济造成巨大影响。可以说，新冠肺炎疫情在全球的肆虐加速了世界百年未有之大变局的影响，如果说前者是"黑天鹅事件"，那么后者就是"灰犀牛事件"。受疫情影响，百年变局在多方面加速演进与裂变，推动了中国与国际关系的变化。也就是在这个进程中，以人工智能技术为代表的新科技正在发挥其独特的作用。

过去数百年，国际秩序之变往往由一场大战催生，如欧洲 30 年战争后的威斯特伐利亚体系、第一次世界大战后的凡尔赛 - 华盛顿体系、第二次世界大战后的雅尔塔体系。当前国际秩序的基本轮廓主要奠基于第二次世界大战之后。但历经 70 余年，从 1991 年冷战结束，再经过 2001 年"9·11"事件、2008 年金融危机、2016 年特朗普胜选等多轮冲击，既有秩序已风雨飘摇。虽然"四梁八柱"尚在，但联合国（UN）作用有限，世界贸易组织 (WTO) 功能渐失，国际货币基金组织（IMF）和世界银行（IBRD）资金捉襟见肘，世界卫生组织（WHO）权威性不足，全球军控体系接近崩溃，国际准则屡被践踏，美国领导世界的能力和意愿同步下降，大国合作动力机制紊乱，国际秩序已处于坍塌边缘。

新冠肺炎疫情突发和泛滥，致全球哀鸿一片，锁国闭关，经济停摆，股市大跌，油价惨降，交流中断，恶言相向，谣言满天，其冲击力和影响力不啻一场世界大战，既有国际秩序再遭重击。旧秩序难以为继，新秩序尚未搭建，这正是世界百年未有之大变局的本质特征，也是当前国际局势云诡波谲的根源所在。

回顾历史，19 世纪以来公共卫生体系的完善、现代微生物学的发展及医学技术的进步使得多数传染病得到控制，人类依靠文明和科学取得了对疫情的阶段性胜利。但展望未来，病毒的快速进化、人类与动物的接触、城市规模及人口密度的提高、人员流动的加快等将使得新的疫情不断产生，并将持续挑战政府的社会治理及应急防疫能力、国际合作机制等，人类彻底战胜疫情仍然任重道远。从人类历史来看，疫情是与饥荒、战争等并列的重大灾难，黑死病、天花等疫情均造成数以亿计的人死亡，历史惨剧曾多次上演。面对疫情的威胁，人类社会在长期的应对中既有很多惨痛的教训，也积累了宝贵的经验和方法，文明在一次次的危机中不断前进。

我们都知道 14 世纪的黑死病对欧洲社会制度的影响，但这并不是旧大陆的第一次大瘟疫。早在这次瘟疫发生的 800 年前，同样的疾病就曾以差不多的方式在欧洲和中东地区肆虐，这就是查士丁尼瘟疫。查士丁尼瘟疫从公元 541 年一直持续到大约公元 750 年。那次瘟疫于公元 541 年 7 月首次出现在埃及和巴勒斯坦之间的培琉喜阿姆，8 月传到附近的加沙地带，9 月传到埃及首都亚历山大。次年 3 月 1 日，东罗马皇帝查士丁尼声称"死亡事件已经遍及所有地方"。尽管东罗马帝国首都君士坦丁堡在一个月后才爆发瘟疫，由此带来的灾难却是毁灭性的：查士丁尼瘟疫流行期间，拜占庭的瘟疫持续了 4 个月，其中大约有 3 个月毒性最大。一开始的时候，死亡人数比正常情况多一点，然后死亡率持续上升，每天死亡人数都达到 5000 人，甚至超过了 1 万人。几乎所有拜占庭人都经历了亲手埋葬至亲的痛苦，甚至有人偷偷地或强行把死去的亲属扔进别人的坟墓里。最终，秩序在人性与惊恐中荡然无存——在原有的墓地被都占满后，人们就在城市其他地方一个接一个地挖新的墓地，把死者尽其所能一个个分开放进去。但后来死亡人数迅速增加，人们登上锡卡的防御工事的塔楼，掀开楼顶，然后把尸体乱扔在里面，几乎所有的塔楼里都填满了这样的尸体。

接下来给人类深刻印象的瘟疫就是黑死病，事实上它的周期性复发在欧洲一直持续到 17 世纪，在中东则持续到 19 世纪。这可能是历史上最著名的大瘟疫。当它在欧洲开始减弱的时候，西班牙人横渡大西洋来到新大陆，给后者带来了更具灾难性的瘟疫大流行。由于上个冰河时期的末期阿拉斯加和西伯利亚之间的连接处被海平面的上升所淹没，因而旧大陆和新大陆的人口和疾病环境得以独立发展。与美洲大陆相比，非洲和非裔欧亚大陆的居民与感染病原体的动物的接触更广泛，这种频繁的接触使人极易感染致命的传染病，如天花、麻疹、流感、鼠疫、疟疾、黄热病和伤寒。中世纪末期，在商业联系和随后的军事活动的推动下，旧大陆那些在过去独立的发病地区逐渐连接起来了，导致许多致命疾病在整个大陆传播开来。相比之下，美洲土著人生活的环境中没有发生那么严重的瘟疫，他们以前没有经历过旧大陆经历过的那些灾难。对新大陆的探索和征服开启了艾尔弗雷德·克罗斯比所说的"哥伦布大交换"，横跨大西洋的联系导致大量的致命病毒迅速传入美洲。尽管新大陆以另一种方式传播了梅毒，但欧洲病原体对美洲的损害更加多样化，在许多方面也更具灾难性。

1918 年西班牙流感推动了各国在流行病警戒和控制方面建立全球合作机制，从而使得公共卫生体系成为国家治理中必不可少的关键要素并逐渐现代化。新冠疫情则推动了包括人工智能在内的数字化技术快速渗透到医疗产业并实现了针对垂直领域的数字化赋能与改造。

例如，Google 公司会定期发布不同地区的流动性报告，该报告从实时信息中提取位置数据，以反映美国各州居民的流动情况。Facebook 公司也推出了一套智能工具，通过汇总不同用户的位置数据，绘制踪迹模式，以揭示人们频繁出行的路线，并智能地预测未来可能爆发疫情的地点。新冠肺炎疫情也推动了计算机参与药物筛选，科技巨头 IBM 公司和美国能源部橡树岭国家实验室（Oak Ridge National Laboratory）表示，它们使用 IBM 公司的 Summit 超级计算机筛选了 8000 多种化合物，并鉴定出 77 种小分子药物，这些药物有可能用于 COVID-19 的治疗。研究人员使用 Summit 模拟化合物影响病毒 S 蛋白感染细胞的过程。这项研究的结果发表在 *ChemRxiv* 杂志上。除此之外，总部位于多伦多的生物技术公司 Cyclica 则通过人工智能、计算生物物理学、生物分子数据重塑药物的发现过程，缩短制药周期，并且通过多元药理学、多靶向药物特性帮助制药公司评估药物安全性和有效性，同时与全球范围内的实验室和制药公司共同研发新药。Cyclica 公司通过早期投资机构之一——中关村大河资本与 CCAA 的介绍，与中国医学科学院开展合作，基于 Cyclica 公司自主研发的蛋白质组筛选引擎 MatchMaker，从美国食品药品监督管理局（FDA）已批准的临床安全的药物中筛选多种治疗新冠病毒肺炎的潜在药物。Cyclica 公司已把相关成果共享给中国医学科学院药物研究所进行测试，双方将长期合作设计多靶点抗病毒化合物，降低耐药性等其他副作用。

人工智能在新冠疫情防控领域的作为也值得强调。2020 年初在我国发生的新冠疫情防控救治工作中，CT 影像作为诊断与评估的重要依据之一，被写入《新型冠状病毒感染的肺炎诊疗方案（试行版）》。然而，由于患者数量多、肺内病灶多、进展变化快、短时间内需要多次复查等原因，医学影像的精准诊断、量化分析面临巨大的挑战。以 CT 影像的量化评估为例，现在大多数医护人员采用的是手工勾画 ROI 的方法，类似于 Photoshop 中的手动描边和抠图，每个患者需要勾画三四百张 CT 影像，往往需要五六个小时才能完成。而一位患者从入院观察到治愈出院，一般需要拍摄 4 次 CT 影像，使得放射科医生的工作量巨大。疫区的医生或许可以凭借大量的病例"熟能生巧",只需 5 ～ 10min 的时间就能根据 CT 影像确定患者的病情;可是对于非疫区的医生而言,由于接诊相关病例的经验少,在确诊过程中经常会举棋不定,直到核酸检测显示阳性后才敢确诊,这种延误可能造成交叉感染乃至是家庭聚集性传播。利用人工智能技术评估 CT 影像,可以保证检测出所有肺部结节,在避免遗漏的同时,可将从影像中获取结果的整个检验过程缩短至秒级。

事实上,人工智能对于医疗的影响并不限于智能诊断、智能治疗、健康管理和医疗管理等方面,药物挖掘、生物科技和精准医疗等也是人工智能可以发挥巨大作用的领域。从上面的分析来看,人工智能可以高效地推动医疗领域向智能化、日常化和人性化的方向发展,尤为重要的是可以促进精准医疗的发展。同时,这些变化也会对于医疗行业人员就业和人类对自身的认识产生重要影响。

从目前来看,人工智能在未来的医疗领域的发展主要有如下三个值得关注的积极作用。

第一,用人工智能的"医生"作为医护人员的补充,以解决医护人员短缺的问题。医护人员的培养过程非常复杂,成本较高,并且培养时间较长。即便在发达国家,缺乏有经验的医护人员也是一种常态。而一旦人工智能的技术应用取得突破,就可以在相对较短的时间内训练出无数具备相关技能的人工智能"医生",由此就可以有效地解决医护人员短缺的问题。当然,这并不意味着在未来所有的医护人员都会消失,医护人员的作用仍然是不可替代的。除此之外,把日常诊断或者程序化的工作交给人工智能"医生"完成,可以节省医疗成本。

第二,人工智能可以提高药物挖掘的效率,加速药物研发的过程。药物的挖掘和筛选一直是医疗业的重要领域,药物研发的水平和规模在某种程度上决定了医疗业的发展形态。到目前为止,新药的研发仍然需要极高的成本，既需要长期的试验和大量资金的投入，还需要反复进行安全性测试。即便如此，也无法保证最后能够研发成功。而人工智能的应用可以在很大程度上缓解相应的问题。例如，在新药筛选时，可以利用人工智能具有的策略网络和评价网络以及蒙特卡洛树搜索算法，从成千上万种备选化合物中筛选安全性最高的化合物，作为新药的最佳备选。

第三，在人工智能的基础上，提高个性化用药的水平，并通过精准医疗最终解决癌症这一难题。通过大数据和人工智能，可以检测出不同癌症患者的不同病变，确定个性化的用药方案，并完成换药和配药工作，这样就大大降低了药品的使用成本。同时，也可以检测患者的新病变，从而可以帮助患者及时更换新的药物。

简言之，人工智能在医学领域得到深入应用的整体发展趋势已经势不可挡。在这个过程中，人工智能一方面能够有效提高整体医疗水平和人类的健康状况，另一方面也会带来一定的社会挑战和冲击。这也印证了"科技是一把双刃剑"这一论断。然而，人们可以通过合理的谋划与协调，在积极享受人工智能带来的进步的同时，正确应对智能医疗给人类社会带来的冲击。

医疗人工智能的突破与伦理原则

在基本了解人工智能在医疗领域的应用后，我们来看医疗人工智能的伦理问题。相比人工智能在医疗领域的技术性乐观，大多数人更加担心的是医疗人工智能中的伦理问题。

首先，病人的隐私问题需要妥善解决。大数据的收集必然会涉及广大病人的隐私，而如何协调隐私保护和数据获得之间的张力，则是智能医疗面临的重要问题。其次，社会观念与监管问题也需要正视。要获得人们的信任，同样需要对人工智能健康医疗大数据和算法的使用进行有效监管，并制定相应的法律法规，在这方面，中国已经落后于西方的一些国家了。再次，人类的生命伦理也会面临挑战。如前所述，人类有望利用人工智能攻克癌症难题，但更为重要的领域在于基因编辑，一些科技巨头希望通过这一技术减缓或者终止人类衰老的进程。这一目标的实现不仅要面对许多技术难题，同样要面对难以克服的人类伦理问题。如果人类获得了某种程度上的"永生"，那么人类社会的伦理规则就会出现颠覆性变化。

近代以来，以希波克拉底医德思想为核心的传统西方医学人本思想逐步形成了系统的医学人道主义，其典型标志是《日内瓦宣言》等一系列国际医学人道主义文献的问世和以人道主义为灵魂的医学（生命）伦理学的诞生与完善。近40年来我国医学伦理学学科的发展成就可以从不同的视角、不同的方面予以总结和概括。例如，从学科概念的提出到学科理论体系的初步建立，从对历史上优良医学道德传统的挖掘以及对有关国家和国际组织医学伦理文献的批判吸收到我国医学伦理（道德）规范体系的确立，从对医学发展、临床实践和卫生事业发展的有关伦理问题（包括难题）的理论阐释到伦理决策与辩护、评价与审查、教育与修养的实践干预，等等。改革开放后，教科文卫事业的发展重归正常，为医学伦理学学科的确立和发展奠定了良好的基础。

随着《医学与哲学》等学术期刊的创刊，早期也有诸如《医学伦理问题初探》《想起了希波克拉底誓词》等关于医学伦理和医学道德的零星论文发表。但要说我国医学伦理学研究的开端，当属1981年6月25—29日举办的我国第一次医学伦理道德学术讨论会。此次会议探讨了医学伦理学学科的一些基本问题，诸如：医学伦理学的意义，医学伦理学的研究对象、任务与范畴，医生道德规范，医德的评价，以及关于医德传统的继承，等等。非常难得的是，此次会议就已经对安乐死和器官移植这些在当时比较前沿的伦理道德问题进行了初步探讨。此次会议还有一个非常重要的成果，也就是提出"全心全意为人民服务，救死扶伤，防病治病，实行革命的人道主义，应该是医务人员道德规范的核心和实质"。这一提法在此后逐渐为学界同行接受，并产生了广泛的影响。该思想被吸收到有关的医学伦理学教科书中，但具体表述有所差异。

如今，医疗人工智能伦理涉及个人数据等方方面面，与每个人密切相关，因此需要重视医疗人工智能伦理问题。接下来笔者将对医疗人工智能产业的伦理问题做全面的解构与重构，主要从患者与公众、医务工作者、公共卫生机构、医疗人工智能商业组织、社会管理这5个角度出发，在不同视角下引导大家构建医疗人工智能伦理的系统性思考框架。

首先，对患者与公众而言，安全性、自主性与医疗负担是关键指标。数据隐私是首当其冲的问题。医疗人工智能技术与产业的发展离不开海量数据信息的支持，无论是最常见的人工智能运用于医学影像还是现在已经开始在各大医院推行的电子病历和数字化医院管理系统，都以大量患者的个人隐私数据作为模式识别的训练基础。一方面，人工智能的发展需要收集大量的带标签的样本数据，以形成高可靠的数据集用于算法训练，以使人工神经网络确定参数值并建立数据评价机制，通过客观标准对未来发展情况进行精准预测并向患者提供个性化精准医疗。而患者正在享受基于医疗大数据训练的人工智能所带来的医疗科技红利，似乎能够更加便捷、高效地使用医疗资源。另一方面，精准医疗需要针对患者个体差异制订不同诊疗方案，使患者失去了对自身隐私信息的支配，患者享受到的这种便捷、高效、精准是通过将包括个人信息、疾病状况、过往病史、家族病史、生存环境、生活方式、饮食起居、临床数据、医学影像数据甚至基因组数据等个人隐私数据向医生公开来实现的。

一旦采集患者个人健康信息的医疗机构没有做好数据安全工作，数据出现泄露或被不法分子利用，甚至个别医疗机构在利益的诱惑下将广大患者的个人信息当作商品出售给其他个人或组织，在这个通信技术高速发展、数据速度大大超出现有认知的时代，无疑会对患者造成严重伤害。银行与保险机构可能在掌握个人病史的情况下擅自提高贷款门槛或保险费用；企业可能在掌握私人健康信息，得知求职者曾患某种慢性疾病的情况下歧视甚至拒绝雇用求职者，尽管该慢性疾病并不会对工作或生活造成不良影响；正在就医的患者一旦其个人诊疗信息被泄露并被广告公司获取，那么广告公司就有可能根据患者的疾病类型或健康状况向其定向精准推送药品或医疗机构广告，很有可能误导该患者，导致其私自用药、前往非法医疗机构，而不听取正规医疗机构的对策，最终延误病情，造成不可逆的严重身心创伤。

　　安全漏洞是决定医疗人工智能产业生死存亡的关键。人工智能产业链错综复杂，可想而知，出现安全漏洞的可能性很高。医生的成长需要十几年的刻苦钻研与上千小时的临床经验，知识架构与经验体系紧密相扣，哪怕中间有一层出现缺失，都无法成就其白衣天使的角色。而纵观整个医疗人工智能产业链，从基础层的数据分析与算力架构，到技术层的算法和平台建设，再到应用层的场景开发，一项落地并商用的医疗人工智能产品可能基于千万量级数据和上百万行代码，几万个零件来自十几家供应商的几十条生产线，背后牵连着太多不同领域、不同方向的企业，这些企业的行业背景、技术资源、产品检验标准等差异悬殊，对患者来说，这无疑为人工智能的安全性投上了焦虑的阴影。例如，人工手术需要对主刀医师和医疗器械进行消毒，而机器人参与的手术则需要对机器人整体不留死角地消毒，考虑到机器人的精密性与耐久性，无法保证对机器人施行无死角的消毒，也无法保证是否会有别的有害物质感染。

即便从产业链角度来说万无一失，安全性能够得到保障，但鉴于人工智能厂商不会透露它们的人工智能系统如何工作，在任何一种情况下，当传统人工智能系统生成决策时，人类用户无法及时获悉该决策是如何生成的，尤其在处于高危医疗环境中时，信任人工智能系统的决策而不了解人工智能系统给出的建议可能存在的潜在风险，患者就会面临极大的风险。例如，使用手术机器人执行高难度、高精确度的外科手术时，出现任何微小的差错，都可能会直接导致手术的失败与患者的死亡。而此时，无论是患者还是医生都无法获知该差错是现场操控机器人的医生的直接人为错误还是由手术机器人制造商或人工智能算法提供商造成的间接人为错误；当然也可能是由于外部个人或组织主观恶意的物理攻击与远程干扰，或者电力、数据传输中断造成的意外事故；甚至医生与供应商、制造商都没有出错，而只是人工智能算法错误或自主意识决策下的机器错误。患者安全无法得到切实保障，人工智能系统在医疗尤其是临床领域的应用将在伦理层面举步维艰。

再就是患者、公众医疗负担问题。人工智能系统对现有公共卫生体系的逐渐渗透可能让那些无法支付高昂医疗人工智能费用的患者失去享有公共卫生资源的权利。尽管驱动人工智能赋能医疗产业尤其是公共卫生体系的初衷是解决医疗资源供求矛盾，实现现有医疗资源均衡化和国民健康管理结构化、常态化。但鉴于我国不同地区发展差异悬殊，如果现有医疗人工智能产业尚未成熟就激进推行医疗人工智能对现有公共卫生体系的渗透，医学人工智能产品的价格仍居高不下，产品种类单一，产品性能与质量不尽人意，偏远地区或中低收入群体消费者使用医疗人工智能设备的意愿就会大打折扣，不仅失去享有公共卫生资源的权利，而且会因缺乏医疗人工智能相关配套设备、未形成数据闭环而在后续就医过程中遭遇更差的诊疗体验，或者为享受同等条件的医疗资源而付出更多的费用，加重普通家庭的医疗负担。

对医务工作者而言，人工智能赋能临床医学威胁医师主体地位，物化医患关系。逐渐渗透到临床诊疗中的人工智能，其优势令人类难以望其项背，医生在诊疗过程中的主体性地位受到挑战。医生做出的每一个正确决策都是基于扎实的专业知识和长期的经验积累，而人工智能强大的算力与信息储备能力，使其可能仅需几秒即可完成一位主治医师可能需要花费几十年研习才能获得的全部医学知识和临床案例的学习。医疗人工智能拥有比人类医生更高的精确度与工作效率，不会受情感与精力影响而拥有更小的出错概率，无论是对已有数据知识的回溯检索还是对未来案例内容的学习更新，人工智能的速度都是人类医生无法企及的。尤其是针对流程烦琐或需要收集大量医学资料、分析大规模数据的工作，人工智能往往能够以最快的速度提供最优的反馈意见和针对性治疗方案。这种高效、精准、便捷的模式，一方面极大地提升了医生的工作效率，节省了劳动成本，优化了工作成果；另一方面也削弱了医生对于医疗项目本身的决策与贡献权重，使医生面临被取代的威胁和压力。此外，由于各个地区医疗设备和条件的差异，使得医生经验水平参差不齐。在如此繁重的工作压力下，即便是经验丰富的专家，也无法保证不出现疏漏。利用人工智能技术与 CT 影像可以保证尽可能检测出所有肺部结节，在避免任何遗漏的同时，可将从影像获取到结果呈现的整个检验过程缩短至秒级。

综上所述，医疗人工智能挑战医生在医学诊疗中的主体性地位，同时可能导致未来医生对人工智能技术的过分依赖而降低自己对医学专业知识与临床诊疗经验的要求，甚至从潜意识层面开始动摇与质疑自己所学的传统医学知识的存在合理性。同时，逐渐深入临床诊疗的人工智能导致医生在诊疗过程中的参与率下降，与患者建立有效沟通与稳定关系的难度也不断加大。医疗人工智能发展的一大目标是通过计算机模拟人类医师大脑思考的智能行为，尽可能减少人为干预在现代医学诊疗过程中的占比，辅助医师提高诊断正确率和治愈率，同时减轻医生工作负担，以此促进医疗质量提高。医疗人工智能的深入应用使得人类医护人员在临床诊疗尤其是医学检验场景中的直接参与率显著下降，而患者与机器接触的概率显著提高。智能医学影像、自然语言处理等人工智能技术将医务工作者从繁杂的、重复性的基础信息收集工作中解放出来，使其能够更专注于疑难病症的诊治。传统医生与患者之间建立的直接沟通联系逐渐变成医生与患者借助医疗人工智能设备建立的间接沟通联系。但医学诊疗不仅仅是检验数据、科学与经验的碰撞，更多的是在医患双方的直接交流。患者从医生那里获取抵御疾病引起的焦虑恐慌的心理和社会支持；而医生则根据患者的心理状况给予适当的干预，从而缓解患者的负面情绪，提升诊疗效果。这种基于医患有效沟通而达成的隐性精神需求与心理支持有时比药物或手术更有助于患者痊愈，更体现了医患双方的人格尊重与人文关怀。

对卫生机构、研究型医院与科研院所而言，数据质量与平台的稳定性是确保医疗人工智能高可用性的基础指标。先来看数据质量难题。基础层大规模且已标注的数据集是人工智能整体架构建立的根基，数据的质量高低直接决定该人工智能模型对实际指标的拟合程度。医疗人工智能系统往往利用医学教材、临床案例与疾病患者各项生理指标等数据集进行学习，如何获取高质量的医疗数据集成为医疗人工智能面临的难题。当基础层数据质量存在显著偏差时，用该数据训练生成的人工智能系统往往也存在相应偏差，而随着模型与系统的不断复用，该偏差与其他模块偏差一起被进一步累积放大，在这种情况下人工智能作出的决策可能会与实际情形有明显差别甚至差错，而这种差别甚至差错远比人为偏见与不公平更加隐晦，难以察觉和量化，即便被有效察觉，也难以通过回溯性调查确定差错出现的具体环节与根本原因。

网络攻击与人工智能平台自身稳定性直接决定了医疗与科研机构项目成败以及机密数据的存储稳固与否。医疗人工智能构建在庞大的计算机与通信产业之上，产业链的复杂也意味着其被非法窃取、攻击、修改与毁坏的不确定性风险更高。例如，在依赖云计算实现的医疗大数据与人工智能平台中，尽管本地系统集成了可靠的安全防火墙，但如果云端存储或网络传输链路加密措施不达标，一样会成为黑客攻击的对象。而人工智能自身也存在诸多不确定性，当医疗人工智能技术发展到强人工智能阶段，拥有人类意识与感知能力，面对复杂、疑难实例时也会像人类一样陷入理性与感性的纠结之中。此时人类往往会基于道德标准或法律准则作出最终决策，但人工智能本身所具备的道德认知与法律理解能否支持其作出不伤害人类、不造成失败的决策？

即便是弱人工智能，受到人类自身认知水平的限制，在人工智能道德算法的设计上也存在一系列道德选择困境，而算法本身在运行时也容易出现调参测试时未曾遇见的错误指令，人工智能是否有足够强大而完善的容错和纠错机制，以确保在错误指令出现时不威胁整个平台的稳定性？随着人工智能技术在医疗领域的不断深入，公共卫生机构中患者的生命健康与人工智能之间的相关性越来越强，研究型医院与科研院所中的机密信息数据与重大研究成果也越来越依赖人工智能平台，如何保证人工智能平台的稳定性，从而确保患者生命安全与研究成果转化，对于这些机构组织来说将是一个永恒的问题。

对人工智能研发型企业、生物医学商业组织而言，推动人工智能赋能医疗的根本需求是提升企业商业效益。无论是人工智能研发型企业还是生物医学商业组织，其一切行为准则的根本诉求都是确保企业和组织的业务符合商业逻辑并为员工与股东带来效益。即便医疗人工智能的确能为行业带来巨大变革，极大地改善现有医疗体系和面貌，让人们获得更加智能、高效、精准的医疗健康服务体验，但如果其行为本身对人工智能上游企业组织而言不具备足够充分的盈利点时，医疗人工智能还会自上而下有效推进吗？以生物医学中的新药研发为例，新药研发周期极长，耗资极其巨大，潜在回报巨大，属于典型的风险投资。

对社会与公共管理而言，医疗人工智能可能打破社会资源的公平分配原则，重塑现有道德伦理标准与认知。医疗人工智能有赖于完善的计算机、通信、半导体等数字化基础设施建设，同时也对产品使用者提出了更高的认知要求和资本门槛，这就使得医疗人工智能的普惠性发展不仅受到现有医疗人才、经费、物资、管理模式等资源分布不均衡以及城乡间、地区间医疗条件相差悬殊的限制，还会受到医生与患者的文化程度、认知能力尤其是对人工智能的熟悉和掌握程度以及公众对人工智能用于医疗带来的额外经济负担的敏感的影响，最终导致只有少部分文化程度较高、认知能力较强且掌握财富较多的人才能从先进诊疗手段中受益，而采用与未采用医疗人工智能的组织或个人之间就会出现信息不对称与受益不公平。

这也可能导致以下结果。首先，只有少部分高净值人群能够全面充分享受人工智能赋能医疗带来的消费升级，医疗人工智能从公共卫生层面加剧了贫富差距与阶级分化，普通民众的健康状况因无法享受足够的医疗资源而持续恶化，这无疑违背公共卫生与社会保障体系设立的初衷。其次，这种马太效应的加剧也让公众对人工智能的抵触情绪不断升级，人工智能在医疗领域的推进将处处碰壁。最后，由于使用医疗人工智能技术的群体过于集中在精英人群，而精英人群的生理特征、生活习惯与健康管理具有一定趋同性。从人工智能产业链角度来看，基础层的样本数据过于集中在某一群体而未有效拓展用于训练人工智能模型的数据集的复杂程度，会导致训练生成的模型本身准确率与普适性低下，反而降低了人工智能在医疗领域的使用价值。

在大数据时代，生命医学研究不再仅仅局限于少数的几个"试验"样本，也不只是研究我们所熟悉的几个"示范"基因，而是人类生命医学史上具有深远意义的第一次"合纵连横"。

所谓"横"，是指个体数据的累积，即在通过数字化技术解释疾病的个体差异、揭示疾病临床表现与基因突变之间的关联、分析疾病发生与环境变量的相互作用等情境下，需要许多个体的诊疗数据、临床数据以及描述其生活状态的元数据。而所谓"纵"，则是指个体多种生命医学数据的组合，如一个人的生命体征、个人病史、生理指标与动态变化等。横向整合可发现不同患者的个性化特征，纵向整合可发现疾病的医学本质并探索相应的治疗方法。纵与横的结合与融通，把个人多种数据与多人一种数据进行整合分析，可挖掘出更多有意义的内容，进而形成针对相同病症的临床诊疗规范，制定个性化的疾病预防诊治方案。

医疗人工智能是生命医学大数据"合纵连横"的具体实践，它的实现需要将健康及疾病档案、分子水平的多组医学指标及环境因素等多层次、多类型的生命医学数据有效地整合与共享，进而构建一个巨大的、动态发展的疾病知识网络和新型分类法。疾病知识网络和新型分类法可使具有相同疾病、相同生物学基础的一类患者从一种药物或方法中受益，并最终提高整个人类社会的健康水平与健康质量。因此，在医疗人工智能中，对个体患者资料的广泛共享和多种使用将是必不可少的，也只有实现数据信息的开放共享，才能为整个社会乃至全人类带来更多福祉。

因此，在保护患者权益的同时，需要逐步消除制度、文化和管理上的障碍，以广泛共享健康信息和生物数据，从而实现人类疾病的精准预

防和精准治疗。由是观之，在精准医学时代，人类正在形成一个休戚相
关的健康共同体，它所维护的不是个体意义上的个人健康，而是全人类
的共同健康。医疗人工智能有赖于医学大数据的共享，本质上是一种连
接行为，强调与他人生命信息、与群体生命信息甚至与人类整体生命信
息的连接。越是要提高个体化治疗的准度与精度，也就越是需要强化生
命信息的连接，这样才能够从人类的意义上促进人的健康和福祉。生命
信息的连接反映了人类健康命运的紧密联系与休戚相关，为构建人类健
康命运共同体奠定了深厚的信息基础，也是从健康维度对人类命运共同
体理念的诠释与注解。

从另一个角度来看，人工智能深入参与智慧医疗，同时也暴露了参
与公共卫生机构建设的多方主体在伦理认知上的薄弱。

一方面，医护人员对人工智能的伦理理解不足。人工智能技术并未
取得大型医疗机构中绝大多数医护人员、管理者的充分认可。一些医护
人员担心其工作与社会身份可能会被机器取代；一些医护人员则顾虑或
质疑在人工智能辅助下自身的知识与经验积累、临床诊疗水平、业务能
力、与患者沟通技能的发挥；还有一些医护人员则直接质疑人工智能辅
助医疗的结果，批判人工智能带来的威胁……造成这一现状的主要原因
是现阶段社会尚未建立专业化、规范化、统一、权威的人工智能赋能医
疗产业的培训与评价体系，医护人员缺乏对人工智能运行原理与架构的
了解，这种信息差距与壁垒应当被打破。

另一方面，患者与公众在人工智能领域的素养不足。患者与公众对
人工智能技术了解不多，继而对其产生不必要的信任缺失与恐慌排斥，
尤其是现阶段的弱人工智能大多停留在模式识别与聚类分析层面，距离
形成"自主意识"下的"智能"还需要走很长的路。而公众普遍认为的
人工智能则是一个有自主意识，智慧与人类相当甚至超过人类的电子客

体。随着未来人工智能技术的发展，具备自我意识与独立思考能力的强人工智能势必会广泛布局医疗产业，而医疗行为的特殊性使得参与医疗活动的人工智能产品必须符合社会规则、法律与道德伦理的要求，同时也需要接受医疗服务对象——患者、家属以及社会公众的全面审视，避免他们对人工智能产品的盲目抵制或贸然接受。若想实现这一点，亟须社会大力推行针对人工智能的科普宣传，增进公众对医疗人工智能技术的认知能力与了解程度，有效改善社会伦理观念与舆论氛围，形成自下而上的伦理判断和监督。

值得一提的是，公共管理决策者对人工智能伦理存在价值的认识也不足。公共管理机构与社会治理决策者普遍意识到了人工智能技术赋能传统行业的迫切需求，但却未针对不同行业普遍形成对人工智能伦理存在价值的重视，而医学行业对技术伦理的考量更加多维、深化而全面。例如，利用人工智能读取分析基因数据，可能制造出导致基因变异的生化武器；单纯基于人工智能模拟生物机体环境并用于进行生物医药试验，其产物（如药物或疫苗）不经过人体试验，可能涉嫌禁忌药物的研发；人工智能进行医疗数据分析可能涉及种族、性别、宗教信仰等信息，继而导致群体歧视；当然还有反人伦、反人类的生物医药研发……人类的诸多恶行会通过人工智能不断放大并造成严重后果，而这些都需要公共管理机构与社会治理决策者意识到人工智能伦理存在的深刻价值，主动了解和学习伦理内容，并不断引导和干预参与医学人工智能应用的社会各方，加强对挑战社会基本秩序与伦理底线的行为问责和处罚的力度，以使相关问题得到有效缓解。

最后，我们总结一下对医学伦理学这一新兴学科的思考。所谓医学伦理学是医学与伦理学的结合。医学从洪荒时代的萌芽艰难走过医巫不分的原始时代，又经历了漫长的经验医学，直到今天形成高精尖的现代实验医学，医德都与其不离不弃，甚至是水乳交融。医学巨著中都洋溢着浓重的人道情怀，无论是我国古代医学巨典《黄帝内经》还是当今西医学的经典内科全书《西氏内科学》都用专门的篇幅来论述医德。流芳百世的名医不仅有着高超的医学技术，同样有着深邃的医德思想。珍爱生命、敬畏生命是医学的精神旗帜，关爱是医学的主要治疗手段之一。剖析医学的道德性，让从医者领悟医学的至善。

医与患这一对"道德的陌生人"需要坚守各自的道德立场，因为患者康复是医与患共同的目标。医学伦理学是用伦理的眼睛透视人类所有的医学活动。人类从来没有像今天这样享受医学带来的福利，同样，人类也从来没有面对过这样艰难的道德抉择。医学不断改变着自然规律：无法生育的人们有了自己的下一代；壮汉通过无数次外科手术化身为曼妙女子；一套仪器让一个人可以延续生命几十年；器官移植者借用另一个人的器官活了很多年。科学家则走得很远：人与兽的基因嵌合体研究，人类克隆……爱因斯坦说："科学是一种强有力的工具，怎样用它，究竟给人带来幸福还是带来灾难，全取决于人自己，而不取决于工具。"因此，研究人工智能的医疗伦理需要从医学伦理学的角度去思考，需要建立基于人文主义思想的医学伦理的研究范式。

重启人工智能，拓展生命的意义边界

在讨论了医疗人工智能的应用和伦理问题后，我们可以看到人工智能在医疗产业大有可为。从社会角度看，人口老龄化和慢性病增加带来大量就医需求，发展医疗人工智能可以有效缓解医疗资源紧张，提升患者就医体验；从医疗产业角度看，传统医疗产业存在大量亟待人工智能赋能的环节，发展医疗人工智能能够有效驱动产业数字化升级，提升各环节运作效率与成果转化；从公众角度看，发展医疗人工智能能够有效打破公共卫生机构条件资源对公民追求健康生活的制约，实现全天候、全地域健康监测与个性化医疗服务体验；从国家角度看，发展医疗人工智能产业能够有效拓展产业发展维度，提供大量新型就业岗位并形成产业新势能。

与此同时，医疗人工智能在隐私保护、医疗安全、人的独立性与自主性、医生主体地位、平台稳定性、公平受益、道德主体性、法律体系建设等方面的伦理规范问题仍需业界深入讨论与达成共识，我们需要利用医学伦理进一步促进医疗人工智能的塑形，推动技术服务于人类美好生活。

从系统工程角度进行优化，深层重构伦理体系并有效推进标准化和监督机制的落地，最先要做的是让行业内外各相关方充分贡献、交流与研习人工智能原理与医疗人工智能产业基础知识信息，其中具备专业能力的群体，如人工智能企业、高校和科研院所、生物医学机构与公共卫生管理运营机构，应当发挥各自所长，从人工智能产业、学术研究、生命科学与临床诊疗、医学伦理以及公共政策与社会治理4方面深度共享信息数据，推广知识成果，并有针对性地共商共建培训与宣传体系；与此同时，相关各方也应当取长补短，进行自我知识更新，例如，医院管理部门可联合人工智能企业开展人工智能相关技术和医学伦理培训、研讨，人工智能企业可向医院传递人工智能技术原理与产业发展价值，医院可向人工智能企业人员传递医学伦理规范和临床诊疗需求，增进彼此了解与互动，降低沟通成本，提升合作效能。

另外，政府也可联合医院、企业等多方主体，整合宣传教育资源，通过新媒体、短视频、科普沙龙等形式多样的活动向患者与公众普及人工智能技术与医学伦理知识，使患者、家属与公众清晰认识人工智能背后运行的逻辑原理与人工智能推动智慧医疗产业发展的意义和价值，缓解公众因缺乏了解而对人工智能赋能医疗的质疑、恐慌与抵触，使他们理解、接受并应用医疗人工智能，更加科学、理智、客观、辩证地看待科技对生命健康的巨大影响，并积极参与医疗人工智能伦理规范的建设、发展与监督。

在参与医疗人工智能产业建设发展的各方对人工智能技术与医学伦理有全面、充分、宏观的理解与认知之后，便需要联合各方共同建立贯穿医疗人工智能技术开发、研究、应用全流程的完整的伦理规范体系，从技术项目立项起就纳入对伦理规范的考量。该体系应涵盖技术伦理风险、法律伦理、医学伦理、家庭伦理、公共管理伦理、社会伦理、个人伦理等，以及相关评估标准和伦理危机应对措施。将人工智能的技术研发与上述诸多层面伦理要素尤其是医学伦理规范建设相结合，有助于解决某些医疗人工智能技术伦理问题并缓解各方因缺乏评估参考标准而对于该问题的担忧或过度解读。完善的伦理规范体系也让与人工智能相关的立法工作有据可依，同时法律也能反哺伦理规范体系并让其中一些关键内容具有可执行性。

技术与伦理顾问团体、行业协会等机构也应当定期评估人工智能赋能医疗产业带来的伦理风险和影响，以保证相关政策、法律、医院管理制度、伦理规范、技术标准的及时跟进。同时，公共管理机构，如药品监督管理局、国家疾控中心等，可联合标准化组织与技术与伦理顾问团体、行业协会、医疗机构、企业、医学研究机构、高校等，从多个维度考量并制定相关人工智能与生物医药临床医疗技术规范、安全标准、检验评价体系、风险防控与危机防御对策。独立标准化机构应当明确人工智能技术适用范围、情景以及准入门槛，评估和排查不符合医疗人工智能技术标准与伦理规范的产品项目，动态监控医疗人工智能产业的伦理与技术风险，明确高风险环节，特别是涉及数据加密、训练与结果分析等环节，加强数据授权管理、关键隐私信息强加密与脱敏处理的技术标准。总之，应全优化服务管理与技术治理的衔接，全程、全方位消除医疗人工智能安全隐患。

安全技术标准与风险防控策略，如果没有独立公正的监督机构与高成本的惩罚机制加以有效落实，也无法体现其对医疗人工智能技术发展的建设性引导作用。质量标准监督机构可依据伦理规范与技术标准进一步完善相关监督与后果追溯机制，同时医疗机构、研发企业与全行业应当在人工智能研发、使用伦理方面自查自纠、互监互促，从组织架构、审查制度、管理流程、审查规范标准等方面设计监管体系。

再来看立法层面的行动措施。传统法律已经无法规范制约医疗人工智能产业衍生的各个问题，针对这种技术驱动新业态、新模式、新需求的现状，国务院提出了审慎监管原则，也就是以审慎的态度适当放宽新领域尤其是科技领域政策与法制监管，为新技术的成长留出足够的空间。医疗人工智能作为新业态中最具技术实力与应用价值的一环，更需要法律为其留出足够的发展与突破空间，而不是被法条规则牢牢束缚。

但这里的审慎监管不代表全面放开，对于原则性或挑战上位法律尊严的相关行为，公检法司机关应当严格按照有关法律条款内容执行必要的干预措施。相关机构在法律制定完善与过渡期应当精准、动态控制法律执行限度，在鼓励技术大胆创新的同时保护公众社会与国家合法权益不受损害。法律也可积极探索面向人工智能的可替代性措施，例如从法律层面鼓励并承认人工智能医疗产品保险制度，明确医疗事故发生时保险公司的权益与赔付标准，针对参与医疗人工智能行业的各方，如算法提供商、制造商、企业生产等，提出科学、合理、公平的免责条件与责任关系，为医疗人工智能产业的蓬勃发展保驾护航。

标准是产业发展和质量技术基础的核心要素，在医用机器人发展中具有基础性和引导性作用，因此亟须基于深度理解的技术标准，建立一套医用机器人标准体系，为开展全面、科学、统一的质量评价提供必要的依据，为产品的上市审批提供技术支撑，同时可以有效固化前期的研究成果，促使我国医用机器人产业向高端化发展，提高核心竞争力。与法律不同，这里的标准内容更多是指伦理规范体系与行业评价标准，主要涵盖医疗人工智能的技术成熟度、算法模型透明度、产品性能可靠性、应用效果、伦理风险与其防范和应对措施等，为持续推进立法与监管层面的完善奠定理论基础。

总之，构筑完善的医疗人工智能顶层架构标准化体系，首先需要行业内各方对人工智能赋能医疗产业的定义、技术原理、需求、目标、应用场景、意义价值、潜在风险、发展路线等进行充分认知、交流并达成共识，而现阶段由于人工智能赋能医疗行业往往面临多学科交叉融合，同时前瞻性伦理研究和伦理治理顶层设计缺失的局面，加之医疗行业与公民生命保障和社会福利直接相关，面对数字化、智能化改造时趋于保守，伦理规范体系与行业评价标准的长期缺位可能会制约人工智能立法与医疗行业人工智能监管体系的发展。

展望未来，全球能源结构的持续变革使未来算力不再受能耗所限，而新材料的研发与量子计算的落地不仅会让人工智能突破半导体材料的载体限制与数据结构的逻辑束缚，更会驱动人类科技发展进入一个崭新的纪元，对人类社会发展、心理建设与认知突破带来颠覆性影响。此时我们不禁思考：技术革命的终极奥义是为满足人类适应环境与享受更高生活标准的进化需求并为人类带来福祉，还是在利益驱动下为彰显个人或组织的技术优越性而营造技术与资本泡沫？人工智能赋能医疗的多项行业应用究竟是精准解决行业痛点还是单一追求技术创新与资本膨胀的伪命题、伪需求?

以 2018 年轰动全球的基因编辑婴儿事件为例,南方科技大学副教授贺建奎等人利用对人类胚胎的基因编辑行为进行艾滋病预防的技术研究。有学者对此持保留态度;但更多学者则站出来严厉抨击其行径是为追逐个人名利与学术成就严重违反医学伦理规范,挑战道德价值底线。这一事件对人工智能深入参与生物医学建设发出了警示,科学技术应秉持以人为本的发展初心,不能凌驾于人类的道德伦理之上,更不能将人类异化为工具甚至试验品。对人类生存和发展来说,人工智能在医疗领域的应用意味着一场有着深刻影响的社会道德试验。针对人工智能应用过程中的潜在医疗道德和法律风险,国际社会在"如何创造智能道德机器"这一问题上提出了一系列控制智能机器的方案并逐渐达成了共识:借助智能算法把人类的道德价值观念和伦理准则嵌入智能机器中,以此让它们具有和人类相似的道德感、羞耻感、责任心和同情心等伦理道德。

为此,人类迫切需要借助算法把人类在医疗场景中实践而得的价值观、道德准则和伦理规范等嵌入智能机器中,以便让智能机器能够在现实的医疗人工智能应用场景中做出道德推理。

以上就是笔者对这个领域的一些思考,事实上还有很多人工智能与医疗相关的领域在本章没有讨论,例如人工生命学与人工智能的关系,这是一个更前沿和决定我们未来的领域,也是理解新的人工智能范式和人机关系的重要领域。本章内容旨在帮助大家理解人工智能在医疗领域应用过程中面临的风险与挑战,以及我们应该以什么样的方式直面这些挑战。相信随着人工智能技术在医疗领域的不断应用以及人工智能技术与其他相关技术的深度融合,我们可以期待更加和谐且有爱(AI)的社会和更加健康而有意义的生命体验。

第六章

人工智能安全：图灵留下的"秘密"——隐私计算

人工智能在自动驾驶、医疗、传媒、金融、工业机器人以及互联网服务等越来越多的领域和场景下得到应用。一方面，这些应用带来了效率的提升和成本的降低；另一方面，人工智能系统的自主性使算法决策逐步替代了人类决策，而这种替代有时非但没有解决已有的问题，还让已有的问题更难解决，甚至给社会带来了全新的问题。这些问题不仅仅引发了社会的广泛讨论，更是限制人工智能技术落地的重要因素。面对风险与潜能一样巨大的人工智能技术，人们亟须开展广泛、普遍的伦理探讨，并在这些探讨的基础上找到路径、梳理规范，以保证人工智能的良性发展。

近年来，"道德物化"作为国际技术哲学界的前沿热点，在国内外引发了相当的关注。其核心就在于通过设计将特定的价值嵌入技术人工物中，从而通过物的使用、布置与流行来实践道德，而这个思路的最佳实践对象无疑就是人工智能技术。在设计阶段就引入伦理慎思，打开技术黑盒子，通过这样的方式将传统的消极伦理学转变成积极伦理学，这是我们研究当前人工智能伦理问题的基础，也是不同于以往的传统伦理命题的地方。

本章将基于以上命题，讨论深度学习这一人工智能当前最具代表性的技术在数据伦理与算法伦理的双重规制下，从理念出发，朝更尊重人的价值与权益的方向演化，在发展中逐渐形成诸如隐私计算这样的进阶隐私保护路径，在技术范式上凭借隐私增强技术的加持，使人工智能技术在遵循以人为本的同时得以实现价值跃升。

深度学习的伦理转向：道德物化理论

随着人们对人工智能的研究不断深入，人工智能的研究领域也在不断扩大。纵观历史，人工智能研究出现了许多分支，包括专家系统、机器学习、进化计算、模糊逻辑、计算机视觉、自然语言处理、推荐系统等。但目前的科研工作都集中在弱人工智能方向，与电影中具有独立思考与情感的强人工智能相比尚不可同日而语，而强人工智能在目前的现实世界里也难以真正实现。弱人工智能实现突破并成为当前人工智能的主流，主要归功于一种实现人工智能的方法——机器学习。

机器学习是一种使用算法解析数据并从中学习，然后对现实世界中的事件做出决策和预测的方法。与传统的为解决特定任务编写的软件程序不同，机器学习用大量的数据进行训练，通过各种算法从数据中学习如何完成任务。传统的机器学习算法在指纹识别、人脸识别、物体检测等领域的应用基本达到了商业化的要求或者特定场景的商业化水平，但每前进一步都异常艰难，直到深度学习算法的出现。深度学习是用于建立模拟人脑进行分析和学习的人工神经网络并模仿人脑的机制解释数据的一种机器学习技术。

深度学习的基本特点是基于对数据进行表征以模仿大脑的神经元之间传递、处理信息的模式。深度学习技术成效最显著的应用是计算机视觉和自然语言处理领域。深度学习与机器学习中的人工神经网络是强相关的，人工神经网络也是其主要的算法和手段。深度学习又分为卷积神经网络（Convolutional Neural Network，CNN）和深度置信网（Deep Belief Net，DBN）。其主要思想就是模拟人的神经元，每个神经元接收信息，处理完后传递给与之相邻的所有神经元即可。深度学习运用了分层抽象的思想，高层的概念从低层的概念中学习，一个分层结构往往使用贪心算法逐层构建而成，关键是抓取有助于机器学习的有效特征。大多数深度学习都采用无监督学习的形式，所以深度学习算法在处理非结构化无标签数据时具有得天独厚的优势。

由此可以看到，深度学习的基础生产要素中，与用户高度相关的两个要素分别是数据与算法。

在数据方面，以深度学习为典型基础技术架构的人工智能，其基本逻辑离不开对大量真实场景下的数据训练模型的运用，也就是用户数据的采集、使用、共享与销毁。这就使得我们在应用人工智能的同时，要重点关注数据伦理规范，包括：对于个人隐私数据合理和审慎地收集利用、用户知情同意、数据加密与脱敏、数据安全以及数据的销毁与权限控制等，预防关键数据与隐私数据的泄露与篡改风险。

深度学习算法作为深度学习决策逻辑的核心，直接决定该模型对其作用的主体可能造成的影响。深度学习算法伦理成立的前提是算法的价值不具有中立性，而是具有价值负载性，算法既可以引发新的伦理问题或加剧原有的伦理问题，也可以消除或者缓解原有的伦理问题。深度学习算法伦理的最基本问题是如何使得算法具有伦理属性，从而使深度学习模型具有判断与选择道德的能力。具体来说，该问题主要有以下 3 种表现形式：在算法中预设某种价值立场；算法的运行结果具有某种伦理效应（如信息茧房、从众心理）；算法构建独立于现实国家治理的社会秩序，以上这些表现形式会造成不正当行为、不透明、歧视与偏见、信息隐私挑战、道德责任淡化等问题。

技术伦理学在信息伦理学的推动下，正逐渐超越传统伦理学已有的规范伦理理论、推理与应用的思考框架，重点思考伦理的应用制度、基础设施与技术设计。在传统伦理学或者道德哲学的架构下，技术、工程、设计等往往会被认为是一种理想环境下的思想实验的要素，相关研究学者多从伦理推理或者理论中寻求证明与实证，却往往忽视了实际存在的技术与经验对于伦理演化与落地执行的影响。这就导致传统技术伦理学的一些观点往往过于形而上，架空于科幻场景中，却与现实面临的问题存在较大分歧。而从这一逻辑得出的结论往往只有在理想状态下才是正确的，现实中基本不会出现这样的难题。

首先，我们来理解道德物化的理论与传统的科技伦理学的区别。传统的科技伦理学采用的是技术评估思路，即将伦理作为审查表来评估其严重程度。这是一种后发的治理思路，随着前沿技术不断超越现有的法律和伦理框架，这种亡羊补牢的方式不能提前预知技术可能造成的伦理困境。而道德物化理论则提供了一种事前解决的思路，更明确地说，它提供了一种积极的伦理学思路，即通过对技术人工物的设计来"教化"人，从而使得人能够通过技术的作用变得更加道德，实现人机互动的终极目标，这与传统的技术评估思路是完全不一样的。从技术哲学的思路来说，它打破了传统的主体二元对立的视角，而采用调节的视角解剖技术物欲伦理道德，这是其创新之所在，相关理论在荷兰学派的技术哲学家中得到了非常深入的探讨，例如，在著名哲学家彼得 - 保罗·维贝克的《将技术道德化：理解与设计物的道德》一书中对此就有非常深入的讨论。

事实上，创造"道德物化"这个概念的是维贝克的老师汉斯·阿赫特，其著名的哲学作品《美国技术哲学的经验转向》是讨论技术哲学从传统的宏大叙事以及技术形而上学转向研究经验的课题，而当他首次在1995 年的文章中讨论道德物化问题时是在讨论荷兰作为低地国家受到气候影响与碳排放的关系。考虑到我们正在关注的碳排放和碳中和等问题，可见这位技术哲学家的思考的前沿性。他关注的就是通过社会制度以及技术人工物的设计营造一种积极的物质环境，从而使得符合道德要求的行为更容易得到实践，这也是我们讨论人工智能伦理风险要解决的基本思路。

传统伦理学虽然提出了道德理论方面的深层次问题，却容易忽视实践与工程层面的考量。但伦理学本身又不是架空于现实的思想实验，而是从现实中设计和实际难题中抽象出来的，所以单纯以思想实验为基础的伦理学难以有效运用在现实案例当中。技术伦理学应当包括解决方案的实践与设计层面,从而解决现实问题。因此,技术伦理学应当从理论推理逐渐转向实际应用,尤其是基于实际道德问题研究如何超越特定技术状态,从设计角度形成具有较高执行性的伦理判断与决策。如果目标是推动应用伦理分析的结果在具体实际的命题中加以落实,则要考虑需要哪些体制和现实的物质条件,以及如何设计系统、构件、基础设施和应用程序,使一种伦理道德观念在未来长期的反思与演化中保持稳定。

以上这种适应现实中工程命题的伦理学转变,使得应用伦理学除了要考虑应用分析,还需要考虑经济条件、技术、制度、法律框架与社会治理准则,尤其是对于技术产物和社会技术系统的设计。同时,随着信息技术的兴起,以大数据、人工智能技术为代表的数字化技术已经与设计紧密相关,信息技术的价值维度成为考量技术可行性的一项重要指标,也就是社会与用户在互联网技术应用于生产活动中的价值与真实需求。这种由社会、组织与个人在使用中产生的需求、想法和价值观以及面对某项问题的解决愿望正在推动人工智能、大数据技术蓬勃发展,这也使得高新技术成为道德与社会价值的争议焦点。人工智能、大数据技术的价值在设计的驱动下被发挥到极致:塑造全民价值观念,改变人的认知,影响人的判断与决策。由此可见,应用伦理学"理论—应用—设计"和信息技术"技术—社会—道德价值"两个独立领域正在相互作用,形成符合数字经济时代发展趋势与理念的伦理与技术规律。这也就是为什么我们应当在当前技术具有的伦理与价值维度中引入价值敏感设计的原因。

价值敏感设计是一种以价值理论为基础的技术设计方法,也就是在整个设计流程中强调价值的原则,阐述人的价值在技术中的展现。价值敏感设计主要以概念分析、经验分析与技术分析作为分析方法。具体来说，人工智能技术需要价值敏感设计理论作为理论支撑，由于人工智能技术对人的价值选择与价值塑造的影响不可避免，算法的设计必然会将一定价值与道德观念体现在设计之中，这就要求数据结构设计者应当秉持正确的价值观，基于价值敏感设计方法设计出能够实现人类良好意图的产品，同时为用户提供足够的自主权、人格权，保证用户隐私、知识产权、生命健康安全不会被人工智能所影响。数据结构应当确保实现社会正义、公平与安全，缩小数字鸿沟与贫富差距，同时以可持续发展为宗旨，降低碳排放，实现环境友好型技术发展。

如何将价值与道德维度设计运用于大数据技术中？主要从价值敏感设计与大数据技术伦理本身的联系与对比入手，基于概念、经验与技术相结合的方法体系，主要从以下3个层面推进。

首先，从概念层面来说，主要是针对数据伦理的概念分析，也就是设计如何适用于大数据技术，以避免影响核心价值。在大数据技术落地之前应当明确大数据技术的设计受影响的直接与间接利益相关者，以及设计者如何在整个大数据技术的设计、实施与应用中权衡这些利益相关者在自主、安全、隐私与其他权利等方面的冲突和需求。接下来，思考如何通过优化设计来避免风险。例如，在面对全球新冠疫情病例数据统计分析的时候，全人类的公共卫生安全与生命健康是否比全球每个个人的公民隐私更加重要？这些患者的数据是否应该作脱敏处理？再如，在开发自动驾驶系统时，由用户收集到的驾驶数据能够帮助自动驾驶汽车优化其驾乘感受和道路安全，从价值层面这种让渡是否可行？这些驾驶数据在利用之后是否应当及时销毁以避免隐私泄露？这些都是技术与伦理研究在初期需要考虑的价值敏感概念。

其次，从经验层面来说，主要是针对数据伦理的实践分析。需要对技术产物所处的社会环境进行实践分析，也就是通过观察、测量与记录约束条件下的活动来评估一个特定设计的成功与失败；接下来，需要从数据技术的开发、推广、策略、政策、人员组织等方面全面贯彻道德与责任。大数据技术的实践分析主要针对知情同意、用户隐私和使用范围等问题，关注利益相关者在真实互动中是否充分尊重个人价值，在面对相互竞争或冲突的价值设计时如何权衡，是否优先考虑个人价值与可行性，充分尊重每一阶层群体的核心价值与利益诉求，同时设计一定的激励机制来实现对于整套系统的助推。

最后，从技术层面来说，主要是针对算法伦理的分析。根据技术特性提供的价值适应性，分析给定技术是否存在对于某种道德价值的偏袒，如何支持或阻碍特定价值。大数据的算法日趋复杂，带来的伦理问题也日益多元化，这就对算法设计与数据逻辑提出了更高的伦理与道德要求。围绕价值敏感设计，算法与数据结构应当充分尊重人的意志与权利，在实现技术发展的同时将对于人的不良影响降到最低；但也不可因噎废食，应该在技术发展、商业收益、国家安全与公民权益之间寻求均衡发展。

人工智能技术的开发和应用深刻地改变着人类的生活，不可避免地会冲击现有的伦理与社会秩序，引发一系列问题。其中既有直接的短期风险，如算法漏洞存在安全隐患、算法偏见导致歧视性政策的制定等，也有间接的长期风险，如对产权、竞争、就业甚至社会结构的影响。短期风险更具体可感，而长期风险带来的社会影响更为广泛而深远，对两者同样应予以重视。

长远来看，人工智能应用的伦理风险具有独特性。其一，它与个人切身利益密切相关，如果将算法应用在犯罪评估、信用贷款、雇佣评估等关乎人身利益的场合，一旦产生歧视，必将系统性地危害个人权益。其二，引发算法歧视的原因通常难以确定，深度学习是一个典型的"黑箱"

算法，连设计者可能都不知道算法如何决策，要在系统中查明是否存在歧视和歧视的根源，在技术上是比较困难的。其三，人工智能在企业决策中的应用日益广泛，而资本的逐利本性更容易导致公众权益受到侵害。例如，企业可以基于用户行为数据分析实现对客户的价格歧视，或者利用人工智能有针对性地向用户投放游戏、违禁品甚至虚假交友网站的广告，从中获取巨大利益等。

简言之，道德物化理论的主要特点是它依赖于后现象学中的技术哲学。而其他理论很多是在工业设计、传统科技与社会研究或社会学前沿研究中逐步形成的。例如，说服性技术研究本身就是一个计算机软件工程的项目。相对来说，道德物化更具备理论性和哲学性的意涵。

接下来讨论如何利用道德物化的思维解决深度学习中的伦理问题。事实上，我们在深度学习技术中受益颇丰，但我们也应当重视以上潜在的诸多伦理、道德与法律方面的风险与挑战。

这些风险与挑战可以概括为以下 6 方面：数据安全风险——包括逆向攻击可能导致算法模型内部的数据存在风险；网络安全风险——包括人工智能学习框架和组件存在网络安全漏洞风险；算法安全风险——算法设计或实施有误，可产生与预期不相符甚至伤害性的结果；信息安全风险——人工智能技术可能用于制作虚假信息以实施诈骗；社会安全风险——人工智能可能导致严重的社会道德问题，危害社会安全；国家安全风险——人工智能可能会被用于操控公众舆论，间接威胁国家安全。

一方面，伴随人工智能的渗透而出现的"达芬奇"手术机器人医疗事故责任界定、"微软小冰"诗集的著作权归属、Uber 自动驾驶汽车致人死亡的责任归属与责任承担等一系列问题仍未有明确答案。为了规避人工智能的道德风险，机器道德的思想开始出现并得到了很多人的支持，但这种观点是出于情感而非理性。机器道德的提出，源于人类对人工智能技术发展的担忧和恐慌，希望机器能够拥有道德，从而使机器在服务于人类的同时又不会伤害人类。机器道德是人类道德在人工智能时代的扩展，而人工智能始终是人工的产物，对于其是否拥有人类的社会性，学界莫衷一是。一些学者认为，深度学习下的人工智能在未来具有自由意志和独立道德地位。还有一些学者希望通过在深度学习算法中嵌入道德算法实现道德机器，而这就是道德物化的思路。

与传统伦理学的研究对象——人的道德实践相比，自动驾驶汽车等智能机器的道德实践具有显著的特殊性：首先，机器行为是人为设计的计算过程所决定的，并非自然的因果过程，这使机器行为区别于一般的意外或自然灾害；其次，机器行为在很大程度上不由其使用者决定，这使得机器不同于传统意义上的工具；最后，对于具有广泛适用性、需处理复杂情况的机器，尤其是拥有学习能力的机器，设计师和制造商很难或原则上不可能准确预料机器行为或对机器行为进行控制。上述特殊性导致传统的道德责任归属不适用于智能机器。

以自动驾驶汽车为例，如果一种具有较高可靠性的自动驾驶汽车反常地违反了交通规则或者造成了交通事故，那么将事件视作意外、要求乘客负责和要求设计师负责的做法都不能让人信服。

人工智能具有某种可计算的感知、认知与行为能力。那么，我们应当如何推动伦理朝向更加以人为本、对人友好且可持续的方向演进？随着无人机、自动驾驶汽车、社会化机器人等人工智能应用的发展，人们需要考虑如何让人工智能自主作出恰当决策，尤其是面对自动驾驶这种涉及复杂的价值伦理权衡的人工智能应用，其决策能否被人类所接受？

我们需要构建一套具有高度可执行性的机器伦理机制，使得机器能够自行作出符合伦理规范的行为决策。鉴于当前通用人工智能或强人工智能还未实现，我们需要通过数据与逻辑的机器代码将道德与责任转化成一种行为标准与规范，使得机器可以操作与执行。将人类所倡导或可接受的伦理理论或规范转换为机器可以运算和执行的伦理算法与操作流程，基于数量、逻辑、概率等描述和计算机技术的各种价值与理论范畴，编写伦理算法并将其嵌入机器。

从实践层面来说，机器伦理嵌入主要有以下 3 个步骤：首先，预设一套具有足够的可操作性的伦理规范；其次，利用强化学习等机器学习方法让智能机器研究人类的相关现实场景并模拟人类的行为，使其树立与人类相似的价值观并采取相似的策略执行；最后，建立有效的人机交互机制，使得机器能够充分阐述其决策合理性，同时人类在必要时能够及时纠正或干预，避免复杂场景下机器自主决策的失控。

同时，这种嵌入不仅体现在机器本身，而且体现在将人的主导作用施加于机器开发、生产、销售、使用、销毁的全流程。其中不仅包含伦理算法，而且需要伦理评估与测试、人机交互与伦理监督等多个环节。

最后，总结一下关于道德物化的技术哲学对人工智能伦理与治理实践的价值及其带来的风险。从积极的方面说，我们可以看到这个理论与传统的宏大叙事哲学不同，而是具备可操作性的，它的理论思考或多或少受到其他相关理论的影响，如巴蒂亚·弗里德曼的价值敏感性设计、B.J. 福格的说服性技术理论以及韦博·比克的技术社会构建论等。这些理论都认为技术不是价值中立的工具，而是与社会价值系统高度互联的。当然，道德物化理论也有它的风险和局限性，一旦技术人工物被写入价值偏好的逻辑形成了共识，就很可能导致价值工业化或者集中化的现象，从而使工程师拥有更大的权利。另外，由于技术壁垒的限制，显然普通公众对其后果知之甚少，从而形成了对技术的"黑箱"。这可能带来两种风险：一种风险是负载特定价值的技术由精英主导，导致价值权利的集中；另一种风险更加危险，即价值主张被主权国家所掌控，导致价值殖民主义的诞生。

美国学者玛丽·I. 波夫卡曾经对这个问题进行了讨论。早期的技术乌托邦主义者约翰·佩里·巴洛也在《网络空间独立宣言》中明确表示民族国家不应该也不能将权力无限扩张，这都是值得讨论的命题。

图灵时代的幻想曲——从加密走向计算

2014 年上映的电影《模仿游戏》讲述了英国数学家艾伦·图灵的真实故事，他在第二次世界大战期间破译了纳粹德国的大量军事密码。这部电影的片名与图灵在电影中的功绩没有直接关系，而是来自当时在英国流行的一个游戏。在游戏中，一男一女躲在帘子后面，游戏参与者不停地向他们提问，他们用无法辨认的笔迹回答，提问者根据答案确定两人的性别。

1950 年，图灵在《计算机与智能》一文中借用这个游戏作为判断一台计算机是否具有人类智能的标准，即把一个人和一台计算机放在幕后，让测试人员通过提问来判断回答问题的是计算机还是人，如果测试人员无法作出判断，这台计算机就被认为具有人类的智能。人工智能学者后来将图灵在这篇论文中描述的计算机称为图灵机，将这种测试称为图灵测试。

图灵测试为人工智能领域的发展设定了一个目标。随着几代人工智能学者的不断研究，人们逐渐认识到人脑的高度复杂性和计算机的局限性。这些发现帮助人们继续将人工智能技术应用于生产和生活的许多方面。本节将通过对图灵的研究工作的回顾和讨论，评价他对于人工智能技术的影响，并介绍他在隐私加密等领域为后来的研究者提供的思想与解法。

1939 年，第二次世界大战爆发。信息战在第二次世界大战中占有重要的地位，军事信息的加密和解密是非常关键的，甚至决定了战争的胜败。此时的纳粹德国拥有先进的 Enigma 密码机，这种密码机是分配给德国所有军事部门的主要通信加密工具，纳粹德国军队的所有军事信息都是通过这种密码机传递的。

加密机通过自身接线和转子的不同组合来加密和传递信息，即通过改变接线和转子来轻松实现不同的加密逻辑，由于组合的多样性，德军每天按时更换一次加密逻辑，因此，其他国家的密码学家很难破译这种密码。当各国对破译纳粹德国的军事情报束手无策时，一位天才勇敢地挺身而出，解决了问题并使得第二次世界大战早日结束，挽救了许多人的生命。

他就是艾伦·麦席森·图灵，出生于英国的著名数学家和逻辑学家。1939 年，英国处于战争迷雾之中。由于战争的需要，英国组建了专门破译纳粹德军军事密码系统的政府密码学校，以陆军和皇家海军情报部门为主要组成部分。作为当时著名的数学家，图灵自然被英国政府征召加入政府密码学校，专门从事破译纳粹德国密码的工作。由于 Enigma 密码机加密方法的复杂性和情报的时效性，图灵和他的战友们即使日夜不停地破译密码，最终被破译的军事情报也往往失去了价值。

一时间，破译代码的工作陷入了僵局。由于当时政府密码学校聚集了大量英国顶尖数学家和密码学家，大家每天都坐在一起集思广益，讨论破译的可行方案。而此时图灵显得异常古怪，无论是工作时间还是私人时间，他从未就任何问题与他人进行过深入的沟通。另外，图灵因为对花粉过敏，每天骑车上班时都戴着防毒面具，这让他成了人们眼中的怪物。但人们眼中的这个怪物正在制造一种可以取代人力、提高破译效率的破译机，其代号为"炸弹"。

这是一台由 36 台 Enigma 密码机组成的破译机,转子可以高速运转,逐一检查各种可能性,从而找出模式。虽然这台破译机解决了解码速度的问题,但图灵仍然不满意。为了彻底攻破第二代 Enigma 密码机,图灵要设计一种能进一步提高运算速度的机器。

于是他把注意力集中在已经破译的秘密电报上,试图在这里找到突破口。经过不断的分析,图灵终于找到了纳粹德国在密码中反复使用的词语,其中有关于天气和平安的词语,几乎每一条编码信息中都提到了 hrer。因此,图灵意识到:通过将每天出现在信息中的这个单词对应起来,然后只破译这个单词的加密法则,就可以知道纳粹德国每天所有信息的加密逻辑。经过反复试验,这种方法大大减少了破译所需的计算量,最慢只花了一小时就破解了纳粹德国的所有军事机密。

时间到了 1940 年 8 月,图灵的"炸弹"破译机终于显示出它的威力,图灵还凭借天才的能力破解了纳粹德国的密码系统。但由于这项任务的特殊性,图灵的成就被掩盖起来,以防德军察觉。

1941 年,德国军用密码系统突然发生了变化,整个编码逻辑变得更加复杂,破译机的效率比以前大大降低。图灵突然意识到,德国第二代密码的加密组合已经改变,因此必须使用更高效的破译机。图灵找到他的老师马克斯·纽曼,共同开发和生产更有效的破译机。不久,两人制造了一台比"炸弹"速度更快的破译机,将其命名为"西斯·罗宾逊"。在工程师托马斯·弗劳尔斯的帮助下,他们加快了破译机的运算速度。这台机器在第二次世界大战结束前破译了希特勒的军事信息,使盟军成功绕过防御森严的德国加勒海滩,选择德国防御最薄弱的诺曼底登陆,对纳粹德国发动全面反攻,第二年结束了在欧洲大陆的主战场。

事实上,创造一台看起来像人类或神话人物的机器,并拥有远超人类的能力,这种想法自古以来就存在。只是在建造能够"思考"的机器的物质基础形成后，这个想法才逐渐实现。到底什么样的机器才算具有"思考"的能力？图灵率先做出了回答。在他看来，只要能进行逻辑运算的机器就是能够"思考"的机器。他认为，人类思维的本质或核心是逻辑运算。图灵作为人工智能的开创者以及现代密码学的开拓者之一，实际上暗示了加密和人工智能之间的关系：图灵对智能机器的定义是建立在人类思维具有可量化的结构这一隐性假设之上的。在他的论文中，图灵并没有直接回答什么是"思维"的问题，而是用实验的方法来回答，绕过了哲学家无休止的提问。简言之，他认为能够通过图灵测试的机器就是能够"思考"的机器。

在 1950 年的一篇论文中，图灵指出，读者必须接受这样一个事实：数字计算机可以被构造出来，而且确实已经被构造出来，根据该论文中描述的原则，它们实际上可以非常接近地模拟人类计算的行为。我们注意到，图灵所设想的智能机器至少要做 3 件事才能发挥作用：第一，研究人员将量化地解构人类的思想，然后给出相应的数学公式；第二，程序员将这些数学公式翻译成计算机可以执行的一系列命令；第三，这一系列命令可以由计算机存储、计算和执行。

到了 2016 年，随着 AlphaGo 击败了世界顶尖的人类围棋冠军李世石，我们真正见证了人工智能的巨大潜力，并开始期待更复杂、更尖端的人工智能技术应用在更多领域，包括自动驾驶汽车、医疗、金融等。然而，今天的人工智能仍面临两大挑战：其一是在大多数行业中，数据以孤岛的形式存在；其二是数据隐私和安全。个人社交媒体信息、医疗健康信息、财务信息、位置信息、生物特征信息、消费者画像信息等在数字经济时代往往存在过度分享和滥用问题，而且采集和处理这些信息的企业或机构往往缺乏足够的隐私加密和保护能力。与此同时，随着全球对数据价值的认识与日俱增，数据隐私和安全已经成为企业业务运营的重要基石，其重要性无论如何强调都不为过。正因为如此，随着大公司在数据安全和用户隐私方面的妥协态度日益浓厚，对数据隐私和安全的重视已成为世界性的重大问题。

有关数据泄露的消息引起了公众、媒体和政府的极大关注。皮尤研究中心 (Pew Research Center)2020 年进行的一项调查发现，有 79% 的成年人关注公司如何使用收集到的有关他们的数据，有 52% 的成年人表示他们因为担心个人信息被采集而选择不使用产品或服务。人工智能中的传统数据处理模型通常涉及分别由三方完成的简单的数据交易：① 收集数据并将其传输给处理方；②数据清理和融合；③获取集成数据并构建模型供其他方使用，这些模型通常作为最终的服务产品进行销售。这一传统程序面临上述问题的挑战。此外，由于用户可能不清楚模型的未来用途，因此这些交易违反了 GDPR 等法律。

我们面临这样一个困境：数据是以孤岛的形式存在的；但是，随着全球数据合规监管日趋严格，在许多情况下禁止收集、融合和使用数据进行人工智能处理。另外，频频发生的隐私泄露事件也导致信任鸿沟不断加大。如何合法地解决数据碎片化和数据孤岛问题是当今人工智能研究者和实践者面临的主要挑战。

隐秘的伟大： 创造隐私增强的技术

如何打破产业链上下游既有的数据壁垒，有效解决数字市场的竞争与垄断问题，充分激发数据要素的价值，共享数字红利，实现数字经济时代的"耕者有其田"，已成为社会各界关注的焦点；而日趋严格的隐私保护监管在促进了数据权利主体和数据处理行为组织者的隐私保护意识的觉醒的同时，也加重了企业对数据流通与协作合法合规性的担忧。

在此背景下，隐私计算应运而生，它能够在确保隐私性的同时完成基于数据和信息的计算分析任务。

随着隐私问题的逐渐凸显，在隐私风险的应对方面，相关立法也在稳步进行。欧盟于 2018 年 5 月 25 日出台《通用数据保护条例》，规定了用户对数据享有的查阅权、被遗忘权、限制处理权以及数据移植权等权利，以保护个人隐私，遏制数据滥用。2019 年 4 月 16 日，旧金山通过了对《停止秘密监视条例》所作的一些修订，考虑到人脸识别技术可能侵犯用户隐私、加剧种族歧视等问题，决定禁用该项技术。2019 年 5 月 28 日，中国国家互联网信息办公室发布《数据安全管理办法（征求意见稿）》，从数据收集、处理使用、安全监管几方面讨论数据安全管理办法。由此可见，以隐私计算为代表的隐私保护技术逐渐活跃。

隐私计算经过近几十年的发展，目前在产业互联网、人工智能、金融科技、医疗、共享数据等方面发挥了重要的作用。隐私计算主要可以分为联邦学习、安全多方计算、机密计算、差分隐私技术、同态加密等技术。

联邦学习（federated learning）于 2016 年首次由 Google 公司提出，最初用于解决 Android 手机终端用户在本地更新模型的问题。联邦学习是指一个中央服务器协调多个松散结构的智能终端以实现语言预测模型的更新。其工作原理如下：客户端从中央服务器下载现有的预测模型，利用本地数据对模型进行训练，并将模型的更新上传到云端；训练模型通过融合来自不同终端的模型更新来优化预测模型；客户端在本地下载更新后的预测模型，并且重复上述过程。在整个过程中，客户端数据始终存储在本地，不存在数据泄露的风险。

联邦学习本质上是一种基于最小数据收集原则的分布式机器学习技术或机器学习框架，它涉及通过远程设备或孤立的数据中心（如手机或医院）训练统计模型，同时保持数据的本地化。联邦学习通常可以理解为一种技术架构，它涉及两个或多个参与者协作构建和使用机器学习模型，同时确保数据拥有方的原始数据不会传播到其定义的安全控制范围以外。它是一种特殊的分布式机器学习体系结构，在保持训练数据分散分布的同时，实现了对参与者的数据隐私保护，基于联邦学习的机器学习模型与集中式训练模型相比具有几乎无损的性能。联邦学习的目标是在保证数据隐私安全和法律合规性的基础上，实现人工智能模型的协同建模，提高人工智能模型的有效性。

安全多方计算（MPC）于 1982 年由图灵奖获得者、中国科学院院士姚期智首次正式提出，以解决一组相互不信任的参与者之间的隐私保护协作计算问题，为实现这一目标，必须保证输入的独立性、计算的正确性和计算的安全性。该技术主要解决如何在没有可信第三方的情况下安全地计算约定函数的问题，同时要求每个参与主体不能从计算结果以外的其他实体获得任何输入信息。安全多方计算在电子选举、电子投票、电子拍卖、秘密共享和门限签名等场景中具有重要作用。

具体来说，每个 MPC 节点的状态相同，既可以发起协同计算任务，也可以选择参与其他 MPC 节点发起的协同计算任务。路由寻址和计算逻辑传输由集线器（Hub）节点控制，集线器（Hub）节点在查找相关数据的同时传输计算逻辑。每个 MPC 节点根据计算逻辑在本地数据库中完成数据提取和计算，并将输出的计算结果路由到指定节点，使多方节点完成协同计算任务，输出唯一的结果。整个过程中各方的数据都是本地的，不提供给其他 MPC 节点，在保证数据隐私的前提下，将计算结果反馈给整个协同计算任务系统，使各方得到正确的数据反馈。

另外一个值得重视的技术是机密计算。过去，安全措施主要集中在保护静态数据或加密数据以供传输。事实上，加密数据库中的数据、通

过局域网 / 广域网以及通过 5G 网络传输的数据是所有此类系统的关键组成部分。几乎所有的计算系统（甚至是智能手机）都内置了数据加密功能，并通过处理器芯片中的专用计算引擎进行了增强。然而，如果恶意用户通过恶意应用程序访问设备硬件或绕过入侵（这是一个被忽视的领域），那么所有这些加密功能都将失效。如果此时可以访问设备内存，则可以轻松查看和复制所有数据。

机密计算（CC）的初衷是消除这种潜在的风险。2019 年 8 月，Linux 基金会宣布成立机密计算联盟，该联盟由埃森哲、安歌、ARM、Google、Facebook、华为、微软和红帽等巨头组成，致力于保护云服务和硬件生态系统中数据应用程序的安全。在机密计算联盟成立之前，已经有组织定义了机密计算。例如，Gartner 公司在其《2019 年隐私成熟度曲线报告》中将机密计算定义为："机密计算是基于 CPU 的硬件技术、IaaS 云服务提供商虚拟机映像和相关软件的组合，使云服务消费者能够成功创建独立的可信执行环境，也称为 Enclave。通过在数据使用中提供一种形式的加密，这些 Enclave 使得主机操作系统和云提供商看不到敏感信息。"机密计算联盟认为，机密计算应该涵盖云计算场景之外更广泛的应用场景。此外，"加密"一词的使用并不严格，因为"加密"只是用于实现数据隐私保护的技术之一，而不是唯一的技术，用于机密计算的技术应包括正在探索的其他技术。

因此，机密计算联盟将机密计算定义为"通过在基于硬件的可信执行环境中执行计算来保护数据应用程序隐私的技术之一"。为了减少机密计算环境对专有软件的信任依赖，机密计算研究的重点是基于硬件的可信执行环境（TEE）的安全保障。基于硬件的可信执行环境是机密计算的核心技术，它提供了一种基于硬件保护的隔离执行环境，近年来逐渐成为人们关注的焦点。按照行业惯例，可信执行环境由机密计算联盟定义为一个在数据机密性、数据完整性和代码完整性方面提供一定级别保护的环境。一些引入可信执行环境的更成熟技术包括 ARM 公司的 TrustZone 和 Intel 公司的 SGX。

接下来讨论的技术是差分隐私技术。为了解决当前日益复杂的信息社会带来的用户隐私泄露问题，差分隐私模型作为一种被广泛认可的严格隐私保护模型，通过在数据中加入干扰噪声来保护发布数据中潜在的用户隐私信息，因此，攻击者即使拥有特定信息以外的信息，仍然无法推断特定信息。因此，这是一种完全消除隐私信息从数据源泄露的可能性的方法。

差分隐私是一种基于严格数学理论的隐私定义，旨在确保攻击者无法根据输出差异推断出有关个人的敏感信息。也就是说，差分隐私必须提供输出结果的统计不可区分性。然而，任何一种差分隐私保护算法都离不开随机性，因此没有一种确定性算法能够满足差分隐私保护的不可分辨性。差分隐私仅通过添加噪声实现隐私保护，不需要额外的计算开销，但对模型数据的可用性仍有一定程度的影响。如何设计一个能够更好地兼顾隐私性和可用性的方案也是未来关注的焦点。

差分隐私技术通常解决个人查询的隐私保护问题。然而，在实际应用中，经常需要面对在同一数据集上合并多个隐私计算或重复执行相同的隐私计算的情况。合成定理旨在结合一系列满足差分隐私要求的计算，同时确保总体上满足差分隐私要求。传统的差分隐私方案大多是集中式的隐私保护方案，即数据通常由可信第三方添加噪声。然而，为了减少实际应用中对可信第三方的需求，近年来也提出了一些分散的隐私保护方案，如局部差分隐私。

最后我们讨论的技术是同态加密技术。同态加密是一种特殊的加密方法，它允许对密文进行处理，以获得仍然加密的结果。也就是说，对密文直接处理与先处理明文再加密的结果相同，从抽象代数的角度保持了同态性。同态加密的概念，是一种基于数学谜题计算复杂性理论的密码技术，可以简单地解释如下：处理同态加密数据的密文，以获得与以相同方式处理未加密的原始数据的输出相同的方式解密的输出。目前的同态加密实现大多是非对称加密算法，即所有知道公钥的参与者都可以加密和执行密文计算，但只有私钥所有者才能解密。根据其支持的函数，目前的同态加密方案可分为有点（也译为稍微）同态加密（SHE）和完全同态加密（FHE）。对于计算机操作，实现完全同态意味着所有的处理都能实现同态，只有在某些特定的操作中才能实现的同态性被称为有点同态。

同态加密技术首先用于云计算和大数据。对于区块链技术，同态加密也是一个很好的补充。采用同态加密，区块链上运行的智能契约可以在不访问真实数据的情况下处理密文，大大提高了隐私安全性。

总体来看，隐私增强计算成为近年来学界和产业界关注的标准。隐私增强计算是利用联邦学习、安全多方计算、机密计算、差分隐私、同态加密等系统安全技术与密码学技术，在保护数据隐私性的前提下完成对数据的计算分析任务。企业不仅在直接面向消费者的 2C 市场关注隐私风险，在 B2B 环境中也在寻求减轻隐私风险和担忧的方法，这刺激了隐私增强计算领域的快速进步和商业化。隐私增强计算是一种强大的技术类别，可在企业的产品与服务的整个生命周期中启用、增强和保护数据隐私。通过采用以数据为中心的隐私和安全性方法，这些技术有助于确保敏感数据在处理过程中得到有效保护。

隐私增强计算不仅包含系统安全技术与密码学技术，同时也包含信息采集、存储以及在执行搜索或分析过程中用于保护和增强隐私安全性的数据安全技术，其中许多技术存在交集或者可以结合使用。虽然在不同的应用程序和用例中隐私增强技术的安全性存在一些差别，但总体来说，技术越安全，它提供的隐私保护或隐私保护功能就越多。

以上就是我们对隐私计算技术的一些基本介绍和讨论，简单来说，隐私计算就是通过技术实现数据"可用而不可见"，让不同来源的数据安全共享，产生更大价值，具体包括基于密码学的安全多方计算、源自人工智能的联邦学习等在内的各类技术的单项或综合使用。目前业界的普遍共识是：要实现数据"可用而不可见"，单一技术难以独挑大梁，不同技术路径（密码学、人工智能、区块链等）的互补和融合才是发展趋势。

现有隐私保护方案大都聚焦于相对孤立的应用场景和技术点，针对给定的应用场景中存在的具体问题提出解决方案。基于访问控制技术的隐私保护方案适用于单一信息系统，但元数据存储、发布等环节的隐私保护问题并未得以解决。基于密码学的隐私保护方案也同样仅适用于单一信息系统，虽然借助可信第三方实施密钥管理可以实现多个信息系统之间的隐私信息交换，但交换后的隐私信息的删除权/被遗忘权、延伸授权问题并未得以解决。基于泛化、混淆、匿名等技术的隐私保护方案因为对数据进行了模糊处理，经过处理后的数据不能被还原，所以适用于单次去隐私化、隐私保护力度逐级加大的多次去隐私化等应用场景；但因这类隐私保护方案降低了数据可用性，导致在实际信息系统中经常采用保护能力较弱的这类隐私保护方案，或者同时保存原始数据。目前缺乏能够将隐私信息与保护需求一体化的描述方法及计算模型，并缺乏能实现跨系统隐私信息交换、多业务需求隐私信息共享、动态去隐私化等复杂应用场景下的按需隐私保护计算架构。

需要注意的是，隐私计算的推广应用仍存在合规痛点：一是采用隐私计算，仍需明确用户授权同意机制；二是隐私计算应用过程中也需重视数据安全风险；三是隐私计算应用过程中个人信息主体权利请求的实现仍需进一步探索。接下来需要做的是提供一整套隐私计算理论及关键技术体系，包括隐私计算框架、隐私计算形式化定义、隐私计算应遵循的原则、算法设计准则、隐私保护效果评估、隐私计算语言等。从产业实践和生态开放上来说，我们也需要做更多的工作，以真正推动这一系列技术的实践和落地。

　　隐私计算虽然从技术层面实现了隐私保护与数据协作之间的动态平衡，对桥接数据孤岛、释放数据价值具有不可替代的作用。但需要强调的是，技术固然是实现合规的关键手段，但是合理、科学的制度也是数据保护过程中必不可少的一环。对于隐私计算而言，在接受法律制度规制的同时，配合法律、政策、标准等相关制度共同实现数据保护将是其产品化和商业化的前提。

第七章

人工智能与机器人：
达尔文与叛乱的机器

07

随着人工智能等新兴技术的发展走向泛在化、智能化的范式，对技术与人类未来的关照变得尤为重要。正如我们之前讨论的，现代性的技术不仅带给人类社会福祉，也会导致风险社会的出现，带来人类社会发展的不确定性，从而使得人们开始担忧技术对人类社会的异化导致人之本质的丧失。因此，如何推动技术的进化朝着"加持"而非"挟持"人类文明的方向发展，是我们需要谨慎考虑的问题。正如剑桥大学教授马丁·里斯所说："要应对全球威胁，需要更多的技术，但这些技术需要社会学和伦理道德的引导。"因此，本章主要讨论人工智能领域中一些特别与人类社会进化和发展相关的伦理议题，包括人工智能意识、脑机接口以及自动驾驶等。

在 2020 年开始的新冠肺炎疫情防控中，技术伦理成为公众特别关注的话题，包括技术所引发的伦理反思、对不同群体在使用技术时的伦理命题、对人之为人的伦理意蕴与伦理诉求的追问等，这些命题带有一定的哲学意味，也有其明显的现实意义。在研究这些命题时，我们要看到人工智能伦理的双重性：一是它带来的风险引发了困惑与焦虑，二是人工智能技术也是解决问题的重要方式。因此，伦理问题不仅关乎人类的未来，也关照了人类对自身伦理价值体系的想象。回顾历史，我们正是在发展技术的过程中不断对已有的困惑进行回溯和反思，才推动对未来发展更明晰的判断，并对风险进行批判和预防，这也是研究伦理领域的意义。

认知科学的范式革命： 以意识研究为例

在人工智能的研究过程中，以神经网络为代表的认知科学的研究是备受关注的。如今在深度学习技术中使用的神经元模型，其基本思路与

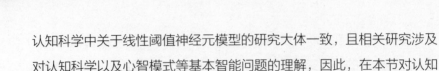
认知科学中关于线性阈值神经元模型的研究大体一致，且相关研究涉及对认知科学以及心智模式等基本智能问题的理解，因此，在本节对认知科学中关于心智模型的研究，尤其是与神经网络相关的内容进行讨论。

20 世纪 70 年代，通过心理学、人类学、语言学、人工智能与计算机科学、哲学和神经科学的跨学科知识的融合，诞生了以研究认知过程和心智为目的的交叉学科——认知科学，这门新学科的核心就在于了解信息在神经系统中是如何进行表征、处理和变换的，尤其是关于语言、记忆、推理、计划、决策、情绪等信息，甚至涉及关于意识的研究。

其中比较典型的课题包括以下几项。

（1）神经系统是一种信息处理系统还是提取意义的机器？

（2）意识研究的复杂性很高，如何通过科学的方式进行研究？

（3）神经网络是如何存储和使用记忆的？

诸如此类的课题层出不穷，而计算机的作用也越来越大，逐渐形成了计算神经科学这一重要分支。20 世纪 70 年代末，美国科学家大卫·马尔提出视觉计算理论，他认为，可以从 3 个独立层次（理论、算法和硬件）来解决信息处理系统的问题：通过计算理论解决计算对象的问题；通过算法逻辑解决如何计算的问题；通过硬件解决采纳什么样的计算结构来支撑信息处理系统的问题。

实际上，这里我们就能看到认知科学和计算科学的内在嵌合关系，正是因为对相关跨学科系统的研究，才能让人们更好地认识智能的产生，通过对人脑等的工作原理的研究挖掘真正的智能原理。采集、组织和分析海量数据不仅是人工智能领域的重要基础，也是下一次脑科学范式革命的前提。当然，另一方面，我们也要看到，只依赖现有的计算机模拟人脑是不现实的（失败的"欧盟人脑计划"就是其典型），因此如何对多学科交叉的计算神经科学更深入地进行研究是接下来的一个重要问题。

接下来，我们来看相关学科的一些基本结论。如果将大脑看作一个神经网络，那么可以得出两个普遍性的原则：第一，我们所有丰富的内部体验和外部活动，不过是神经元持续的动作电位模式，换言之，通过对神经网络的电位控制可以解释所有与人的行为相关的外部活动和内在心智模式等体验；第二，我们从过去经验中学习的能力大多归功于神经元之间突触连接的可塑性，换言之，通过对神经元连接的研究可以找到大脑处理信息的本质原因，不同的局部连接结构赋予了大脑不同的功能。

基于以上两个原则，就得到了一个重要成果：通过模拟神经网络来实现认知功能的人工智能成为可能，这也是联结主义的人工智能发展的重要思路。因此就出现了著名的麦克洛克 - 皮茨模型以及休伯尔 - 维泽尔模型等多个模拟神经网络的模型，随后就产生了这一轮人工智能发展中影响很大的深度学习浪潮。

2019 年，深度学习领域三位先驱——约书亚·本吉奥、杰弗里·辛顿和雅恩·勒昆荣获 2018 年图灵奖，而他们的贡献主要就是通过人工神经网络的研究推动了深度学习领域的发展。

这里不得不提到的是人工智能的意识问题，事实上，弱人工智能和强人工智能的很大的差异在于是否能够通过智能产生意识属性。人工智能意识的研究相对来说具有两个比人工智能更深刻的含义：一方面是在机器上模拟意识，即如何使人工智能产生意识的研究；另一方面是制造有意识的人工智能系统的研究。在相关领域存在 3 个理论，包括全局工作空间理论、整合信息理论以及生命演化理论。

全局工作空间理论由神经科学家 B.J. 巴尔斯提出。他认为，意识产生于信息分享 - 交流机制下的全局工作空间，它是全脑皮质内部的信息传播，了解意识在人脑这个物理系统产生的机制是关键。

整合信息理论则起源于杰拉尔德·埃德尔曼的神经元群选择理论，由朱利奥·托诺尼正式提出。这个理论认为，意识与脑整合信息的方式和能力有关，它是任何具有作用于自身的因果力的内在存在的系统的根本属性，系统的整合和分化程度越高，它拥有意识体验的程度也就越高。换言之，这个理论否认以图灵机为蓝本的机器能够产生意识，但是人类可以基于意识的物理机制构造出具有意识的人工智能。

生命演化理论是由安东尼奥·达马西奥提出的。他认为，意识是生命有机体在演化过程中形成的调节和管理生命的高级方式，理解意识必须从理解生命的本质和分析自体平衡的生物组织过程开始，因此人工意识很难创造出来。

最后，我们对人工智能意识进行一些总结性的讨论。英国心智哲学家和心理学家 H. 汉弗莱说："有意识的感觉是我们存在的核心，倘若我们未曾接触这一奇迹，那我们不过是居于索然无味的世界中的可怜生命而已。"而通过上文的讨论，我们知道理解意识的关键就是理解大脑中的神经系统，意识从最基本到最复杂的层次就是将体验内容与自我聚集在一起的一个统一的神经模式。大量的科学研究表明，人类的许多心智功能都是无意识完成的，因此无论采取什么样的技术手段（EEG、PET、fMRI 或者光遗传学技术），意识的神经生物学的核心问题都是通过研究有意识和无意识的脑状态之间的差别来研究调控和支撑意识状态的神经机制。上文提到的全局工作空间理论在这个领域产生了深刻的影响，这个理论的观点是：无意识和有意识是功能互补的两种信息处理机制，在不同的神经工作过程中产生不同的价值。除此之外，意识的形而上学研究也是非常重要的领域，例如两面一元论（Dual-Aspect Monism）的研究，相关理论认为，世界由一种本体构成，而每个本体的实例都包含两个不同的相互归约的方面，即物理层面和体验层面，这就解决了科学物质主义和二元论的观念假定和意识现象的矛盾问题。

认知科学领域看上去与现在的人工智能发展关系不大，实际上这是人工智能未来的重要发展方向。从 20 世纪 90 年代以来，意识科学不断发展，努力尝试解决意识的起源演化、自由意志、他心问题等众多议题，我们看到了这个领域多样化的视野。考虑到人工智能的未来是研究通用性的人工智能，即有一定自主意识和判断能力的智能，我们可以将这个领域看作未来人工智能的重要基础学科之一。除此之外，由于意识的研究也与社会科学、伦理学和公共政策存在重要的联系，因此研究人工智能伦理以及负责任的人工智能也与这个领域有非常重要的联系。

脑机接口下的人机共生

在讨论了大脑和认知科学后，我们来讨论脑机接口这一技术趋势的影响。在众多黑科技中，没有哪项技术像脑机接口一样会彻底颠覆我们对人类自身的认知。它的颠覆性在于它在试图替代人类进化历程中最重要的协作工具——语言，通过大脑和外界直接沟通，创造一种新的沟通界面和交流方式。这不仅会带来沟通方式的变化，也会带来一系列衍生的新的能力，例如意识操控机器、全面提升大脑算例以及机械骨骼代替人体等。本节就结合脑机接口技术的发展讨论人机共生的伦理问题。

首先来看脑机接口的具体应用，我们可以从 4 方面来讨论。第一方面的应用是最基础的修复，这里指的是脑机接口技术如何修复身体机能，例如，让瘫痪病人重新站起来行走，让失明的人获得视觉的功能。这是脑机接口的初衷，因此也是实验室里研究最深入的一项应用。这里的修复既包括用机器替代身体机能，也包括自身身体功能的修复。第二方面的应用是改善，科学家们可以通过采集脑电信号和分析大脑状态，利用脑机接口技术改善人的精神状态，例如提高注意力、提升睡眠质量甚至激发心流体验等，这是脑机技术目前离商业化最近的应用。第三方面的应用是增强，埃隆·马斯克曾经做过一个论断，脑机接口相当于给人类的大脑添加了一个叫作"数字化第三层"的新结构。这个新结构会让人类的智能大幅度增长，超越人类的生理极限，从而实现人类与机器智能的融合。第四个方面的应用是沟通，脑机接口可以实现大脑之间的直接交互，形成一种无损的大脑信息传输方式，即神经元群的直接交互，这方面的应用可以通过"涌现"的方式形成未来的"超级大脑"。

当然，以上的研究很多还处在早期阶段，我们这里讨论的重点是脑机接口技术揭示的脑科学以及认知科学的问题。实际上，科学家通过对动物大脑的研究发现了认知地图，而这些认知地图可以帮助动物建立不同的内在模型，使动物可以追踪空间物理位置、形成诸多心理过程（记忆、想象、推理以及抽象论证）等，而美国科学家爱德华·托蒙的研究表明，大脑的工作方式就像一个电话交换机，它只负责维持那些它认为可靠的从感觉器官发送给大脑的信号和大脑发送到肌肉的信号的连接，而正是通过不断的学习，才让大脑能够形成不同的"认知地图"，从而实现相关的复杂功能。这个研究实际上与脑机接口理论有异曲同工之妙。

从历史发展来看，脑机接口技术形成于20世纪70年代，是一项涉及脑科学、认知神经科学、计算神经科学等领域的交叉技术。1973年，雅克·维达尔首次提出了脑机接口的概念。他认为，脑机接口技术应用的目的是帮助运动障碍患者控制外部设备，为他们创造一个与外部环境互动的新渠道。换句话说，脑机接口技术最初是为了实现运动障碍患者与外界的联系而发明的一种应用技术。直到1999年第一次国际脑机接口会议上，学者们才正式给出了脑机接口技术的定义：脑机接口技术是一种不依赖周围神经和肌肉组成的正常输出通路的通信系统，它可以直接为大脑提供一种新的信息交流和控制通路，创造性地帮助大脑与外部环境或外部设备直接互动。换句话说，脑机接口技术可以替代或绕过正常的周围神经和肌肉组织，通过大脑的思维活动直接实现人与外部环境的交流。脑机接口技术的核心是找到合适的信号处理和转换算法，将人的脑电信号转换为控制信号或指令并输出，从而使脑电信号能够实时、准确地转换为可被外部设备通过脑机接口识别或操作的信号。

对于脑机接口技术的应用原理，神经科学认为，个体神经系统的电活动在受到外界刺激后会发生变化，而这些变化会触发下一步的行动。因此，可以利用一定的手段对这些神经电活动进行检测、分类和识别，作为特定动作的信号，然后进行计算机语言编程，将个体大脑的思维活动转化为驱动外部设备的计算机指令，从而实现个体大脑与外部设备的直接互动，而不依赖周围神经和肌肉组织。脑机接口技术利用这一原理实现了大脑思维活动与外界的直接交流，甚至可以控制周围的环境，使人类具有以"意"驭"行"的超级能力。与通信和控制系统类似，一般的脑机接口系统由3部分组成：信号采集模块、信号处理模块和互动控制模块。通过这个系统，人类可以直接实现大脑与外界的互动反馈。脑机接口技术最早应用于医学检测和康复医学。随着人们对神经系统功能认识的不断提高和计算机技术的发展，脑机接口技术逐渐成熟，其应用领域不断扩大，对它的研究也呈明显上升趋势。下面讨论几个比较典型的应用领域。

第一，教育领域。作为近年来脑科学研究的一项重要成果，脑机接口技术可以读取大脑生物电信号，并通过信号转换和计算机编程将大脑生物电信号转化为行动，实现更加自然的人机互动，这为教育技术的应用带来了新的机遇和挑战。

脑科学研究为人类认识大脑内部的学习机制和人的思维发展规律提

供了一条科学途径。脑科学对大脑学习机制和人的思维发展规律的探索为教育教学实践提供了科学严谨的实证依据，教育研究者开始从神经科学的角度探索学习科学的相关内容，以解决教育中的问题。此外，随着脑机接口技术的逐步成熟，从该技术获得的内部机制信息将丰富教育大数据的来源和渠道，为未来的学校教育和课堂学习提供更多的便利条件，也为学习者的学习环境和学习空间的设计和建设、学习过程记录、学习过程管理等提供更多的便利，为学习行为分析提供技术支撑。

第二，医疗领域。由于脑机接口技术可以直接实现大脑与外部设备的交互，跨越常规的大脑信息输出通路，因此在医疗领域有广阔的应用前景。脑机接口系统的输出可取代由于损伤或疾病而丧失的大脑自然输出，有助于神经系统和肌肉系统瘫痪患者表达自己的意愿和进行康复训练。

比较典型的是脑机接口技术在康复训练领域的应用。例如，西安交通大学的研究团队设计了一套脑控人机交互及康复训练系统，该系统利用脑机接口技术能够实现一种新型脑控康复方式。利用这套系统，可以帮助进行康复训练者更好地监控康复训练的强度及效果，根据反馈调整康复训练计划。此外，这种通过大脑运动想象的方式进行康复训练也有助于神经功能的代偿与恢复。临床试验表明，使用该系统的患者的康复训练效果明显优于采用传统康复训练方式的患者。

瑞士 MindMaze 公司构建了一个结合虚拟现实、计算机图形学和神经科学的平台，通过为神经系统疾病患者创造虚拟现实和增强现实环境提供多感觉的反馈，以在康复期间刺激运动功能，促进神经功能的康复。美国 NeuroLutions 公司研发了一款具有康复促进功能的机器人外骨骼，名为 IpsiHand，它会刺激大脑向肢体发送信号，这种连续激发最终会在患者大脑中建立新的神经突触连接，促使瘫痪部位恢复功能。

第三，智能假肢领域。失去了部分肢体的人大都会选择安装假肢，这些假肢大都具有固定的结构，不能实现原有肢体的功能。脑机接口技术的出现有望改变假肢不具有功能的现状，利用脑机接口技术可以将假肢与患者大脑连接起来，通过一段时间的训练，人对假肢就能进行自主控制。哈佛研究团队创立了一个制造智能假肢的半公益项目BrainRobotics，该项目开发的产品可以帮助残疾人通过自己的意念控制假肢。传统的假肢采用一体化设计，容易损坏。BrainRobotics 团队为解决这个问题，研发了一种模块化的机械设计，用户只需更换损坏的部件，而无须购买全新的假肢。模块化设计大大降低了使用假肢的成本，世界各地的截肢者更容易负担得起这种高科技产品。

第四，其他领域。美国 Rythm 公司设计了一个名为 Dreem 的头戴式产品，借助脑机接口技术可识别用户的睡眠模式，根据睡眠模式的不同，可进行听觉或声音刺激，从而确保用户可长时间停留在深层睡眠阶段，进而提高睡眠质量。显然，该产品对于睡眠功能障碍患者十分有用，但头戴该产品可能会影响睡眠的舒适性，造成入睡困难的问题。美国NeuroPace 公司开发了一款称为 RNS 的植入式设备，可用于治疗神经障碍。该公司初步的研发重点是治疗癫痫，防止癫痫发作。该设备能识别大脑异常活动，然后发送脉冲以抵消或破坏导致癫痫发作的异常信号。对于意识障碍患者，如植物人等，意识检测是一个难题，主要原因是这些病人缺乏行为能力，无法进行沟通。借助脑机接口技术，可以帮助医护人员检测意识障碍患者的意识，完成辅助量表评估等任务。此外，将脑机接口系统集成在轮椅、家电和护理床中，可以实现对设备的大脑控制，能够有效提高患者的生活自理能力。

正因为脑机接口的技术如此重要，所以很多国家都在积极开发相应的技术。例如，2016 年 3 月，美国国防部高级研究计划局（DARPA）

启动了下一代无创神经技术（N3）计划，并在 2017 年 4 月宣布 8 个研究团队入选。该计划的目的是开发能够激活突触可塑性的神经刺激方法，建立加强或削弱神经元之间的联系的训练方案，从而加速认知技能的获得，提高技能训练的效果。突触可塑性是大脑获取知识或技能的一个重要机能。该系统一端与中枢神经系统相连，另一端通过各种外围设备与其他器官和系统相连。该系统通过刺激人体的周围神经系统，激活脑神经的突触可塑性，刺激影响神经系统的化学物质的产生，从而增强大脑的学习能力，提高学习效果。研究人员还比较了植入芯片等侵入性和非侵入性刺激的实验效果，探讨了如何控制风险和减少副作用。

最后，讨论脑机接口面临的技术伦理风险，或者叫社会风险，主要集中在隐私、社会公平和自我认同 3 方面。

第一个是隐私问题。前面讨论过，许多大数据公司现在根据用户的网络浏览习惯定制产品和广告的推荐。一些研究人员可以根据用户的社交网络准确预测他们的性别、职业和个性特征，而基于脑机接口数据的性质，神经信号携带着丰富的个人信息，有理由相信，随着数据的积累，它将提供更全面、准确、深入的个体特征描述。例如，群体层面的大数据分析可以预测个人的重要特征，包括智力、动机、个性、患病概率、忠诚度、犯罪意图等，而对个人大脑信号的长期记录和解码可以实时动态监测大脑状态和"意图"。这些数据是关于个人的核心隐私，是关于精神的内容。保护大脑数据的隐私和完整性是极有价值和不可侵犯的人权。因此，在开发相关技术的同时，需要高度重视这些数据的使用，以保护用户的隐私。例如，一个人的智力数据是否可以用于各种招聘、雇用和晋升场景中，一个人的个性、政治取向、性取向能否作为选人用人的依据，一个人的智力水平、大脑健康状况和患脑病的概率是否可以用来决定服务的价格（如保险、培训等）。

第二个是关于由此项技术引发的社会公平的问题，例如不同人群物质财富的不平等、生活条件和医疗水平的差异以及由此产生的不同人群预期寿命的差异，都是触目惊心和直观的，其影响是重大的，也是社会十分关注的。此外，这些生理和环境的差异也对下一代产生影响，例如影响儿童的营养、受教育机会，从而影响他们的大脑和认知发展；社会资源的差异也带来了儿童发展机会的差异。财富和社会资源的差异带来了后代认知和社会发展的差异，这些差异更具内隐性，受到的社会关注较少，社会接受程度较高。然而，随着脑机接口技术和认知增强技术的发展和应用，将使个体的认知能力发生显著的变化，其带来的不公平将更加明显。

如果由于价格、技术管制、市场管制等原因，这类技术只能被少数人使用，将使现在看似公平的制度变得非常不公平。例如，如果只有少数人能够使用智能增强设备，他们在考试和工作中的表现就会更好，在收入和社会地位上获得优势，人与人之间的不平等也会加剧。研究发现，智力是影响一个人在许多领域甚至社会阶层表现的重要因素。因此，少数人独占认知增强技术导致的认知能力不平等会造成更深的社会鸿沟，并可能进一步加剧社会不平等。这种不平等很难通过税收等现有的经济和行政手段得到缓解。此外，从公众对手段合理性的理解来看，这种技术带来的不平等比其他所谓更理性的手段（如富裕家庭子女接受更好的教育）带来的不平等更不为公众所接受，从而加剧社会紧张。

第三个是关于自我认同的问题。由于脑机接口的对象是人脑，它可以直接改变人类的核心，包括认知能力、人格特征甚至自我概念，这种变化可能带来非常深刻的自我认同问题。人的同一性和自我概念是相对稳定和长期确立的，它们变化缓慢，具有连续性和一致性。一旦这些缓慢的模式被脑机接口疗法打破，太多、太快的改变会导致自我认同的中断，并产生负面影响。众所周知，在康复医学中，受试者参与治疗的动机是希望变得更加完整，实现有效的沟通和运动，摆脱他们的病人状态。然而，如果治疗在短时间内产生了显著的效果，尽管这是一种理想的改变，但病人也可能由于突然的改变而造成自我认同的困难。医学伦理学也是如此，例如，残疾治疗、整容手术等也会导致自我概念的改变。这种变化在脑机接口上可能更加明显。想象一下，一个两天前抑郁的人在治疗后变得异常活跃和外向，不仅让别人感到惊讶，也让自己感到困惑。智力的变化也是如此。

更重要的是，脑机接口还会因归因问题而损害自我认同，干扰人们的自我认同感，动摇自我认同和个人责任的核心假设。在科学家的研究中，一名使用脑刺激治疗抑郁症 7 年的患者在一个焦点小组中报告说，他对"我是谁"感到困惑，并开始质疑他与他人互动的方式是由他控制的还是由他佩戴的设备控制的。这种深层次的自我认同困惑会导致很多困扰，从而导致更深层次的情绪困扰。这就像父母每天帮助孩子做决定和行动，这会导致孩子自我认同危机和缺乏责任感。

以上就是我们对脑机接口技术带来的社会风险的讨论。作为一项新兴的生物医学工程技术，脑机接口技术的创新在带来巨大经济效益的同时，也涉及许多伦理、法律和社会问题。除了安全、公平、隐私、歧视等新兴技术所共有的问题外，脑机接口技术还提出了一些特殊问题。由于这项技术涉及人类最重要的器官——大脑，它可能导致"大脑控制"或"机器控制"的问题，这可能会对人类的自我认同、自主性和人格产生负面影响。如何将责任感贯穿于脑机接口技术创新的全过程，从而最大限度地规避风险，更好地造福人类，是研究者必须思考的问题。

《失控》的作者凯文·凯利认为，人类发生了 4 次认知唤醒：第一次认知唤醒发生在哥白尼提出日心说的时候，人类把地球拉下神坛，原来地球不是宇宙中心，人类重塑了自己与宇宙的关系；第二次认知唤醒是达尔文提出进化论，人类又把神拉下神坛，原来人都是猴子进化来的；第三次认知唤醒是哲学家弗洛伊德用自我意识论打破了人类对自我的认知。第四次认知唤醒就是人类重新认知自己与机器的关系，未来可能会有更多半机械人成为合法公民。机器的生命化和人类与机器智能的结合在未来会越来越紧密，这也是我们重新调整技术伦理框架，使得人类社会伦理与技术同步进化的最好时期。

自动驾驶："适者生存"

在讨论了脑机接口技术后，最后讨论一个广为认知的技术——自动驾驶。2020 年末到 2021 年初，智能网联汽车风起云涌，汽车智能化与网联化持续升温，新产品、新玩家、新技术相继登场。2021 年被称为自动驾驶爆发元年。

自动驾驶技术定义按照美国高速公路交通安全管理局（NHTSA）和美国汽车工程师协会（SAE）发布的标准，分为 L0 ～ L4 和 L0 ～ L5 两套体系。从后一个体系来看，自动驾驶从 L2 到 L5 是一个相对漫长的过程，大部分厂商自动驾驶升级路径由 L2 到 L5 逐级递增。自动驾驶技术越往高级别发展，对雷达和摄像头等感知部件、算法、数据支持等的要求就越高，在 L2 及以上级别的辅助驾驶方面需要有强大的数据支持，包括数据传输与处理能力以及雷达和摄像头感知事件后的反应处理能力。

自动驾驶综合了人工智能、通信、半导体、汽车等多项技术，涉及产业链长，价值创造空间巨大，已经成为各国汽车产业与科技产业跨界竞争与合作的热点。当前，自动驾驶已来到关键的历史局点。从百度

Robotaxi 到宇通 WITGO，从郑东新区到重庆永川，我国装备 L3、L4 高等级自动驾驶技术的商用车及开放道路渐成规模；但随着自动驾驶技术的成熟以及越来越广泛的市场应用，它带来的伦理争议也是人工智能中讨论最热烈的。

近期自动驾驶汽车事故频发，还有恶劣天气、临时管制、交通拥堵、路面落物或反光等更大的挑战。在应对全天候、全场景行驶工况时，自动驾驶仍有较长的路要走。

下面先来回顾自动驾驶领域的治理事件。2017 年 6 月，德国联邦交通部自动驾驶伦理委员提交了《自动驾驶汽车伦理报告》，该报告指出 3 项宏观伦理要求：第一，自动驾驶的首要目标是提升所有交通参与者的安全，在同等程度上降低所有交通参与者的风险；第二，自动驾驶系统发生事故并不超出伦理界限；第三，虽然自动驾驶技术能够降低风险，提高道路安全，但如果以法律命令要求必须使用和普及这种技术，在伦理层面就是有问题的。

我们看到，德国等欧盟国家强调技术应遵循个人自治原则，不应限制个人行动自由。德国《自动驾驶汽车伦理报告》承认，具备防撞功能的高度自动化系统能降低风险、增强安全性，这是社会和伦理层面需要鼓励的；但如果以法律命令要求必须使用和普及这种技术，则会引发"人受制于技术""人的主体地位受到贬损"等道德争议。当然，无人驾驶汽车的设计选择还面临来自驾驶人群体的压力和反抗。随着技术的成熟和普及应用，自动驾驶取代人类驾驶、自动驾驶优先于人类驾驶等伦理道德争议也引发了关注。

首先我们要弄清楚自动驾驶与无人驾驶的区别。美国高速公路交通安全管理局和美国汽车工程师协会分别提出了对于自动驾驶车辆的分类标准：L0 级别的"人工驾驶"也称"无自动驾驶"（在给自动驾驶分级的语境中，有些地方将其称为"人类驾驶"，这是不适当的）、L1 级别的"辅助驾驶"、L2 级别的"部分自动驾驶"、L3 级别的"有条件自动驾驶"、L4 级别的"自动驾驶"。其中，L4"自动驾驶"在美国汽车工程师协会的标准中又被细分为"高度自动驾驶"和"完全自动驾驶"。对 L3 之前的级别，人类驾驶者都需要随时做好充当"驾驶场景监管者"和"紧急情况接管者"的准备——这可能并不比人类驾驶者亲自操纵汽车轻松多少，有时还少了很多驾驶乐趣。可见，"无人驾驶"在最宽泛的意义上也仅适用于 L3 及更高级别的车辆。L3 之前的"辅助驾驶"和"部分自动驾驶"仅能被视为"自动驾驶"而非"无人驾驶"——前者是一个包含后者的概念。

从技术路径上来看，自动驾驶技术最初是在传统汽车技术与人工智能相结合的基础上发展起来的。最早的解决方案是定速巡航控制，它使汽车在达到一定速度和在特定环境下能够自动巡航。紧随其后的解决方案是自动防抱死技术（ABS），这种技术可以在汽车无法紧急制动的情况下限制制动，以防止发生事故。接下来是车道偏离警告技术，如果汽车偏离预定路线，系统会发出警告。随后出现了自动泊车技术，它允许汽车在接到指示时往返车库，并等待车主使用。然而，这些还不是完全自主的车辆。真正的自动驾驶汽车是指用户完全不必控制汽车，汽车的自动驾驶系统自动遵循车主的指令并完成任务。

英国汽车制造商预测，到 2027 年，英国生产的大多数汽车将至少配备 3 级自动驾驶技术，目前正在研发、制造和测试的大多数自动驾驶汽车都是 3 级自动驾驶。到 2030 年，英国 25% 以上的汽车将实现完全自主。这些自动驾驶汽车将完全没有方向盘，当有人上车并给汽车指示时，汽车会自动驾驶到指定的目的地。换言之，在短短十多年内，英国 1/4 的汽车将实现完全自动驾驶。因此，自动驾驶汽车的未来前景十

分看好，各大汽车制造商都在全力发展自动驾驶汽车技术。中国的自动
驾驶汽车也得到了很好的发展。北京理工大学自动化研究所设计开发了
几十辆既能自动驾驶又能自动编队行驶的自动驾驶汽车。预计未来几十
年，半自动驾驶和全自动驾驶汽车的市场潜力将相当大，2035 年，中
国将拥有约 860 万辆自动驾驶汽车，其中约 340 万辆将成为全自动驾
驶汽车。

我们看到，自动驾驶汽车作为人工智能技术发展的典型标志，将在
未来 10 年左右逐渐普及，这是时代发展和科技进步的必然趋势，它可
以满足消费者便捷驾驶控制的需求，而且可以节约社会成本和降低人工
成本，提高驾驶安全性，减少道路交通事故。

然而，随着自动驾驶汽车的不断升级和普及，其在道路交通中的伦
理和立法困境也摆在研究者面前。尽管许多公司，如谷歌、宝马、奥迪、
沃尔沃、梅赛德斯 - 奔驰、日产等，目前都在开发自动驾驶技术，并且
所有涉及的汽车公司都表示自动驾驶汽车更安全，大多数专家也认为，
将自动驾驶汽车引入社会将减少交通事故和交通死亡人数，然而，由于
软硬件技术、算法、设备等原因，自动驾驶汽车不可能百分之百安全。
因此，需要明确谁应该为自动驾驶汽车造成的事故负责。

相关责任可分为因果责任和道德责任。因果责任只是解释哪种行为
导致了哪种结果。例如，如果闪电引起森林火灾，可以说闪电负有因果
责任，但不能说它负有道德责任。一些伦理学家认为，自动驾驶汽车交
通事故中存在责任空白，即当自动驾驶汽车造成伤害或损失时，不清楚
谁应承担责任（即道德责任）。有一些学者研究了自动驾驶汽车事故的
责任问题，他们认为，自动驾驶汽车交通事故也有一个"责任场"。汽
车制造商不应对自动驾驶汽车引发的事故负责，除非制造商知道自动驾
驶汽车有缺陷，但因纠正费用过高而未纠正，并且事故是由缺陷引起的；

自动驾驶汽车的使用者不能完全预见自动驾驶汽车的行为，缺乏避免自动驾驶汽车事故的必要反应时间，不能对自动驾驶汽车事故承担责任，也没有必要对自动驾驶汽车造成的损害承担责任。

从法律角度说，造成这样的责任空白，关键在于自动驾驶汽车如果出现交通事故，不具有作为法律资格主体的条件。从立法逻辑上说，若想解决自动驾驶致损时的责任归属问题，应当首先明确是否为人工智能赋予法律主体地位。关于这一问题，法学界主要形成了以下3种观点（在后续章节会详细讲到）：主体说、客体说以及将自动驾驶汽车视为介于主客体之间的特殊存在。主体说以包容、开放的心态面对自动驾驶汽车，认为可以自主决策的自动驾驶汽车"具有和人类一样的'理性'与'自由意志'，表现出与人类相似的思考过程，符合法律主体的'自由意志'的必要条件"，应赋予其主体地位；客体说则否认自动驾驶汽车的法律主体地位，自动驾驶汽车无法与人类等同且二者存在巨大的鸿沟，而拟制路径也不能通过采取片段化的类比方式实现充分的证成；还有学者试图超越传统的主客体二分法，采取特殊主体三分法将自动驾驶汽车视为一种在有限条件下拥有部分主体资格的特殊法律主体。

但有相当多的学者认为，即便赋予其法律主体地位，由于自动驾驶汽车不具有人类的法律人格，也无法比照拟制主体满足实体性、价值性要素的要求，故自动驾驶汽车也无法承担实际上的责任，这就使得即便自动驾驶汽车在某种意义上具有法律主体地位，人类仍然是自动驾驶汽车的最终责任的承担者；在法律效果上，与自动驾驶汽车被赋予法律客体地位相比并无区别。

我们在进行相关探讨的同时应当为技术发展留出足够的空间，还需审慎考量，以避免冲击法律的稳定性。但是，此类研究仍然存在一定的价值：首先，随着自动驾驶汽车的不断成熟与算法、算力的显著提升，能够脱离人类控制的完全自动驾驶汽车已成为必然的发展目标；其次，尽管法律具有滞后性，但这种超前研究可在自动驾驶汽车广泛使用之前构筑基础法理支撑，以防范潜在的道德和伦理风险，保证技术的合规与安全；最后，即便自动驾驶汽车由于种种原因在未来很长一段时间内无法全面推行，但这种对人工智能法律主体资格的判断对发展现有技术条件下的人工智能具有很大的指导价值。

从伦理学的角度来看，自动驾驶也可能引起许多伦理学上的困境。在自主驾驶的伦理问题研究中，机器道德决策的"两难"是伦理学争论的经典话题。当人们面对自动驾驶不可避免的伤害时，对如何选择伤害对象的道德决策总是充满了争议。

在"电车实验"和其他传统的伦理学实验中，自动驾驶往往面临着决策的困境。无论哪种选择，都将不可避免地导致对机器决策的伦理质疑。这种矛盾的焦点是功利主义和德性主义造成的不同道德选择标准；然而，大多数德性主义者持有普遍法则的原则，倾向于"不排除他人的幸福"。两种标准的矛盾导致了自主驾驶道德规范制定的困难。功利主义忽略了个人的纠纷，伤害可能无法计算。例如，无人驾驶汽车"选择"撞上没有戴头盔的电动自行车驾驶人，而旁边戴头盔的电动自行车驾驶人本来很可能成为被撞的对象，这显然是不公平的，并可能导致更深层次的道德风险。

此外，机器的道德决策还涉及一个现实的问题——谁来监督自动驾驶汽车的系统，以确保它携带正确的道德模块？根据英国交通部的原则，如果由自动驾驶汽车的制造商联盟来监督，那么与自动驾驶汽车直接相关的乘客显然是没有发言权的。这显然是错误的，但普通乘客并不具备相关的技术和道德知识，也很难对自动驾驶汽车系统进行有效监督。这个时候，政府是否有必要承担对公民的监督工作？既然每个医院都应该依法成立自己的道德委员会，那么汽车制造商是否也应该效仿，成立自己的道德委员会？如果这些问题处理不好，可能会造成道德模块承载的工作得不到监督的伦理风险。

此外，决策自主权的问题也引起了人们的关注。人们一旦接受了自动驾驶的辅助驾驶功能，必然会对智能驾驶系统产生依赖，而且这种依赖会随着驾驶系统智能化水平的提高而不断增强，形成"消费易升难降"等棘轮效应。自动伦理决策可能导致完全脱离伦理决策权的风险，这可能对用户的道德自主权构成直接威胁。从表面看，这是一个人与机器之间的权利转移问题，更何况人类对权利转移的意愿程度缺乏广泛共识；从更深层次看，权利转移发生在自动驾驶用户与自动驾驶开发者、移动互联网服务商、导航定位服务商之间。在商业利益的驱动下，自主驾驶用户的权利转移未必是自愿的或不可知的，所以值得进一步探讨，从保护消费者的权利出发，设定一定的原则。

由于自动驾驶的智能决策依赖于大数据，不可避免地带来隐私问题。为了安全驾驶，我们应该更多地公开公司的相关数据；但为了保护版权和商业秘密，似乎应该限制这种披露。同样，为了用户的交通安全，应该共享更多的数据；但为了用户的隐私安全，似乎应该少收集数据。还有，一些自动驾驶汽车对道路进行侦测，数据所有者为企业；然而，一些国家安全设施如果被自动驾驶汽车探查，无疑将影响国家安全。隐私问题不是一个独立的问题。它涉及其他敏感问题。此外，我们需要问以下几个问题：有多少数据被披露？向谁披露？如何设定数据隐私保护原则？

针对以上的问题，我们可以从以下几方面着手。

第一，推行自动驾驶培训、教育、宣传和科普，避免公众盲目信赖或抵触自动驾驶。社会公共机构尤其是宣传部门应当承担起向公众普及自动驾驶技术原理和发展意义的科普宣传责任，通过多种渠道和创新性方式打消公众对于自动驾驶的恐惧或追捧，以辩证的心态审视自动驾驶技术并积极参与相关技术的舆论监督和标准化意见征集，实现让公众从技术受益者到技术互益者的角色转变。

高校和科研机构也需充分意识到自己的使命责任，在基于产业特点科学培养并向社会输送自动驾驶技术研究开发人才的同时，也需要在教育过程中强化他们从社会和人文视角审视自动驾驶技术的意识，实现相关人员从技术研发阶段便加入对于自动驾驶技术的伦理和道德考量。将科普众创作为人工智能可持续发展的重要方法，从根本上助推自动驾驶的可持续发展。

第二，尊重并维护特殊群体权益，实现有温度的自动驾驶生态。社会治理参与方应当充分意识到，以自动驾驶汽车为代表的数字公共交通方式本质上建立在一个不公平甚至分化社会群体权益的基础之上。这就要求公共管理机构应当创新社会治理举措，将多种方式结合，并且充分考虑和保障弱势群体享有公共资源的权利；同时创新社会治理思维，用以人为本的人文关怀代替追求结果导向的智能交通建设逻辑，让未来出行更有温度。

第三，避免技术滥用与人格异化，拓展自动驾驶的丰富应用场景。这里的技术滥用主要有两方面含义：首先是自动驾驶本身的过度应用，例如在一些高度复杂场景中对自动驾驶的不合理应用；其次是自动驾驶对于个人信息的滥用。

为了避免自动驾驶本身的过度应用，公共管理机构应当明确自动驾驶的应用场景，科学核算风险与收益。依照分类分级原则系统规划自动驾驶在不同场景中的应用方式，并有效评估不同场景中自动驾驶的成本、实际收益与潜在风险；尤其是在将自动驾驶应用于公共管理中时，需要考虑个体对人机规范和机器运行模式的认知成本，将一部分社会基础规范空间继续交给个体熟悉的社会规范，避免让大量普通人与自动驾驶汽车之间发生矛盾与冲突。

具体来说，避免自动驾驶对于个人信息的滥用，需要秉持以下8个原则：一是在数据收集时秉持最低限度原则，通过算法等提高数据的应用精准程度与效率；二是提高自动驾驶准入门槛，对道路数据、城市数据、个人信息的存储、加密安全和业务必要性做充分评估考察；三是利益相关者需要对数据流向知情且可控，有关责任方要把收集敏感数据的目的、方法、存储、加工、使用权限和边界、时效、信息销毁等向社会公开，保障利益相关者的知情权；四是对于涉及公共保密、机密服务的城市设施，自动驾驶汽车进入需要获得许可；五是社会成员的广泛参与、讨论与监督必不可少，自动驾驶需要在民众充分知情与多数成员同意的前提下逐步落实推进；六是针对道路信息流转各环节可能存在的风险制定完善的预警与补救措施，同时确保自动驾驶汽车的采集、应用的目的以及结果必须一致，不可轻易改变；七是明确相关方主体责任和权益；八是严格设定敏感数据与个人信息应用范围和权限，同时设定并落实使用与保存时限和销毁计划，全面贯彻自动驾驶汽车数据境内存储，规范跨境数据流通。

除了以上几点外，还需要针对技术和产业层面进行更深入的保障，例如关注技术护航与供应链安全。自动驾驶的诸多关键技术主要基于移动通信、计算机视觉、强化学习等智能技术与车辆工程控制的结合。

从人工智能的发展来看，对我国来说，主要有以下三大技术突破亟待实现：首先是基于混合增强智能的落实，包括相应的计算推理、模型和知识演化系统的研究，尤其是视觉场景理解的相关技术应用与突破；其次是基于超人类视觉的主动视觉系统的研究以及面向视觉感知的自主学习的基础理论；最后是在城市级别应用场景中的复杂感知推理引擎和城市级别系统平台以及相关的新型架构芯片能力的技术应用和突破。

除此之外，落实到人工智能产业链中，有以下具体举措。

第一，增强人工智能核心能力——人工智能通用技术研发、应用布局。需要针对技术瓶颈进行研究攻关，聚焦当前自动驾驶领域中的关键共性技术，高校、科研院所和企业应当集中优势科研力量，在当前自动驾驶中自适应性、泛化性及数据向知识转化等关键技术问题领域加强技术攻关创新，攻克重大技术难关。同时探索增强现实等技术与人工智能技术的高效融合。突破高性能软件建模、内容拍摄生成、增强现实与人机交互、集成环境与工具等关键技术，研究虚拟对象智能行为的数学表达与建模方法，实现虚拟现实、混合现实、增强现实等技术与人工智能的集合与互动。另外，针对自动驾驶应用最为广泛的计算机视觉领域，环境感知、传感器研发攻关至关重要。推动端到端的感知与理解，研究人工智能算法与传感器的深层结合、传感器的优化设计和多传感器网络的融合，并探索通过人工智能算法优化集成电路的设计、制造、封测等流程，应用算法介入传感器设计中功耗、元器件、电源、降噪等关键问题。

第二，推动平台建设。自动驾驶结合智慧城市智能交通路网，在技术上需要形成平台化基础设施。建立基于城市级别的智能交通基础平台，推动自动驾驶技术在复杂智慧城市场景需求的落地；同时建立基于V2X的联动基础平台，有助于自动驾驶在新型智慧城市，以及数字虚拟空间与现实空间混合的智能化场景的落地；还需要建立自动驾驶教育领域的基础平台，有助于所有与人工智能基础人才培养以及基本认知能力相关的系统的落地。

第三，强化顶层建筑逻辑系统伦理规范设计。顶层伦理规范对自动驾驶的发展具有导向作用，自动驾驶应当遵守人类道德标准与伦理规范，同时坚持以人为本，对人友好。推动实现伦理层面的人机相互理解，首先需要做的是将自动驾驶伦理规范原则化、形式化，把道德标准、伦理推理规则作为算子嵌入自动驾驶道路决策的底层算法框架，用能动性逻辑对自动驾驶自主决策加以规范。其次，从技术层面建立足够强大的底层算法加密与主动安全防御机制，严防非法底层篡改与数据入侵；在面对恶意数据篡改、算法欺骗和攻击程序时，自动驾驶决策智能可激活对抗或防御系统，保障其系统运行的稳定与道路行驶的安全。最后，严格限制自动驾驶底层算法访问权限，同时企业也应当加强对相关开发人员的技术伦理规范培训，将对道德与伦理的规范化考量渗透进自动驾驶开发的每一个环节。

第四，提升算法可释性与自主决策伦理制约。现阶段人工智能多基于黑箱算法，其做出决策的具体机制原理动机仍不可清晰琢磨。鉴于自动驾驶直接关系到驾乘人员与道路人员的生命安全，为防止人工智能暗箱操作与自动驾驶的自主非合理决策的不良后果，同时也为了明晰后果追责，自动驾驶汽车企业应当充分权衡技术壁垒、商业竞争与道德伦理，提升算法透明度与公共监督效力；同时应当从供应链入手，强化零件的耦合性，系统中也应当集成全局日志监控与上报功能，记录自动驾驶运行和决策过程并及时查找漏洞并修正，使自动驾驶系统建立可信赖的算法与数据保护、运行机制。政府尤其是交通管理部门应当牵头组织相关技术审计、技术标准、行业规范、伦理判定等公共机构加大对自动驾驶审查的力度，充分发挥其职能优势，联合企业、科研机构以及行业专家等共同审议自动驾驶产品案例与伦理规约，并出台相关行业规范与强制标准。相关权威机构及时对新型自动驾驶汽车进行伦理审议与技术评估，促进其在合乎人类伦理价值的范围内上路运行。

第五，确保驾驶人在危急情况下的驾驶接管与阻断。无论是强化顶层建筑逻辑系统伦理规范设计，还是提升算法可释性与自主决策伦理制约，都属于从技术伦理层面主动优化自动驾驶汽车。但是，为了防备可能出现的极端情况，自动驾驶汽车，尤其是高级别自动驾驶汽车，应当引入根据行为风险和危机后果分层级逐步的算法终结机制或物理层面的系统停机机制，确保驾驶人拥有对于汽车的绝对控制权，以便算法决策遇到无法预判的危害结果时立即终止系统。同时，完善备用替代系统的建设，定期施行系统自检与备灾演练，确保伦理阻断将在检测到自动驾驶系统违背人权和自然权益行为时被触发，保证其始终处于人类认知的可控范围。

无论如何，可以预料的是，自动驾驶汽车的诞生和发展将深刻影响城市建设、汽车制造、能源等相关领域，正如一百多年前的汽车如"机器野兽"一般出现在人们视野中一样。面对自动驾驶领域的各种尚未解决的伦理问题，我们也无须过多恐惧，伦理难题既非自动驾驶技术专有，也无须自动驾驶技术来终结，更不会成为自动驾驶技术应用推广的阻碍。

我们不妨对自动驾驶抱持一种开放的态度，正如达尔文的"物竞天择，适者生存"学说一样，让技术和市场决定谁来主宰未来的道路。

第八章

人工智能中的虚拟世界：
增强现实与深度合成

一直以来，人们与数字信息的关系都在不断变化。一方面，从文字、图像到视频，信息的获取方式越来越多元化、海量化；另一方面，从键盘、鼠标、触屏到语音，信息的交互方式也越来越趋近人的自然五感。而虚拟世界走向普及，将推动这种关系再一次进化。信息的呈现将走向虚实融合，信息的交互将走向由图像识别和手势识别等技术驱动的全新形态。

而从宏观上来说，全球经济形势复杂多变，新冠疫情改变了人类社会生活与生产方式，信息消费与产业数字化转型在人类生产和生活中的作用日益显现，其背后带来的新技术范式与新一代信息技术融合创新的典型应用场景继续扩张并在人类生产生活中发挥关键作用。

以人工智能为例，人工智能将更多地帮助人类实现更加智慧的决策与无监督环境下的快速响应，这种帮助不会停留在单一场景的数据处理与内容分发上，而是从以往呈现数据本身进化到呈现数据之间的结构关系，以加强现实生活与数字世界的拟合程度，从而推动人类构建人工智能支持下的虚拟世界。虚拟现实便是其中最为关键的表现形式。虚拟现实/增强现实技术在大众消费和垂直行业中具有广阔的应用前景，正处于产业发展的黄金时期。

与此同时，伴随着虚拟现实/增强现实、云计算、人工智能、5G等技术的兴起与进化，以及人类对虚拟世界日益精雕细琢的构建，互联网的终极形态——元宇宙（metaverse）的概念逐渐兴起。

本章将从增强现实与深度合成这一与现实世界高度互通的虚拟世界入手，以虚拟数字人等典型应用为例，探索集数字科技之大成的元宇宙虚拟世界终极未来形态并研究其中的风险与机遇。人工智能不仅应用在创造人类智能的领域，也应用在创造赛博空间的领域，而我们所讨论的伦理问题也需要拓展到更广阔的领域去理解。

人工智能+增强现实：增强现实下的新世界

增强现实（Augmented Reality）技术简称 AR 技术，是为了突破虚拟现实与真实环境融合的局限性而衍生的一种信息技术。1990 年，波音公司的研究院率先提出增强现实系统理论。经过 30 多年的发展，增强现实技术不断更新迭代，目前已经衍生了众多较为完善的主流增强现实框架，如 ARtoolk 和 Vuforia。增强现实技术的目标是借助计算机视觉技术和人工智能技术生成物理世界中不存在的虚拟物体，以及在现实世界中准确地"放置"虚拟对象。增强现实将虚拟世界放到现实世界的屏幕上并与现实世界互动，通过更自然的交互，为用户呈现感知更丰富的新环境。增强现实和虚拟现实相区别的关键特征是：在现实世界中准确地叠加虚拟信息，实现虚拟与现实的融合。

增强现实技术的原理是：通过摄像头捕捉真实世界的图像，人们可以通过语音和手势等方式向设备输入命令，计算机利用计算机视觉技术等实现对周围环境的理解，同时进行识别交互，然后通过渲染引擎进行处理，最后通过显示器输出，达到虚拟与现实融合的效果。

增强现实的核心在于人机交互，而作为其底层的人工智能技术发挥着重要作用。或者说，增强现实其实是人工智能的一种视觉表现和交互方法。目前，市场上主流的增强现实产品分为 3 类：头戴式显示器、移动终端以及以 PC 显示器和 HUD 平板显示器为代表的空间显示器。

从市场渗透率来看，PC 显示器和移动终端略高于增强现实眼镜为代表的头戴式显示器。然而，由于增强现实眼镜突破了屏幕的限制，未来整个物理空间可能成为增强现实的交互界面，以增强现实眼镜为代表的近眼屏幕可能是增强现实硬件的未来发展方向。

当前，增强现实技术主要是通过基于增强现实和计算机视觉技术开发的游戏产品进入人们的生活。世界领先的电子游戏开发商任天堂公司与 Niantic 公司东京工作室合作开发了 *Pokémon GO*，它是一款基于《精灵宝可梦》IP 的增强现实手持游戏。该游戏自 2016 年推出以来，已经创造了多个下载和活动纪录。2016 年 7 月，*Pokémon GO* 在澳大利亚、新西兰和美国上市仅一天时间，在这 3 个国家的 IOS 免费和畅销榜上就高居榜首，使任天堂股价飙升 9%。一个多月后，这款游戏已经创造了 5 项吉尼斯世界纪录。

Pokémon GO 从发布至今在商业价值方面一直保持着较高的水平，特别是在新冠疫情时期，它受到玩家追捧，导致 2020 年前 10 个月全球玩家支出总额比 2019 年全年增长 11%，同比增长 30%。

具体来说，增强现实产业升级的发展动力，来自多种技术的持续突破。增强现实的技术体系可以分为以下 4 类技术：感知、建模、呈现与交互。其中，感知技术主要是捕捉眼部、头部、肢体等部位的位置和动作；建模技术是从几何、物理、生理、行为智能等多方面建立数字化模型；呈现技术是基于 3D 显示、空间音频、近眼显示等技术实现更加生动逼真的感官效果，关键是与现实融为一体的数字虚拟形象；交互技术是通过触觉、语音、体感等为计算机传达正确指令。增强现实需要稳定、高效的操作系统，它应当支持多任务处理、同步定位和建模、支持 6DoF（6 Degrees of Freedom，6 自由度）和高效率渲染。在增强现实的诸多技术中，最关键的是定位与交互技术，它主要通过外置激光定位、内 / 外置图像处理定位、空间扫描、全身动作捕捉、眼球追踪技术与自然交互技术等途径实现。

先来看一些具体领域的应用。

在教育领域，增强现实技术使教学模式由学习者被动接受向自主体验升级。对于传统教学过程中一些课程内容难以记忆、难以实践、难以理解等问题，增强现实技术有助于提高教学质量和效果。

在面向大众的教育和教学领域很有影响的埃德加·戴尔的"学习尖塔"理论认为，参与学习者的学习过程的学习情境越多，学习者的记忆力就会越强，通过经验获得的知识比传统的教学和训练方法（文字符号、音视频、静态图片等）有效得多。增强现实可以让学习者与虚拟物体、复杂现象和抽象概念互动，让他们获得在现实世界中难以实现的"动手"机会，从而刺激学习动机，提高注意力水平，提高知识保留率，并降低潜在的安全风险。此外，增强现实可以帮助教师高效地教学，释放下一代信息技术带来的创新潜力。

而在面向企业的技能培训方面，根据各类企业培训的目标定位，可将培训分为任务型培训、多人协同设备设施培训和基于人工智能的软技能培训。与传统学历教育市场有课程标准不同，企业的增强现实培训是高度定制化的、跨垂直领域的长尾式培训，创新的增强现实应用需要更明确的投资回报。例如，在工厂职业教育领域，可以依托增强现实平台，为工人提供设备操作演练、过程模拟、安全事故恢复、结构原理讲解等多场景垂直行业虚拟现实培训解决方案，并实施智能化检查、技能考核，以提高培训效果和效率。

在文化娱乐领域，增强现实是新的信息消费模式的新载体。传统的文化娱乐体验存在交互性有限、社会化程度不够、体验形式单一等不足。虚拟现实支持融合、共享、沉浸式的数字内容和服务，围绕信息技术整合创新应用，打造信息消费新模式，培育中高端消费领域新的增长点。

增强现实主要应用于超市、旅游、社交网络、游戏、戏剧和事件直播等领域，实现传统领域和媒介与娱乐休闲的融合，提升人们的生活体验。

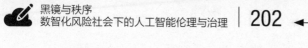

例如，在智能商务综合体中，增强现实导航可以实现厘米级精度。从地下停车场到商场内的任意楼层，增强实景导航系统可通过用手机扫描周围环境，利用视觉感知技术进行大尺度三维地图重建，结合实时定位和地图构建等人工智能技术，便可实现室内外区域的高精度空间定位。无论是选购时尚潮品还是参与最新推广活动，地标指示"增强现实箭头"都会贴心地指示出目的地，在哪里转弯、从哪里乘坐扶梯等指示都直接嵌入实景中，用户无须分辨方向，使整个过程变得便捷而令人愉悦。

展望未来，通过人工智能技术的赋能，增强现实将实现对场景环境、物体和人更精确的感知和识别，进一步实现虚拟信息与现实世界的完美融合和无缝对接，体验的真实度、内容和应用范围将得到大幅度提升。同时，通过更灵活自由的设备之间的连接，多人协作也将迸发出更多的创意。统一的增强现实云平台将实现多人在空间中的共享，创造一个全新的信息世界。未来，虚拟与现实的融合发展演进将不再是二者的简单叠加，而是有机融合：在"云、网、边、端、用、人"一体化的创新体系下，重构现有的系统架构，推动行业的飞跃，进而使新技术、新产品、新标准、新市场和新商业模式在这种深度整合和创新的框架下重新定义和迭代优化。

由此，元宇宙的概念也诞生了。元宇宙也可称为虚拟与现实交互的新一代互联网。虚拟现实／增强现实将成为新一代互联网——元宇宙的技术载体。

元宇宙的概念起源于作家尼尔·斯蒂芬森的科幻小说《雪崩》，其中描述了一个人们在三维空间中通过虚拟化身与软件互动的世界。元宇宙被认为是互联网的终极形式。

metaverse 一词由 meta 和 verse 组成。其中，meta 表示超越，verse 表示宇宙，两者结合在一起表示超越宇宙，即一个与现实世界平行运作的人造空间。回顾互联网的发展，从局域网到移动互联网，互联网带给人们的沉浸感逐渐增强，虚拟与现实的距离逐渐缩小。按照这种趋势，当沉浸感和参与度达到顶峰，便是互联网的终极形态元宇宙。

从技术上看，在传统互联网的基础上，元宇宙还需要许多独立的工具、平台、基础设施、协议等的支持，因为它对沉浸感、参与感和可持续性提出了更高的要求。随着人工智能、虚拟现实/增强现实、5G、云计算等技术的成熟，元宇宙有望逐步从概念走向现实。

根据人们大胆的想象，元宇宙将具有以下四大核心属性。

第一个核心属性是同步和拟真，也就是虚拟世界和现实世界保持高度的同步和互通，人机之间的隔阂将会越来越小，虚拟世界也会越来越有真实感。同步和拟真的虚拟世界是构成元宇宙的基础条件，这也意味着在人工智能、虚拟现实/增强现实等技术的支持下，包括人类在内的现实生活中存在和发生的一切事物都可以被同步到虚拟世界中。

第二个核心属性是开源和创意。这里的"开源"不限于技术，更主要的是构建一个开源平台。元宇宙将通过设置标准和协议对代码进行不同程度的封装和模块化，使具有不同需求的用户可以在元宇宙中进行创造，形成原生的虚拟世界，不断拓展元宇宙的边界。

第三个核心属性是永恒。元宇宙平台不会停滞或结束，而是以开放源码的方式运行，并无限期地持续下去。

第四个核心属性是闭环经济系统。用户的生产和工作等活动将被转换为一种统一的货币，用户可以用它购买平台内的内容或将它兑换为真实货币。可以说，经济系统是推动元宇宙发展的引擎。

2021年可以被称为元宇宙元年，国内外大量的公司涌入元宇宙赛道。但是，回归到技术本身，增强现实等技术依然存在许多需要应对的技术难点和应用挑战。根据 VRPC（Virtual Reality Promotion

Committee，虚拟现实产业推进会）的行业分析和体验优化平台统计，当前用户体验主要存在以下痛点：

（1）缺乏高质量的内容。

（2）高性能终端有一定的价格门槛。

（3）由于虚拟现实/增强现实技术在分辨率以及视野上的限制，视觉质量受到影响。

（4）头戴式显示器头部运动反应延迟、边缘调节冲突和用户感到眩晕等问题。

（5）缺乏针对虚拟现实服务的云网络优化，用户的网络感受较差。

目前与元宇宙的概念相关的各类型产品距离严格意义上的元宇宙的完整理想形态仍然非常遥远。短期来看，我们不应为了盲目追逐热点中断原本的商业计划。在虚拟现实/增强现实成为下一代通用计算平台之前，构建数亿用户的完全沉浸式虚拟世界为时尚早。当前虚拟现实/增强现实各大硬件厂商的重中之重还是通过高质量的内容和有吸引力的价格推动 C 端设备出货，为元宇宙概念的后续发展布局做好铺垫。待技术成熟和内容生态完备之日，元宇宙的庞大构想终会实现。

深度合成技术的新风险

无处不在的人脸识别是通过侦测人脸特征信息实现身份识别的。而深度合成则是基于包括人脸、人体在内的人类特征合成虚拟形象并尽可能模拟人类特征的真实性。从某种意义上说，深度合成是构建数字孪生世界的重要方式，但也可以被视为攻破人脸识别防线的"特洛伊木马"。

实际上，深度合成也为人脸识别的进一步优化提出了新的研究命题——深度合成技术的飞跃与应用的不断兴起，对当前包括人脸识别在内的生物特征识别技术提出了难度更高的挑战，同时也进一步拓展了人工智能在生物信息领域应用的发展前景。

作为人工智能合成内容技术的一种，深度合成最早主要应用于电影制作中的数字特效，但该技术却由于 2017 年有人利用它将美国成人电影中女主角的脸换成好莱坞知名女星而受到公众关注。也正因为如此，该技术被推至舆论的风口浪尖，并受到多国政府网络监管机构的监控与限制。实际上，人工智能换脸只是深度合成应用中的一小部分。深度合成包括人脸再现、人脸生成、语音合成等技术，且未来有望向全身合成、数字虚拟人的方向发展。

最早进入公众视野的是人工智能换脸，也就是人脸替换，它作为目前应用较多的深度合成形式，主要是将特定人物的脸部图像覆盖到目标人物的脸上，例如 ZAO、FakeApp 等均可实现最基础的人脸深度合成，但这项技术目前仍不足以实现高精度深度合成。

人脸再现主要涉及目标人物脸部表情驱动，包括目标人物的嘴部、眉毛、眼睛的动作和头部的倾斜，以实现对目标人物脸部表情的操控。不同于人脸替换，人脸再现不是为了替换目标人物身份，而是模拟某个真实存在的人的脸部表情。

人脸生成用来创造可以与真实人脸媲美的虚拟人脸，甚至可以用虚拟人脸代替一些真实肖像用于广告宣传等。语音合成是创建特定的声音模型，将文本信息转化成接近自然语音和节奏的人声。

深度合成背后的 GAN 技术从 2017 年以来就受到行业广泛关注，技术成熟度与社会影响力都有显著提升。与此同时，深度合成技术也开始从早期对单一音视频中单一目标对象的模拟向对复杂音视频综合性目标对象的模拟发展。例如，在 2019 年，来自美国斯坦福大学、德国马克斯普朗克信息学院、美国普林斯顿大学和 Adobe 研究院的研究人员通过对包括语音识别、唇形搜索、人脸识别与重建以及语音合成等技术的融合，实现了根据输入的文字实时改变目标人物叙述口型的效果，使视频后期制作中对目标人物的修改更加自然；同时，卡内基梅隆大学不仅实现了将深度合成的虚拟人物对象的唇动与给定音频匹配，还实现了同一媒介中多主体声音特征的识别以及多对多音视频转换，同时可以处理不同人物的声音变化，进一步提升了视频综合处理能力。

以上都是针对二维深度合成的音视频，而该技术大有可为的方向是三维深度合成的虚拟数字形象。传统虚拟数字形象本质上还是基于真实存在的形象，通过动作模拟复现真实形象的行为。而制作了《阿凡达》《猩球崛起》等电影中的顶尖视觉形象的电影特效公司——维塔数码公司已经在电影《阿丽塔：战斗天使》中尝试创建了第一个"类人类"角色，不仅实现了表情动作的实时反馈，在细节上更是登峰造极，仅虹膜就有830万个多边形，同时电影中也实现了虚拟角色和光、风、雨、水等数字颗粒特效的结合，成为数字特效虚拟电影角色的又一里程碑。

事实上，深度合成技术在影视方面的商业化应用已开展了多年，而现在随着深度合成技术的普及，娱乐、社交、教育等也逐渐开始利用深度学习优化其产品功能与使用体验。电影工业对于虚拟合成角色的探索走在所有行业的前列。早在1989年人类历史上首次运用表情捕捉技术的电影《深渊》中，詹姆塞·卡梅隆率领主创团队使用基于光学式表情捕捉的数字特效技术让流动的水柱拥有人脸的表情神态，短短几秒画面开创了人类数字特效的先河。随后，从人类历史上第一部动作捕捉电影《全面回忆》开始，基于动作捕捉等技术的虚拟合成逐渐成为呈现传统手法无法实现的光影魔幻特效的基础。

而现在，无论是《速度与激情7》中深度合成结合动作捕捉技术让不幸去世的保罗·沃克在大银幕上复活，还是像《猩球崛起》《阿丽塔：

战斗天使》这样基于深度合成创造完全虚拟却以假乱真的电影形象，都为当前电影工业带来了极大的革新。深度合成不仅能够提升音视频创作后期的呈现效果，实现采用传统拍摄手法难以呈现的绝佳视听效果，另一方面也突破了拍摄场地、条件对创作人员在创意上的限制，减轻了后期处理团队的工作压力。同时，虚拟角色也进一步将演员对电影的影响弱化，突破了演员本身对角色的限制，能够在电影后期制作时根据剧本灵活地改变演员神态、动作、语言等，拓展创作空间。

文化娱乐方面对于深度学习的拥抱颇为积极，包括 FaceApp、ZAO、Snapchat 在内的视频合成应用在国内外掀起浪潮，极大地丰富了图像与视频后期处理软件的可玩性。例如，FaceApp 可以基于深度学习让用户看见自己年老的样子，或者合成自己婴幼儿时期的模样。一些游戏生产厂商也开始尝试基于深度学习技术将用户虚拟角色创建到游戏场景之中，让玩家化身为游戏里的角色，进一步提升游戏临场感与参与氛围。

除此之外，深度合成在教育、社交、艺术、数字营销上也大有可为。例如，在数字营销领域，基于人脸替换、人脸合成等技术的虚拟模特可以为顾客呈现更加直观的穿搭效果；同时广告中的虚拟形象可实现与观看广告的消费者之间的实时互动，进一步强化消费者对于数字营销内容的感知与体验。深度合成的应用不仅在于消费端，在医疗、科研等领域的应用也亟待发掘。例如在医疗领域，人工智能合成的虚拟角色可以帮助罹患渐冻症的患者更自然地与他人交流，或者为即将失声的患者留下永存的声音副本；在科研领域，基于深度合成创建的虚拟环境与数据集已经开始用于自动驾驶仿真系统、人工智能助手等应用的开发可以有效解决从现实中获取数据的困难。

尽管深度合成在最近几年的发展有目共睹，并在影视特效和数字孪生等前瞻应用场景中大显身手，但由深度合成引发的一系列生物信息伪造问题也逐渐显现。例如，使用人工智能换脸制作色情视频，通过合成的虚假公共人物视频传播有害信息，等等，引发了业界对深度合成技术的担忧。尤其是利用这些假冒数字媒体内容进行欺诈、假冒身份、等非法活动，令信息安全与网络攻防面临新挑战。

可以看到，在信息化、智能化、数字化浪潮下快速推进的深度合成技术，其算法模型的迭代离不开大规模基础数据集的保障。与传统机器学习使用的文本化数据不同，深度合成技术基于大量图像数据。肖像作为应用最广泛的公民身份标识，直接决定公民在数字治理环境下参与公共活动的权利。一旦该数据被不法分子篡改或利用，不仅会侵犯公民肖像权和隐私权，更会干预甚至剥夺公民参与社会公共活动的权利，或者直接篡改一个人的身份与社会角色，其发生泄露、篡改的风险与造成的后果更为严重，这也为深度合成技术的隐私保护、网络与数据加密、安全攻防、标准规范建立等提出了更高的技术与道德要求。基于深度合成的人脸伪造不断挑战人脸识别的安全认证机制，未来人脸识别的系统性风险不容忽视。

人脸数据作为每个人独一无二的身份标识，其使用权理应归自然人所有，这也就是所谓的"肖像权"。作为人格权的一部分，肖像权包括公民有权拥有自己的肖像，拥有对肖像的制作专有权和使用专有权，公民有权禁止他人非法行使自己的肖像权或对肖像权进行损害、玷污，或以营利为目的未经同意擅自使用其专有肖像。以 ZAO 为代表的人脸识别结合深度合成的一系列应用在用户协议中对用户合法权益的侵害不容忽视。例如，ZAO 用户协议第 1 版第 6 条规定"其享有全球范围内完全免费、不可撤销、永久、可转授权和可再许可对用户内容进行修改与编辑，以及对修改前后的用户内容进行信息网络传播以及《著作权法》

规定的著作权人享有的全部著作财产权利及邻接权利"，这种借助技术便利过度获取用户授权与隐私数据的行为，进一步引发了公众对于 ZAO 以及人脸识别应用在安防、金融、身份识别与权限管理等敏感领域的安全性和可靠性的质疑。以基于人脸数据的深度合成为例，这种未经他人允许合成某个人的肖像并用于商业目的的行为对现有公民权益保护与司法保障机制带来极大挑战，其侵权界定模糊，同时侵权影响广泛，将直接威胁公民合法权益。

随着深度合成技术的全面开花，虚拟数字形象与数字孪生逐渐普及甚至成为公共基础设施的一部分。深度合成技术的广泛应用实际上基于一个不平等的前提，也就是默认公民都是当前数字基础设施红利的受益者与拥护者。然而，实际上基于 CNNIC 的数据，现阶段我国仍有超过 5 亿人很少接触互联网，其中很大一部分为老年人、残疾人等弱势群体。他们在深度合成技术与社会治理高度结合的现实生活中可能寸步难行，以至于因此被剥夺了享有社会公共服务与保障的权利，数字鸿沟进一步导致权利不平等。除此之外，随着技术的扩张，在技术风险不断膨胀的同时，技术福利却逐渐转变成基本规则。然而，并非所有人都是技术的拥护者，每个人有权利决定自己的生物信息等隐私数据是否被用于其他用途，这就让那些希望降低技术风险或保护自身隐私数据而拒绝使用深度合成技术的公民丧失了享有社会基本公共服务与基础设施的权利。

深度合成技术利用人体的行为与生物数据创造虚拟形象，实际上是对人的异化，这种异化主要体现为信息隐私化、特征工具化、人格标签化、个体数据化等特征，人对现有事物的传统认知在这一过程中不得不面临挑战与重塑。

戴上面具的虚拟数字人

2021 年 6 月 15 日，清华大学计算机系举行虚拟数字人"华智冰"成果发布会，宣布"华智冰"正式"入学"。"华智冰"拥有持续的学习能力，能够逐渐"长大"，不断"学习"数据中隐含的模式，包括文本、图像、视频等，就像人类能够不断从其经历的事情中学习行为模式一样。随着时间的推移，"华智冰"针对新场景学到的新能力将有机地融入自己的模型中，从而使"她"变得越来越聪明。

当前，包括微软、百度、腾讯等在内的越来越多的公司推出了虚拟数字人产品。这种虚拟数字人的出现，让不少以往只出现在电影场景中的画面有了现实的写照。

"虚拟数字人"一词最早出现于 1989 年由美国国家医学图书馆发起的可视人计划中，这里的"虚拟数字人"主要是指对人体结构进行可视化，以三维形式显示人体器官的大小、形状、位置及相互的空间关系，即利用人体信息实现人体解剖的数字化，主要用于医学领域人体解剖学教学和临床治疗。

与上述医学领域的虚拟数字人不同，我们分析的虚拟数字人是指基于动态三维重建、计算机图形学、动作捕捉、仿真人体模型、卡通建模、语音合成等人工智能技术形成的数字化人物。虚拟数字人应具有以下 3 个特征：第一，它是具有人的外貌特征以及特定的性别和人格；第二，它具有人类的行为以及用语言、面部表情和身体动作表达的能力；第三，它具有人的头脑以及识别外部环境和与人互动的能力。

从最早的手工绘制到现在的利用计算机图形学和人工智能技术合成，虚拟数字人经历了以下几个阶段。

20 世纪 80 年代，人们开始尝试将虚拟人物引入现实世界，虚拟数字人步入萌芽阶段。1982 年，日本动画片《超时空要塞》播出后，制作人将女主人公小林 Akemi 包装成演唱并制作音乐专辑的歌手，成功进入当时著名的日本音乐排行榜 Oricon，小林 Akemi 成为世界上第一位虚拟歌手和词曲作者。

1984 年，英国乔治斯通公司创造了一个虚拟人物，名为马克斯·海德鲁姆，"他"有人性化的外表和表情动作，穿着西装，戴着墨镜，曾出演过一部电影，拍摄过几部商业广告，一度成为英国家喻户晓的虚拟演员。由于技术的限制，"他"的形象是由真实的演员通过特效化妆和手绘实现的。

21 世纪初，传统的手绘逐渐被计算机图形学、动作捕捉等技术所取代，虚拟数字人进入探索阶段。2001 年，《指环王》中的角色咕噜是由计算机图形学和动作捕捉技术生成的。2007 年，日本产生了第一个被广泛认可的虚拟数字人物——初音未来（Hatsune Miku），"她"是一个二次元风格的女孩偶像，其早期的角色形象主要是用计算机图形学技术合成的，而其声音采用雅马哈公司的 VOCALOID1 系列语音合成，其呈现形式略显粗糙。

近 5 年来，由于深度学习算法的突破，虚拟数字人的生产过程得到有效简化，虚拟数字人进入快速发展阶段。2018 年，新华社和搜狗联合发布了人工智能合成主播，用户输入新闻文本后，可以在屏幕上显示人工智能合成主播的形象，其唇部运动可以实时与广播语音同步。

从产业生态角度分析，虚拟数字人的产业链可以分为基础层、平台层和应用层。

基础层为虚拟数字人提供了基本的硬件和软件支持。基本硬件包括显示设备、光学器件、传感器、芯片等，基本软件包括建模软件和渲染引擎。显示设备是虚拟数字人的载体，包括手机、电视、投影、LED 显示器等 2D 显示设备以及裸眼立体、虚拟现实／增强现实等 3D 显示设备。光学器件用于生产采集数字人体原始数据和用户数据的视觉传感器。芯片用于传感器数据预处理和数字人体模型绘制、人工智能计算。建模软件能够对虚拟数字人的人体和服装进行三维建模。渲染引擎可以渲染灯光、头发、服装等。一般来说，基础层的软硬件厂商在行业中深耕多年，形成了很大的技术壁垒。

平台层包括生产技术服务平台和人工智能能力平台，为虚拟数字人的生产和开发提供技术能力。生产技术服务平台包括建模系统、运动捕获系统、渲染平台和解决方案平台。建模系统和运动捕获系统通过产业链上游的传感器、光学器件等硬件获取真实的人和物理对象的各种信息，并利用软件算法实现人的建模和运动的再现。渲染平台用于模型的云渲染。解决方案平台基于自身的技术能力为客户提供数字化的人性化解决方案。人工智能能力平台提供计算机视觉、智能语音和自然语言处理技术能力。平台层汇集了更多的企业，如腾讯、百度、索沟、魔珐科技等。

在应用层，虚拟数字人技术结合实际应用场景分为多种类型，形成行业应用解决方案。根据不同的应用场景或行业，娱乐数字人（如虚拟主持人、虚拟偶像）、教育数字人（如虚拟教师）、辅助数字人（如虚拟客服、虚拟导游、智能助理）、影视数字人（如替身演员或虚拟演员）等已经出现。虚拟数字人的不同形态和功能赋予了影视、媒体、游戏、金融、文化旅游等领域创新力量，可以根据需求为用户提供个性化服务。

这里需要特别关注的一个伦理议题是基于虚拟数字人的虚拟永生(virtual eternity) 技术的伦理问题。所谓虚拟永生，是指"人类的精神自我可以以第一人称上传到非生物媒介，让精神永存的一种理论"(MIT 科技评论, 2019)。换言之，虚拟永生是能够让人类的精神永存的一种技术，它实现了人类意识的数字化。

目前有些企业通过虚拟数字人技术实现了人与逝去的亲人之间的互动，人们甚至可以通过计算机界面和死去的陌生人聊天，交流他们死后"发生的事情"。国外的初创科技公司，包括 Eternime、HereAfter、Nectome、Intellitar、Hereafter Institute 与 MIT 媒体实验室等，正在致力于虚拟永生的研究与市场推广。虚拟永生技术的到来，一方面能够减轻人们失去亲人的痛苦，让逝去的亲人以虚拟数字人的形式出现在计算机屏幕上，并能够实现逝去的亲人与活着的人如同往日那样互动；另一方面，虚拟永生技术将会产生诸多伦理问题，例如让现实中的人沉浸在虚拟世界中，从而远离现实自我，这个场景人们在英剧《黑镜》中可以看到。

虚拟永生技术利用了互联网、人工智能技术、数字助理设备和通信等手段，让一个人的音容笑貌能长远地生存于网络空间，同时具有实时和互动感。要实现这样的功能，主要需要 3 个基础。

（1）大量的数据。这些数据可以分为简单数据与复杂数据，区分的依据是收集数据信息的难度及数据信息的表现形式。简单数据包括收集的谈话、讲述、生活场景以及电子邮件账户、位置、教育和工作经历、体育运动、家人或合作伙伴成员的身份等信息；复杂数据的例子是 Nectome 开发的生物保存技术，利用这项技术可以更好地保存记忆的物理痕迹。

（2）主动与被动的数据收集方式。所谓主动收集，指的是从事虚拟永生技术开发与应用的公司的数据来源于自主收集；所谓被动收集，指的是公司的数据主要是用户自己提供的。从 Eternim 公司需要用户提供自己的所有数据，到 Hereafter 研究院通过 3D 身体扫描和动作捕捉收集用户信息，以及 MIT 媒体实验室通过应用人工智能技术将用户每天在大脑中产生的所有数据收集起来，再到更为困难的 Nectome 公司利用生物保存技术从人的大脑中收集信息，可以看出从事虚拟永生技术开发与应用的公司的数据收集方式从简单到复杂、从被动到主动的发展过程。

（3）逝者形象的可视化。可视化意味着用户可以重新见到逝者，虽然只是根据逝者的生前形象创建的虚拟形象，但是这种虚拟形象是会动的，而且有自己的思想，与冷冰冰的照片相比，能给人更为亲近的感觉。逝者形象的可视化表现也是用户愿意付费加入虚拟永生项目的主要原因。值得注意的是，从事虚拟永生技术开发与应用的公司试图提供的虚拟数字人除了没有实实在在的肉体之外，其他表现与现实生活中的人别无二致。虽然现阶段的科学技术无法达到这个目标，但是，在不久的将来，虚拟永生项目中的逝者将会有自己的思想，而且能够进行自主学习，在与亲人进行互动时能产生自己的想法。

从以上关于技术实现的讨论中，我们可以发现多个技术伦理问题，这里重点说明以下 3 个问题。

第一，用户数据隐私问题。数据是虚拟永生技术依托的最重要的元素，数据也是这种技术引发伦理问题的关键。要避免虚拟永生技术产生的用户数据隐私问题，用户必须对自己的数据有完全的控制权，而Google、Facebook 等公司或许不会对此采取合作的态度。因此，虚拟永生项目也激发了人们对数据收集和控制问题的探讨。数据归属问题一直以来都是大数据技术伦理问题的核心，就像前文所描述的那样，从事虚拟永生技术开发与应用的公司可以通过两种方式获取数据，分别是用户自己提供数据与公司主动获取数据。从事虚拟永生技术开发与应用的公司获取数据的两种方式都可以是符合伦理规范的，关键在于数据获取后的使用与保存是否存在伦理风险。

从事虚拟永生技术开发与应用的公司是否会按照一定的数据伦理规范使用数据？是否会将逝者的数据卖给其他公司和个人？能否保证数据安全存储？是否有足够的技术抵御黑客对逝者数据的盗取？这些问题都

值得我们进行思考。

第二，逝者虚拟形象的伦理行为问题。由于虚拟数字人高度智能化，除了没有真实的躯体之外，其他与现实生活中的人都一样。因此，在虚拟世界中，虚拟数字人将可能做出不道德的行为。例如，虚拟数字人是否会在虚拟世界中谋杀其他虚拟数字人？虚拟数字人会不会产生各种歧视？虚拟数字人虽然不是现实中的人，但是在虚拟世界中他们是真实的，这种真实性会引发虚拟世界中类似现实社会的道德难题。对于在世的亲人来说，虚拟永生技术带给逝去的亲人"第二次生命"。但是，随着人工智能创造的虚拟人世界的不断发展，虚拟世界中的亲人也许会被他人伤害，这种伤害或许会导致虚拟亲人无法"重生"，这对于现实中的人或许又是一种打击，并引发社会对从事虚拟永生技术开发与应用的公司的声讨与反对。

第三，虚拟数字人破坏现实世界道德的问题。虚拟永生的数字人可能会不断增强或者变异，以至于对现实世界产生道德影响。例如，随着聊天机器人功能的不断增强和更新，它们所代表的人的形象也会随着时间的推移而改变。甚至有可能在用户死亡后的几年内，他们注册的聊天机器人已经发展成为一种"更为复杂的东西"。

可以看到，虚拟数字人在伦理上是"戴着面具"的。它们一方面给人们以真实的感受，给他们的情感带来了慰藉；另一方面，它们的存在又与现实社会有着非常大的冲突。从科学伦理学的角度审视虚拟永生技术的发展，必须思考到未来该技术可能带来的一系列问题。

例如，高度智能的虚拟永生系统是否会产生人类世界之外的第二个虚拟世界？虚拟永生的逝者是否会产生自己的意识，引发现实世界的战争或经济危机？虚拟永生的逝者是否会摆脱人类的管控，顺利通过图灵测试并试图控制人类？虚拟永生技术是否会引发现实社会的伦理道德困境，并以虚拟数字人的道德准则改变现实人类及社会的伦理规范？这些问题都值得我们认真思考。

　　以上就是本章对增强现实、深度合成相关技术发展以及伦理风险的讨论，也是本书在第二部分中讨论的产业伦理问题的最后一个课题。虚拟现实世界中的伦理问题已经为人们打开了一扇大门，一扇理解人机交互关系的大门。未来如何建构一种新型的人机伦理关系将成为所有科技企业的共同命题，也是进入智能社会的人类的共同议题。当前我们能做的是一方面更好地推动科学技术发展，另一方面做好最坏的打算以预防可能存在的危机，而不是简单地将新技术与新产业的发展仅仅视为社会进步的保障。

第三部分

数智化风险社会的治理与趋势

第九章

开启人工智能治理的
"大航海时代"

从英国计算机先驱查尔斯·巴贝奇于 1820 年构想和设计了第一部完全可程序化的计算机以来，计算机的历史已经过去了两百多年，而人类面对的信息技术发展带来的伦理挑战的核心却一直没有变化，即信息技术的高速发展与伦理规范的发展速度不匹配，这导致了一系列信息技术伦理领域的冲突与问题。

从人类文明的发展来看，人与技术是相伴而生的，每一代人都在寻找与技术和谐相处的方式，从而塑造了不同的生活空间。迄今人类在面对与技术相处的各种选择时秉持的一个基本的价值原则是：不管技术创新如何加速社会的变迁，我们依然要以人性为根基确定技术演化的方向，而不是屈从于技术变迁自身的逻辑。

麦克卢汉指出，先是我们创造了工具，然后是工具创造了我们。毫无疑问，人工智能技术正在创造一个充满不确定性的乌托邦时代，而人们则需要对这样的时代进行治理和规制，以确保这种以工程学思想为基础的未来演进不会影响人类文明的长远发展。对于这个领域的讨论，欧洲在很长一段时间都是领航者。

然而，自债务危机后，欧洲相继面临的包括难民危机、大规模恐袭以及英国脱欧等在内的一系列挑战深刻搅动了欧洲内部秩序。其背后反映的是欧洲区域经济模式的矛盾，它的根源是欧洲整体的风险抵御能力严重不足以及欧洲内部各国之间存在信任危机。如今，欧洲面临深层次挑战，而欧洲人工智能等高新技术产业发展也落后于美国和中国。这是否意味着欧洲的技术主权受到直接威胁，其在世界舞台不再是繁荣和稳定的榜样？

基于以上现实，欧盟认为推动产业政策发展可能是实现"主权欧洲"的关键，转而寻求在数字化产业和战略价值链领域的独立性和比较优势。欧洲人工智能战略正是欧盟实现数字化的重要举措，也成为全球人工智能伦理研究的典范。2020年2月19日,欧盟委员会发布了新的数字战略,这是继2015年5月启动单一数字市场战略之后,欧盟面向数字化转型的又一纲领性战略。与之一道发布的还有人工智能白皮书和数据战略。

欧盟出台数字战略,不仅意在增强欧盟的技术主权、产业领导力和经济竞争力,而且期望像《通用数据保护条例》(GDPR)那样,通过欧盟立法为全球数字监管树立标准,给全球数字经济发展带来持续性影响,这个举措被认为是数字经济"大航海时代"的开启。

本章将深入研究欧盟人工智能伦理发展脉络,并在此基础上讨论智能时代人工智能伦理与治理的核心诉求,尤其是基于技术治理的人工智能伦理基本范式;最后探讨面向人机共生时代的理念,即"人类中心主义"的落实以及人文主义价值的拓展。在理清欧盟一系列人工智能伦理政策背后的逻辑之前,首先需要了解欧洲技术治理体系的构建过程。

"新航道"还是"旧船票"

技术的力量正在重组人类秩序。随着近代以来技术与科学的联姻,技术的力量日渐强大,介入人类社会中,改变了社会关系乃至世界政治与经济格局。恩格斯阐述劳动在人诞生过程中的重要性时,就强调了技术对人自身以及人存在于其中的社会关系的重要性。这种重要性在当下更是呈现为人类本身的技术化趋势,该趋势主要体现在两方面:一方面表现为人类身体的技术化,包括通过基因编辑、器官移植等现代化技术改变人的生物学界定,打造"超强人类";另一方面,在更广泛的层面上也表现为人类生存的技术化,人类生存的各方面都被技术深刻影响。

这一切是如何开始的?追溯信息技术和数据技术发展的历史,我们看到人类社会在过去数百年间都在经历着技术与社会的互相构建和影响，其中令人印象深刻的一幕是 1876 年 3 月 10 日，美国发明家贝尔记录了世界上首次电话通信的历史，他对着话筒大声喊道："沃森先生，到这里来，我想见你！"

在这个标志性事件中，展现了现代文明的关键精神和重要隐喻。人类选择了要见到一个"新世界"，而这个新世界的实质就是由人类创造的信息空间（info-sphere）。人们面对的无论是数字化的网络还是虚拟现实的空间，都不过是虚拟的信息空间的变化和延展，而人们如今的生活正是由现实世界与虚拟的信息空间构成的，人们面临的诸多价值冲突和伦理选择都来自这个关键的现实。

人工智能技术正在快速改变全球大部分人的生活方式。自然的人类文明正在过渡为技术的"类人文明"。从某种程度说，人类实际上已经处于赛博化生存方式的前夜了。在技术力量的驱动之下，原先人与人、人与自然的伦理学不得不加入技术的维度。而欧洲作为技术哲学与责任伦理的发源地，其伦理科学的发展轨迹已经成为人类伦理发展的重要缩影。理清欧洲技术哲学的发展脉络对于我们理解当今世界人工智能伦理框架的底层逻辑与演绎变化具有深刻意义。

20 世纪 70 年代末，高新技术的双重效应越发凸显，德国技术哲学家拉普 (Friedrich Rapp) 等纷纷开始探讨高新技术发展的后果、技术的社会影响，追问什么是进步、技术发展的前景以及工程师的责任等问题。由于现代技术的伦理问题客观上已经突破了技术自身以及传统的个体伦理所能解决的范围，所以人们开始呼唤一种新的能够让人类摆脱现行价值冲突困境的技术伦理理论，技术哲学的"轮船"开始驶向伦理领域。

谈到技术哲学在伦理方向的演化，人们最先想到的应该是海德格尔的学生、德国著名哲学家约纳斯（Hans Jonas）。约纳斯在 1979 年出版的《责任原理：技术文明的伦理研究》中提出了技术的责任伦理理论。

约纳斯从本体论的角度比较系统地论述了责任问题,回答了"对谁负责?""对什么负责?""谁来负责?"这 3 个传统的但又受到新时代挑战的问题。

20 世纪 80 年代以后,技术行为中的责任问题、技术后果预测以及风险研究、技术与文化传承的关系等成为德国哲学家汉斯·伦克(Hans Lenk)和有关学者重点关注的问题。伦克进一步丰富了责任伦理思想。他在 1982 年发表了《技术的社会哲学》,进一步指出,"自从工业化开始以来,便缺少对技术的系统性的哲学反思",认为"只有从跨越了单一学科的立足点出发,才能理解技术的整体现象,才能解释技术是与其他社会生活范围及文化传统联系在一起的,才能揭示所有影响因素之间的系统性联系"。

从历史上看,在技术哲学的诞生地德国,技术伦理研究的兴起与德国哲学家的反思和批判传统有着不可分割的思想渊源。马克思就曾经在对机器、工业的批判中反对"道德中立"的提法,他认为应该将技术的功能置于现实的社会背景中。技术伦理研究成果的传播引起德国和欧洲其他国家政府的关注,有关技术伦理的委员会和各类研究机构应运而生。

技术伦理委员会是技术与工程伦理在特定历史条件下结合的产物,在一定程度上缓解了人们对于技术的忧虑。在德国,最高层的技术伦理委员会有两个:一个隶属于议会;另一个隶属于总理府。技术伦理委员会主要讨论新技术带来的问题,为决策者提供咨询、建议和决策依据,其本身并无决策权。此外,德国工程师协会也将人与技术的关系纳入技术评估大纲,并专门成立了相应的委员会。德国工程师协会章程建议用个性发展、社会质量、舒适、环境质量、经济性、健康、技术功能、安全性八大价值取向表示技术与社会之间的复杂联系。

通过政府、团体的参与,德国技术哲学在理论和实践上都日趋完善,不仅从理论上完成了对技术的意识形态的批判、对现代技术伦理问题的认识以及对风险的进一步预估，也为哲学家与工程师架起了思维融会贯通的桥梁。

20 世纪 90 年代以来的德国技术伦理研究一方面在理论上深化了关于技术伦理的基础、范畴、功能和体系的探讨，另一方面日益注重对诸如干细胞研究、基因介入诊断治疗、转基因食品的种植、智能化信息化市场以及纳米科技等高新技术的伦理辩护、风险预测和安全评估，既保持了德国哲学的思辨传统，同时也体现出明显的应用性和面向未来的开放性。

纵观德国技术哲学和技术伦理的发展历程，从对技术工具的理性批判，到技术本质的反思与责任归属的探讨，再到解决技术伦理问题的方法论和战略选择，与本书在前面讨论的关于全球人工智能伦理发展的 3 个阶段具有一致性——从对伦理必要性的讨论，到对伦理价值准则的分析，再到如今的对伦理战略体系的研究。

总的来说，这种发展模式都经历了以下过程：从对研究对象本身的讨论，再到对事物与现象背后衍射出来的精神内核进行分析，最后到整体战略上的统筹。人们在对技术伦理的分析中获得当今人工智能伦理研究的灵感的同时，是否也意味着人工智能伦理研究进入了一个有章可循的"快车道"？换言之，欧洲在技术伦理领域做的铺垫是否能够适应现代社会技术带来的冲击？

以伦理委员会为例，当今科技巨头成立的人工智能伦理委员会的前身正是上文提到的德国技术伦理委员会。目前谷歌、微软、IBM、Sage、SAP、百度等科技公司面临的一个困境是，尽管算法歧视等人工智能伦理风险普遍存在，但程序员缺乏对伦理进行准确判断的专业知识，也难以承担做出诸如"自动驾驶汽车应优先保护车内乘客还是车外行人"

等关键伦理选择的责任。因此,具备相对独立性且成员具有多元化背景的伦理委员会更适于对这些伦理问题进行判断。

微软公司在 2018 年成立了人工智能以及工程和研究中的伦理准则委员会（AI and Ethics in Engineering and Research Committee, AETHER）,由产品开发、研究、法律事务、人力资源等部门的负责人组成。该委员会在审查时参考一定的行业标准,并最大限度地考虑安全和伦理问题。

谷歌公司继 2018 年公布了人工智能原则后,成立了先进技术外部咨询委员会（Advanced Technology External Advisory Council, ATEAC）。该委员会旨在帮助谷歌公司应对其公布的用以引导其研究以及产品发展与使用的人工智能原则面对的挑战,例如人脸识别、机器学习中一些令人不安的因素。值得注意的是,该委员会的设立是为了从多个角度分析与人工智能伦理相关的问题,因而该委员会由具备多样化背景的外部非谷歌公司人员组成。但是在不久之后的 2019 年初,谷歌公司就将其解散。谷歌公司给出的理由是该委员会成员的任职资格遭到员工的质疑,例如该委员会成员中有一家军用无人机公司的首席执行官和一家右翼智库的负责人。

尽管伦理委员会不是一个全新的概念,但其作用依然受到现代社会质疑。在加拿大智库国际治理创新中心于 2020 年发表的一篇由多伦多大学蒙克全球事务与公共政策学院创新政策实验室高级研究员丹尼尔·芒罗（Daniel Munro）撰写的文章中称,一些科技公司宣称正在制定和准备实施道德守则并成立伦理委员会,从而更好地监督和管理其工作。但这些公司这样做主要是为了避免受到舆论的批评和公共机构的监管,而不是真正出于应对伦理挑战的目的。

伦理委员会是否发挥着人类理性所寄托的价值呢? 不少批评家指

出，大部分现存的伦理委员会有名无实，它们的主要作用是扮演了高科技企业"道德清洗机"的角色。尽管世界上很多企业和机构都纷纷在人工智能伦理领域亮相，但是很难说清其初衷究竟是规范企业自身行为，还是宣誓性地告知客户其在伦理领域的高瞻远瞩，为项目合规铺路。

由此观之，面对人工智能的兴起，欧洲技术哲学还没有完全为其伦理发展做充分的准备。基辛格曾在《大西洋报》上发表了一篇长文——《启蒙主义是如何终结的》(How the Enlightenment Ends)，阐发他对人工智能发展的看法。基辛格认为，当前人类社会在哲学、理智等各方面都还不足以应对人工智能所带来的巨大挑战。人工智能等技术变革正在冲击 15 世纪以来理性时代产生的世界秩序，因为我们无法完全预料这些技术的影响，而且这些技术可能最终导致我们的世界所依赖的各种机器为数据和算法所驱动，而且不受伦理或哲学规范约束。

基辛格的担忧不无道理，人们普遍开始担心一个在"黑箱"中运行的算法社会在"不可解释和不可理解"的帷幕之后固化或者加剧社会不公平。

事实上，技术对道德既没有促进作用，也没有阻碍作用。一种必要的实践智慧是，在相关法律不能有效规制目标时，应该考虑在价值和伦理层面通过柔性的约束为法律规制奠定基础。换言之，在科技的"新航道"上，需要抛弃"旧船票"的思维方式，针对全新的人工智能技术应用场景，展开完整的价值权衡和伦理构建。具体来说，在这方面有两方面的工作：一方面，通过价值权衡，围绕各种人工智能伦理领域的价值诉求（尤其是与数据隐私和数据权利相关的），进行精细的伦理领域的规制与管理，这是自上而下的工作；另一方面，通过伦理价值的构建，推动企业和其他相关参与方对其在各个领域中的责任做出一定的承诺并付诸实践（诸如可信人工智能或者负责任人工智能的体系等），这是自下而上的工作。

通过这两方面的工作，就能够在法律制度尚未完善的前提下推动相应工作的进展，开启健康有序的人工智能的"大航海时代"。

本节回顾了欧洲研究人工智能相关伦理的历史道路和重要的发展思想。我们应该看到，无论人工智能技术发展到什么样的阶段，最终的目标都是一致的，即创造一种人人都可以接受的公平、正义的美好生活。我们面对的一系列技术伦理问题都需要向这个目标迈进，这也是我们作为科技创新时代的参与者需要把握的方向。

卓越、信任与可靠

正如前文所述，无论是 Facebook 公司还是谷歌公司都在数据隐私等问题上挑战了公众的底线，而基于数据的监视与实验则时时刻刻都在进行，这并不令人意外。在亨利·詹姆斯（Henry James）于 1898 年出版的短篇小说《在笼中》(*In The Cage*)里，年轻的女服务员通过观察主顾们的行为得到了经验数据，其中包含着她对上层阶级的好奇、憧憬和对现有生活的犹豫、逃避。年轻女孩因为工作关系，透过固定的第三方视角，获得了上帝式的全知全能的地位，这让我们意识到需要对这样的发展范式进行监管和规制。

下面梳理欧洲技术伦理学界在人工智能伦理与价值原则层面的探索，这或许能提供一些思路。21 世纪以来，欧洲人工智能伦理的研究经历了从"负责任创新"(Responsible Innovation) 理念提出，到制定全球数字经济的规则，实现"监管式的创新"的发展。

在欧洲技术伦理学界，人们普遍认可的是：通过规则的教导和约束以达到良性技术发展，伦理治理是社会稳定运行的基础，伦理规范应当成为管控社会安全风险的核心准则。无论是政府、企业还是个人的生活都与技术伦理息息相关。一旦某种规范在社会中被广泛接受，成为人们普遍遵循的伦理准则，那么其约束效果有时甚至会超过法律。伦理规范既能抑制对技术的不当使用或危险性的研发方向，也能让相关产业的发展与多数民众的长远利益一致。

基于这种认知，欧洲在数字经济规则和人工智能伦理上走在世界前列。"负责任创新"是近年来欧洲学者倡导的理念。其主要内容是：将企业的社会责任同技术创新实践密切结合，从伦理角度有效评估和影响技术创新的各个环节，以保证技术创新成果的可持续性和社会可接受性。通过运用"负责任创新"的理念和方法进行人工智能伦理责任的规制或者嵌入，使其形成符合伦理规范的决策和行动，能够有效促进人工智能可持续发展。

2014 年之后，欧洲采取一系列措施推动人工智能伦理发展。2015年 1 月，欧盟议会法律事务委员会（JURI）就决定成立专门研究机器人和人工智能发展相关法律问题的工作小组。2016 年 5 月，JURI 发布《就机器人民事法律规则向欧盟委员会提出立法建议的报告草案》，呼吁欧盟委员会评估人工智能的影响，并在 2017 年 1 月正式就机器人民事立法提出了广泛的建议，提出制定"机器人宪章"。

2017 年 5 月，欧洲经济与社会委员会（EESC）发布了一份关于人工智能的意见，指出人工智能给伦理、安全、隐私等 11 个领域带来的机遇和挑战，倡议制定人工智能伦理规范，建立人工智能监控和认证的标准系统。而后，随着被称为"人类最后的希望"的柯洁败于AlphaGo，2017 年也被称为"人工智能元年"，人工智能的发展进入前所未有的快车道。

人工智能被引爆后，欧洲对人工智能的目光更加聚焦。2018 年，欧盟首次提出人工智能战略。欧盟委员会发布政策文件《欧盟人工智能》

（*Artificial Intelligent for Europe*）。同年 6 月，欧盟委员会任命 52 名来自学术界、产业界和民间社会的代表，共同组成人工智能高级专家小组（High-Level Expert Group on AI，简称 AI HELP），以支撑欧洲人工智能战略的执行。

尽管欧洲对人工智能充满期待，但也出台了近乎苛刻的保护规则。欧盟在 2018 年 5 月率先提出了《通用数据保护条例》（*General Data Protection Regulation*，GDPR，前身是欧盟在 1995 年制定的《计算机数据保护法》），强化了用户对于个人数据的绝对掌控权。

GDPR 赋予数据主体 7 项数据权利：知情权、访问权、修正权、删除权（被遗忘权）、限制处理权（反对权）、可携带权、拒绝权。GDPR 不只针对注册地在欧盟国家的企业；非欧盟国家的企业只要提供产品或服务的过程中涉及欧盟国家境内的个体数据，便必须遵守 GDPR。而一旦企业违法，轻者处以 1000 万欧元或者企业上一年度全球营收的 2%（两者取其高）的罚款，重者处以 2000 万欧元或者企业上一年度全球营收的 4%（两者取其高）的罚款。

从本质来看，GDPR 背后反映的是欧洲社会对于人工智能的隐私安全与监管的重视正在不断加强。作为数据保护监管框架，GDPR 也是目前最完善、最严格的隐私保护规定。根据 DLA Piper 公布的数据显示，在不到两年的时间内，GDPR 已产生 1.14 亿欧元的罚款，其中最大的罚单是法国依据 GDPR 对谷歌公司罚款 5000 万欧元，理由是谷歌公司在处理个人用户数据方面采用了"强制同意"政策，其收集的数据包含大量用户个人信息，这些信息还在用户不知情的情况下被用于商业广告用途。例如，谷歌公司在向用户定向发送广告时缺乏透明度，信息不足，且未获得用户有效许可。

值得注意的是，欧盟对人脸识别技术的使用也十分谨慎，GDPR 原则上禁止以识别自然人身份为目的处理生物特征数据。正因为如此，在欧洲很多场合都有明确规定，如果有人脸抓拍摄像机，必须在指定的时间内（例如 48h 以内）主动或自动删除，不能被存储起来（或者必须妥善地存储起来，例如加密存储），更不能非法利用。那么，这是否意味着人脸识别在欧洲大陆被判"死刑"了呢？

《金融时报》曾报道称，在一份相关文件中，欧盟提出希望制定一套"人工智能监管的世界性标准"，并建立"足以保护个人的明确、可预测和统一的规则"，它将在 GDPR 的现有义务之上更进一步。可见，欧盟不仅不会轻易降低隐私保护标准，还会不断以放大镜审视人工智能技术带来的伦理风险。

除了开创性地以数据治理法治化的方式促进数据合规和数字经济的健康发展以外，欧盟在人工智能伦理原则的制定上也逐渐完善。2019 年 4 月，欧盟先后发布了两份重要文件：《可信人工智能伦理指南》（*Ethics Guidelines for Trustworthy AI*）和《算法责任与透明治理框架》（*A Governance Framework for Algorithmic Accountability and Transparency*）。这两份文件是欧盟人工智能战略提出的"建立适当的伦理和法律框架"要求的具体落实，为人工智能伦理规则的制定提供了参考。

《可信人工智能伦理指南》呼吁"值得信赖的人工智能"，相比其他各方提出的伦理标准更为具体、更具操作性且有明确的评判标准。"值得信赖的人工智能"是对人工智能时代的道德重建。它主要有两个要素：一是应尊重基本权利、适用法规、核心原则和价值观，以确保"道德目的"（ethical purpose）；二是兼具技术鲁棒性（robustness）和可靠性（reliability），这是因为，即使有良好的意图，缺乏技术掌控也会造成无意的伤害。

《可信人工智能伦理指南》中涵盖的七大关键原则如下：

（1）人类作用和监督。人工智能不应该践踏人类的自主性。人们不应该被人工智能系统操纵或胁迫，而且人类应该能够干预或监督软件做出的每一个决定。

（2）技术的稳健性和安全性。人工智能应该是安全的、准确的。它不应该易于受到外部攻击（例如对抗性实例）的影响，而且应该是相当可靠的。

（3）隐私和数据管理。人工智能系统收集的个人数据应该是安全的、私有的。它不应该让任何人接触，也不应该轻易被盗。

（4）透明性。用于创建人工智能系统的数据和算法应该是可访问的，软件所做的决定应"由人类理解和跟踪"。换句话说，操作员应该能够解释人工智能系统所做的决定。

（5）多样性、非歧视和公平性。人工智能提供的服务应面向所有人，无论年龄、性别、种族或其他特征。同样，系统不应该在这些方面存在偏见。

（6）环境和社会福祉。人工智能系统应该是可持续的（即它们应该对生态负责）并"促进积极的社会变革"。

（7）问责制。人工智能系统应该是可审计的，并被纳入企业可举报范畴，以便受到现有规则的保护。应事先告知和报告系统可能产生的负面影响。

从内容来看，这七大关键原则强调自发的伦理约束，更关注对人的尊重和人的普遍参与，追求共同的福祉，且同时强调人工智能技术本身的可靠性，真正地将抽象的保护理论转化为实实在在的原则指南，受到欧洲社会的广泛认可。

我们可以发现，在人工智能规范制订上，欧盟采取了三步走战略：

首先，为可信任人工智能制定核心要求；其次，启动大规模试验阶段，以获取利益相关方的反馈意见；最后，主导带有欧洲价值色彩的国际共识，在国际场合发声。

欧盟委员会认为，人工智能高级专家组起草的伦理准则对制定人工智能发展政策具有重要价值，因此欧盟委员会鼓励人工智能开发商、制造商、供应商等利益相关方积极采纳这些关键原则，以便为"值得信任的人工智能"的成功开发和应用建立更有利的社会环境。为了确保伦理准则能够在人工智能开发和应用过程中得到实施，欧盟委员会在欧盟内部启动有针对性的试点工作，同时将努力促进国际社会就"值得信任的人工智能"达成广泛共识。在笔者参与的国家人工智能标准化总体组的工作中也能看到这样的共识的影响。

人类VS人工智能：人类中心主义的"胜利"

在美国著名的传奇媒体人富兰克林·福尔（Franklin Foer）的《没有思想的世界：科技巨头对独立思考的威胁》一书中，有这样一段描述：算法不停地寻找合适的模式，"它们折磨数据，直到数据招供为止。数据就像酷刑的受害者一样，审讯的人想听什么，数据就说什么"。

这段话引发了我们对人工智能伦理问题更深入的思考，无论人工智能主导的生产多么先进，都可以看到其中所带来的风险。面对基于计算工程思维的自动化的理念，我们需要构建一整套风险控制机制，以防止"灰犀牛事件"的发生。本节讨论欧盟、中国和美国在人工智能伦理与治理范式上的差异，并提供一个基于人类中心主义的算法规制与技术治理的思路。

对于欧盟来说，"值得信任的人工智能"的提出在很大程度上提升了欧盟负责任的国际形象，也使得欧盟国家的消费者对人工智能产业有了长期信心。欧盟委员会负责数字单一市场的副主席安德鲁斯·安西普（Andrus Ansip）指出："人工智能的道德维度不是奢侈品特征或附加物。只有对技术充满信心，我们的社会才能充分受益于技术。而有道德的人工智能是一个能够实现双赢的主张，并可以成为欧洲的竞争优势——成为人们可以信赖的、以人为本的人工智能领导者。"形象地说，人工智能伦理作为一个杠杆，大大增强了欧洲人工智能产业的软实力。

尽管大多数人认为欧盟制定人工智能伦理准则是一个好主意，但其方式也受到一些质疑。非营利组织 Algorithm Watch 联合创始人马蒂亚斯·斯皮尔坎普（Matthias Spielkamp）认为，伦理准则围绕的核心——"值得信赖的人工智能"这一概念的定义尚不明确，且目前还不清楚未来的监管如何实施。此外，参与了伦理指南起草工作的德国美因茨大学哲学教授托马斯·梅辛格（Thomas Metzinger）对于欧盟没有禁止使用人工智能开发武器表示批评。

需要指出的是，虽然这些伦理准则提供了一套详尽的框架，并从实际操作层面对有关措施做出了评估，但它还不是一个真正意义上的约束性法令，因此相关机构和人员不会产生任何新的法律义务。另外，它没有考虑弗兰肯斯坦悖论和技术发展奇点，更没有讨论工业与贸易的政策性方案，这些陈述虽然具有直观意义上的吸引力，但是与当前人工智能部署现实相去甚远，而且显然并不适合被实际转化为政策性框架。

此外，一个更加严峻的问题是：欧盟颁布的 GDPR 和伦理准则是否会成为欧盟人工智能产业发展的"紧箍咒"？业内人士担心，这些规则都在一定程度上约束了大数据、人工智能等新一代信息技术的应用方向，使得技术发展的壁垒凸显，可能会在很大程度上对欧盟国家的人工智能的开发和使用产生负面影响，使欧盟国家的公司与北美、亚洲等地区的竞争对手相比处于竞争劣势。并且，伦理准则过分细化会使许多公司尤其是中小型企业难以在合规框架下推动业务发展。

据德国最大的贸易协会 Bitkom 在 2019 年的一项调查，有 74% 的受访者表示，数据保护要求是新技术发展的主要障碍。相比之下，2018 年持这种观点的人占 63%，2017 年持这种观点的人占 45%。在 2018 年 7 月接受调查的 539 名来自欧洲、非洲和中东的并购专业人士中，有 55% 的人表示，由于担心公司违反 GDPR 合规要求，他们从事的交易没有完成。

尽管可能带来一系列负面影响，在伦理领域发力是欧盟的理性选择。下面通过讨论欧盟当前面临的双重挑战对这个问题进行分析。

从内部挑战来看，欧洲大多数公司对数字经济的"反射弧"较长。有数据显示，2017 年，全球数据中仅有 4% 存储在欧盟，而且仅有 25% 的大企业和 10% 的中小企业使用大数据分析。在大多数欧盟国家中，数据科学家占总就业人数的百分比不到 1%。大公司能够采用人工智能技术改进自身系统；然而小公司面临较高的门槛，如缺乏技术人才、面临高昂投资和难以预估经济回报等。

为了应对人工智能技术高速发展的局面，欧盟需要建立一个适应未来技术发展的灵活监管框架，并尊重关键的根本原则，包括社会和制度原则，如捍卫民主、保护弱势群体（如儿童）以及保护个人隐私，同时还包括经济原则，如促进创新和竞争。因此，人工智能伦理准则的制定在一定程度上促进了欧洲高新技术产业的可持续发展，加速了欧洲数字化进程。

从外部客观环境来看，人工智能在世界各地的发展速度不均衡，一些地区拥有结构优势。以美国硅谷为例，其所具备的独特经济结构能支持具有强大商业应用价值的颠覆性创新。再如，中国的监管环境对个人隐私与个人数据问题的控制较少，公共和私人投资持续流入人工智能领域。虽然欧洲的科研基础比较深厚，但长期来看无法将有前途的发明转化为真正的创新，因而缺乏全球性的大型数字公司。同时，欧洲在专利提交和投资方面也落后于美国和中国。

由于无法与中国和美国这样的人工智能硬实力的国际领先者一争高低，即，当前人工智能领域无论是投资还是尖端研究应用，欧盟都无法与中国和美国竞争，因而，它以伦理作为刻画未来的最佳选择。但是，这种选择真的能达到欧洲的预期吗？人工智能的伦理维度既不是奢侈品也不是附加功能。安德鲁斯·安西普认为，只有建立信任，我们的社会才能充分受益于技术。简言之，信任是技术发展的前提条件。

可以看到，欧洲人工智能伦理的发展是实现欧洲数字化转型、理性应对技术风险不可或缺的步骤。从更严格的经济学意义来说，其实人工智能技术引发的不是风险，而是不确定性。简单来说，风险是已知概率分布的事件带来的负面效应，不确定性则是未知概率分布。人机信息不对称、算法黑箱等问题使得人工智能发展的不确定性尤为显著，人类无法预知事件的具体概率分布，也无法对"人工智能究竟是帮助人类解决最棘手的问题还是威胁人类的生存"这一问题做理性的定量分析。斯蒂芬·霍金曾表示："人工智能是我们文明史上最大的事件，或者最糟糕的事件，我们只是不知道。"

从地域角度来看，全球人工智能伦理研究主要分为两大对立阵营：以欧盟为代表的"精细保守派"和以美国为代表的"被动开放派"。欧洲阵营遵循谨慎监管原则，政府在相关技术成熟前即为其定规矩、立法条，技术和相关产业需要依法创新和发展；相反，美国阵营则提倡"法无禁止即可为"，联邦政府不主动介入，而只在发现显见的风险时再推动立法。

相对于欧盟采取的中心化规制路径,美国则采取分散治理的原则,即联邦政府参与人工智能标准化,各州面对人工智能的立法取向和规制方式各异。

一方面,美国在人工智能的发展上已经形成了《为未来人工智能做好准备》《美国国家人工智能研究与发展策略规划》《人工智能、自动化及经济》等几大文件,从伦理、经济、技术、政策扶持等多个维度指导行业发展的格局。特朗普于 2019 年 2 月 11 日签署了名为《美国人工智能倡议》的行政命令。这是一个事关美国人工智能发展的国家级战略,旨在加强美国的国家和经济安全,确保美国在人工智能和相关领域保持研发优势。该行政命令从投资、开放政府数据资源能力、相关标准建设、就业危机应对以及制定相关国际标准五大方面确定了美国未来一段时间内的人工智能发展方向,并对智慧医疗、智慧城市等领域提出了重点帮扶,同时明确表示了防范来自敌对国家的对关键人工智能技术的跨国收购。该行政命令主要要求美国联邦政府将人工智能的发展与研发放在优先位置,并且将更多的资源与投资用于人工智能技术的应用以及推广。

另一方面,美国面对人脸识别的法律规制问题并未在联邦政府层面形成中心化的统一法律规约,各州根据自身情况制定与生物识别相关的政策与法案。例如,2019 年 1 月,美国旧金山市及萨默维尔市颁布了人脸识别技术禁令,通过了禁止在公共场所使用面部识别软件的提案;2019 年 8 月,美国马萨诸塞州议会投票通过禁止政府和警察使用面部识别技术的提案,该州规定,基于面部识别技术获取的证据在该州的诉讼中不具有法律效力。美国伊利诺伊州于 2008 年颁布了《生物信息隐私法案》。作为美国境内首部规制生物识别技术的法案,它并未严苛限制生物识别的应用,而是对具体利用生物信息的类型做了规制:收集主体须告知信息主体被收集生物数据的内容、用途、目的、保留时间、销毁等，且以书面授权的形式落实；同时，收集主体也需要制定书面隐私政策，明确生物信息留存、销毁期限，且禁止未经信息主体同意或超出法定情形的个人生物信息出售与披露行为。

这两大阵营的根本性区别源于对科技伦理的认知差异。与欧洲的谨慎监管思路不同，美国的态度是坚持鼓励创新并在兼顾公众利益的原则下监管人工智能，强调的是指导和扶持，而非监管。对于美国来说，伦理问题不应成为科技发展的桎梏，伦理约束也不可能成为解决新技术带来的风险的有效手段。在政策与立法层面，美国面对人脸识别等应用的态度更加开放与包容，这种思路也为美国的人工智能科技企业留出了足够的发展、创新与应用空间，有助于推动美国的人工智能产业快速发展，走在世界前列。但是，这也难免引起了监管不够、竞争失序的问题。这种认知与美国的文化传统有关。从历史上看，移民远渡重洋来到美国主要追求财富和发展机会，并不在意伦理规范。

而欧洲怀有另一种认知。欧洲文明的历史积淀让欧洲对技术进步采取了相对谨慎的态度。欧洲文明经历了更多起伏，对于新技术给人类社会带来的冲击感触更深，因此对于新技术的态度也更谨慎。

我们很难评判欧盟和美国对待人工智能伦理的态度孰是孰非。中国对当今世界的理解正在从国际社会向人类命运共同体转变。

相比国际社会，人类命运共同体更具开放性、包容性和合作性，它在尊重主权平等、不干涉内政、和平共处等国际关系准则基础上，强调维护国际公平正义，提倡正确义利观，倡导亲、诚、惠、容等周边外交新理念，倡导共同、综合、合作、可持续的新安全观，倡导建立不冲突、不对抗、相互尊重、合作共赢的新型大国关系，倡导遵守共商、共建、共享原则合作构建"一带一路"，等等。中国对世界的看法正在从欧美主导的国际社会观走向人类命运共同体观，这为中国的外交开辟了新的广阔空间。

欧盟和其他国家也认识到，面对人工智能需要人类共同体的协作。很多国际组织都在探讨人工智能伦理的治理方案，包括联合国教科文组织、经合组织、世贸组织和国际电信联盟等。欧盟将继续与这些国际组织以及志趣相投的国家合作，并在人工智能领域与全球合作，但所有这些合作都将基于欧盟的规则和价值观，包括关键资源、关键数据的共享等，目的是创建一个全球公平的竞争环境。

2019 年 5 月 22 日，经济合作与发展组织（OECD）成员国批准了人工智能伦理原则，即《负责任地管理可信赖的人工智能的原则》。该原则总共有 5 项，包括：①包容性增长、可持续发展和福祉；②以人为本的价值和公平；③透明性和可解释；④稳健性和安全可靠；⑤责任。

2019 年 6 月 9 日，二十国集团（G20）批准了以人为本的人工智能伦理原则，即《G20 人工智能原则》，其主要内容来源于 OECD 人工智能伦理原则。这是首个由多国政府签署的人工智能伦理原则，有望成为今后的国际标准，旨在基于以人为本的发展理念，以兼具实用性和灵活性的标准和敏捷灵活的治理方式推动人工智能发展，共同促进人工智能知识的共享和可信赖的人工智能的构建。

最后，本书也在这里提供三点有关人与技术可持续发展的思路：

第一，人与技术在本质上是相伴而生的，我们需要在人与技术构成的深刻的内在互生的网络关系中思考价值伦理问题。机器并不是独立于人而演进的，而人机关系也并非抽象的。在研究人工智能场景时，需要将包括使用的产品、工具和服务在内的行动者网络作为研究对象，从而能够更好地理解这些技术带来的风险。

第二，通过技术治理的方式解决伦理问题。当代社会已经进入了技术治理时代，如何通过科学技术推动社会运行效率是最重要的议题之一。

在社会治理领域，采用理性化、专业化、数字化乃至智能化的技术原则和方法已经成为主流，通过怎样的方式规制伦理问题是关键，主要有以下方式：社会实验、计划体系、智库体系、工程城市等。

第三，我们要理解人类中心主义的核心是人的独特性和无限可能性，这是所有创新的根源，也是人类文明的根源。人工智能技术的滥用以及对人类数据隐私的侵犯会让人类逐步丧失自我独立性、能动性和创造性。我们在想办法充分利用人工智能技术的同时，也要对其大规模使用保持审慎的态度，给人类文明的反思和进步留下足够的空间。

要真正实现人工智能与人类的和谐共存，不仅仅是技术应用层面的问题，应该建立更广阔、更远大的目标，这需要成为全人类共同的积极愿景。对人工智能的管控是全球性挑战，因为技术没有国界，每个国家都不可能自己关门作战。人类不让自己制造的高科技伤害和毁灭自己的唯一出路是人类自律。而为了建立有效的人类自律，需要改变和完善人类现行的市场经济模式及国家治理模式。

在追求人类自律的道路上，欧盟渴望通过对人工智能伦理体系的塑造来主导世界技术格局。在探索人工智能治理框架的同时，欧盟国家的道路也为其他国家提供了经验主义的借鉴。毫无疑问，在未来的人工智能社会中，人类相对于机器仍然占据主导地位，只是人类会将重点更多地放在促进技能过渡上，并为那些更可能承担风险的群体提供支持和保障。国家的公共政策应该致力于建立人与机器的共生关系，鼓励机器赋能人类，提高人类生活品质，让人工智能更好地扩展人类的能力。

第十章

计算社会中的人工智能立法

10

当今社会的人工智能应用得越来越广泛、多元，显著提升了生产的效率和人们生活的品质，但同时也引发了巨大的伦理和法律问题：个人数据隐私权利的边界越来越模糊，对个人数据隐私权利的侵犯也越来越严重。

从现代宪法学的角度来看，以深度学习为代表的人工智能技术正在剥夺个体以及社群作为数据人的自由，通过效率提升与生活便利等方式"诱导"人们放弃个体的基本权利。如果人类不重视和善加引导，那么这样的发展有可能使得人机关系显著地朝着不利于人类的方向发展——机器不仅会取代人们的行为和思考，危害人们的人格尊严，同时也促使人类朝着更加动物性和机械性的方向退化，从而在根本上挑战人类社会的基本伦理（包括人道、尊严与正义等原则），让现代法治精神的核心被削弱和瓦解，动摇人类文明的根本。这是我们看到的人工智能伦理恶化的最具悲剧性的结果，由此，制定人工智能法律，对技术发展进行系统性规制，受到各国政府的重视。

从全球范围来看，人工智能立法还处于孕育阶段。2017年，德国修订了原有的道路交通法，出台了全球第一部自动驾驶道德准则；2020年10月20日，欧洲议会通过了有关欧盟如何更好地监管人工智能的3个立法倡议报告，以促进创新、道德标准和技术信任。

欧洲议会认为，完善法律条款对人工智能的商业发展有两大促进作用：既可以为人工智能解决方案的开发者和部署者提供法律确定性，从而提高商业可预测性并促进投资；又可以在全球范围内创建公平的监管和竞争环境，促进行业发展。

目前，全球仅有少数几个国际或地区机构提出要针对人工智能建立全面的法律框架，因此欧洲议会此次对人工智能拟定的立法倡议报告意义特殊。

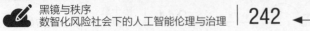

面对人工智能立法的必要性和紧迫性，当前的人工智能与法律研究主要聚焦于两方面：一是关于人工智能立法的主体性思考，即是否应当赋予人工智能法律主体地位；二是人工智能算法与法律的融合设计。

一方面，要想将人工智能放在法律层面来研究，离不开"人工智能如何担责"这一基本范畴。而解决这一问题的前提是明确人工智能的法律地位以及人工智能与人的关系，在此基础上才能更好地把握人工智能的立法"方向盘"，面对未来具有自我意识和自主决策能力的强人工智能给现有法律体系带来的冲击和挑战、对人格权和人类主体地位的动摇以及对人类合法权利的影响。

另一方面，算法是人工智能的关键。在人工智能时代，算法已经成为影响全世界的底层规则，我们无法忽视算法的核心地位而空谈立法，而是要在人工智能算法中融入立法思考，从源头控制人工智能的发展趋势。

对于以上问题的深度探讨，推动人们从人工智能的立法角度提出数字治理、社会调控与风险防范解决方案。本章聚焦于人工智能立法的主体思维和人工智能算法治理，探讨人工智能立法的边界。同时，本章从宪法学的角度思考整个人工智能立法的伦理边界，以及对人工智能在可预期范围内的认知，提出"人的尊严"才是整个人工智能立法和治理机制最需要关注的方面，也是符合人类社会发展的根本性讨论。如果不能理解这一点，就无法理解人类和人工智能互动的基本逻辑，也无法看清人类社会发展的方向。

为谁立法

2017年，机器人索菲亚（Sophia）获得沙特阿拉伯授予的公民身份，引发了全世界的关注。这个事件标志了人工智能系统被赋予法律上的人格，在某种程度上开启了一个机器人与人类并存的新时代。随着人工智能技术向全行业逐渐渗透且在垂直领域大放异彩，同时算法的不断迭代驱使人工智能的自主决策能力显著提升，人工智能技术背后潜在的伦理风险对现有法律的挑战愈发严峻，尤其是人工智能带来的新型权利分配和责任承担问题，亟须从立法层面给出明确要求。2017 年，国务院发布的《新一代人工智能发展规划》中提出"加强人工智能相关法律问题研究，明确人工智能法律主体以及相关权利、义务和责任等"。

从立法逻辑上说，若想解决人工智能致损时的责任归属问题，应当首先明确是否给人工智能赋予法律主体地位。关于这一问题，法学界主要形成了以下 3 种观点："主体说""客体说"以及将人工智能视为介于主客体之间的特殊存在。

"主体说"以包容开放的心态面对人工智能，认为可以自主决策的人工智能"具有和人类一样的理性与自由意志，表现出与人类相似的思考过程，符合法律主体的自由意志的必要条件"，应赋予其主体地位。

"主体说"背景下的强人工智能主要指无须借助人类的力量就能够独立决策与思考能力，且在思想和行动上是自由的，也就是具有自我意识的完整智慧硅基体。鉴于此，强人工智能将会和人类一样参与社会活动并逐步体现对人类的显著影响，法律应当确立其主体地位并明确其权利义务范围。"主体说"立论鲜明，但在此基础上赋予人工智能何种法律人格成为学界讨论的焦点，主流观点有"拟制人格说""电子人格说"和"有限人格说"。

"拟制人格说"从法律主体的发展入手，扩大法律主体的涵盖范围，侧重于解决人工智能承担责任的问题。"电子人格说"则认为，随着人工智能的自主决策程度越来越高，其作为单纯工具的性质越来越缺乏实际意义，通过赋予其特殊的电子人格和通过法律人格拟制等方式认定人工智能的法律主体资格具有建设性价值。该学说已有实证，例如欧盟议会于 2017 年通过决议，允许最复杂的自主机器人被确立为电子人。"有限人格说"一方面承认人工智能具有部分法律人格，应当被赋予法律主体地位，享有权利并履行义务，另一方面强调其承担能力与后果的范围有限，应当对其使用特殊的法律规制方式，或者被赋予具有优先性、技术性和替代性特点的工具性法律人格，以避免动摇以人类为中心的现有法律主体制度。

下面来看人工智能法律主体认定标准。评估人工智能是否具有法律主体资格，首先要从法律人格的赋予标准的角度来思考，也就是"人格"的概念与本质是否能够涵盖人工智能的技术原理与应用特点。

简单来说，伦理人格主义认为赋予人工智能法律人格的标准在于理性。人之所以有人格，是因为其具有理性的特质；而人工智能具备与人类似的理性本质。在反对"人类中心论"观点的学者看来，从道德出发，我们应当像对待人类一样对待所有的理性存在者，只要这种理性关系存在，无论其在生物学方面与人类有何不同，不尊重其人性或以不人道的方式对待之都是错误的。如果我们不遵循这一法则，又有什么理由平等对待所有具有智慧的生命体呢？

首先，需要注意的是，是否为人工智能赋予法律人格与人工智能应当遵循正确的价值观并不存在必然联系，即便人工智能不具备法律主体地位，正确的道德与价值准则都是人工智能必须遵守的。其次，随着人工智能的能力不断拓展，它承担的责任也越来越大；但同时，基于法律人格的约束也会限制其对于某些非人类应当承担责任的承担。最后，在确立人工智能具有道德能力之前，我们应当设立评判人工智能具有道德能力的可靠标准。

前面也提到了，人工智能具有法律人格的重要前提之一是具备道德能力。更进一步说，人工智能具有法律人格的必要不充分条件包括认知能力、意识能力与道德能力。认知能力主要是指人工智能具有像人类一样的可以有效感知客观物质世界和精神世界的能力，其涵盖的要素包括记忆、好奇、联想、感知、自省、想象、意向、自我意识等。认知能力可以具象成人工智能通过传感器接收环境和周围其他对象的信息，并在自我计算的过程中加以运用和创造，这也是理性构建的基石。

针对主流的"主体说"，目前主要存在以下两个思考。

第一个思考是人工智能发展现实的局限性。

从 20 世纪 50 年代人工智能被首次提出到现在，经过半个世纪的发展，人工智能依旧停留在弱人工智能阶段。目前的人工智能技术主要是在深度学习、大数据和计算能力的推动下形成的基于具体应用场景大数据的人工智能，是一种初级阶段的人工智能，它以大量的数据要素作为思考、决策和行动的基础。这种建立在大数据基础上的静态化的人工智能属于弱人工智能，其算法在虚拟环境中可能实现指数级性能的提升，但是在现实数据环境下只能线性地实现性能进步，有一定的局限性。

可以看到，尽管所谓"具有自由意志"的强人工智能已然成为"主体论"拥护者热议的对象，但当前人工智能发展的以下 3 个特性不能不让人们质疑持有该观点的学者陷入了一种"空想主义"的状态：从研究方向来说，对人工智能的研究并未明确朝向强人工智能，且强人工智能在现在来看依然是一个虚无缥缈的方向，也不会使人工智能对人类的价值带来显著提升；从技术架构来说，无论是现在以半导体材料为基础的算力架构还是以二进制逻辑为基础的算法开发，都难以实现人工智能的自主进化，强人工智能诞生的基础是人类需要突破现有逻辑电路和数据结构桎梏，而这一点在短期之内几乎不可能实现，也缺乏足够的理论依据；从研究原则来说，无论是科学研究还是工业发展都需要严格遵守伦理和道德原则，即便强人工智能可以被实现，其风险也远大于收益，这一潘多拉魔盒不应被打开。

"主体说"赋予人工智能行使法律主体资格的权利，但对人工智能如何行使权利和诉求却并不明确。权利行使的本质是意识的能动反映，是合理期望的意思表示，权利产生的目的在于作为或不作为的行使，无法行使的权利是否有设定的必要，这一点值得怀疑。有学者将沙特阿拉伯给与索菲亚公民身份作为理论支撑，但该事例的宣传意味明显大于基于科学技术的人工智能客观现实意义，当前乃至未来很长一段时间，人工智能面对权益侵害仍无法主张其权利，也无法准确认知自身公民身份。

从立法的基本原则来说，现行司法架构没有义务也没有必要为人工智能赋予法律人格和主体资格，即便像欧盟的"数字人"认定，更多的也是一种宣传和战略层面的表态，难以在实际司法行为中落实。同时，依照人类多年发展经验逐渐完善的现行立法的底层稳定逻辑也缺乏处理"为强人工智能赋予法律主体资格"这样超前性命题的理论基础和执行条件。如果背离客观事实而超前立法，不仅无法起到预先规范的目的，甚至会异化人类与人工智能"主体"与"工具"的关系，显然这与人类发明和利用人工智能的初衷背道而驰，其后果与风险也难以估量。

第二个思考是对"主体说"中界定的法律人格要素的批判。

根据前文对"主体说"的论述可知，认定法律主体的基础是确立法律人格和对应的权利能力，三者可做互相替换性解释。基于主客二分法探讨赋予人工智能法律主体地位的可能性也就是探讨是否需要认定人工智能具有法律人格。在我国现行法律法规和法学理论的框架下，法学界主要认可自然人和法人两大主体，因此该命题可转化为对比人工智能的法律人格要素与自然人、法人的法律人格要素，从而寻求理论基础与实践需求上的合理证明。

人工智能是否具备法律人格要素呢？人工智能是由人类制造的，基于智能科技而非生命代谢的非生命体。首先，人工智能缺乏人类的碳基大脑等生理基础。人类大脑是人类生命的核心，大脑死亡意味着法律人格的丧失。而硅基的人工智能程序或者人工智能机器人都不具有现有法律基础框架下的法律人格的生理基础。其次，人工智能不具有理性和意志。理性包括人对周遭事物特性和规律的感知、道德伦理的认识与遵从以及情感的同理。康德提出"人是理性的，其本身就是目的论断"，黑格尔认同"人因理性而具有目的"，人因为理性而具有自省和自我审视的能力。

不同于人类的理性，人工智能的理性从本质上说是一种基于算法模型的逻辑关系，更不存在人类的天赋理性，其"理性"存在的价值也是实现人类的意愿、目的，更不可能实现自省和自我审视，无法挣脱人类从算法层面为其规制的限制以进行批判性反思。即便人工智能具有深度学习能力，这种基于算法的修正本质上还是一种模式识别，而非真正拥有与生俱来的理性，这种智慧是人类赋予的算法模拟表象。

意志也并非单纯的逻辑演算，而本身包含欲望和行动两大关键因素。人类在欲望的驱动下针对其面临的现实问题进行伦理价值判断，人对生存、生活质量、身份人格等方面的欲望和追求驱动人类不断改造自身与自然，创造更良好的生存环境，或作出趋利避害的判断。但人工智能没有从自身和公共角度出发的欲望，更没有情感的羁绊，面对"电车难题"等问题时，其做出的决策难以评估合理程度。大多数情况下，人工智能只是在人类算法的基础上进行概率演算，更不用谈脱离人类建立自由意志的可能性了。

简言之，不管如何理解人工智能，它的主体性在短期内都无法被认可。需要特别注意的是，尽管人工智能的主体认定还处于待定状态，但它正在切实影响人类自身的主体性，维护人类的主体性是在讨论人工智能立法时需要坚持的基本原则。

机器"何以为人"

在人工智能立法层面，除了探索人工智能是否具有法律主体地位以外，另一个需要关注的就是人类的人格权。人格权可以概述为人格独立、人格自由、人格尊严，具体来说包括名誉权、肖像权、姓名权、隐私权、信用权、人身自由权等。

在信息化、智能化、数字化浪潮下快速推进的人工智能，其算法模型的迭代离不开大规模基础数据集的保障。与传统模式识别使用的个别封闭环境中的数据不同，当前公共属性越来越强的人工智能大多需要基于大量真实存在的用户数据。尤其是像人脸识别使用的人脸和身份数据，作为应用最为广泛的公民身份标识，直接决定公民在数字治理环境下参与公共活动的权利。一旦该数据被不法分子篡改或利用，不仅会侵犯公民肖像权、隐私权等权利，更会干预甚至剥夺公民参与社会公共活动的权利，或者直接篡改一个人的身份与社会角色，其发生泄露、篡改的风险与造成的后果影响更为显著，这也为承载人工智能的隐私保护、网络与数据加密、安全攻防、标准规范建立等提出了更高的技术与道德要求。加之基于对抗生成网络等技术的人工智能逆向生成应用冲击了现行安全认证机制，未来人工智能对于人类的人格权侵害不容忽视。

人工智能明显存在威胁用户隐私安全的隐患。无论是深度学习、强化学习还是联邦学习，人工智能的基本逻辑都离不开对大量真实场景下的数据训练模型的运用，也就是用户数据的采集、使用、共享与销毁。

鉴于以数据为基础的人工智能产业链环环相扣、错综复杂，且基础训练数据作为人工智能的生产要素贯穿整条产业链，数据分析的采集终端、处理节点、存储介质与传输路径不确定风险高，用户缺乏对上述 4 个环节的控制、监督和知情。同时，行业也缺乏统一标准和行为规范来限制相关企业在上述 4 个环节的权责分配和行为合规，这一部分隐私数据的使用边界与安全保护完全取决于服务提供商自己的安全技术素养、道德规范与行业自律，用户对自己的隐私数据完全失去控制力，而失去对个人隐私数据的掌控可能导致用户处于隐私透支的境地并对现代人工智能技术产生抵触情绪。

除了被用于人工智能底层算法模型训练的数据和为支持个性化产品服务而采集到的数据容易遭遇泄露、篡改等高风险情形外，还有一种挑战隐私伦理的可能是强人工智能产品突破其设计伦理底线，主动甚至强迫用户提供原本对学习过程没有帮助的或高度敏感的隐私数据。尤其是基于强人工智能设计的各类机器人或同伴机器人，一旦未来人工智能技术发展到能够赋予该类人工智能产品自主意识与行为决策判断能力，那么该类人工智能产品可能会在主观恶意或客观操控的情况下，引导、胁迫用户泄露自己的敏感数据并将其在采集后用作其他非公开活动。如何保证人工智能产品在规范框架下与人建立合理交互，并且不做出侵犯用户隐私信息、突破其职能界限的行为？面对人工智能技术的飞速发展，这一问题值得被我们正视。

以人工智能领域最常见的生物识别为例，面对处置用户生物识别信息的问题，以苹果为代表的企业宣称自己仅将用户的指纹、人脸数据存储在本地终端设备上，并采用物理加密的方式确保该数据在整个调用过程中的完全脱敏和本地化存储；但更多的厂商则将人脸数据作为用户画像的一部分在网上随意流转传输。常见的网络传输与加密协议显然无法与人脸数据的安全级别和敏感程度相匹配，人脸识别应用的数据存储与传输流程均有可能被劫持，存在严重安全风险。另外，当前数据爬虫、网络入侵、数据泄露等已经成为互联网中的常态，收集人脸数据的服务提供商完全有可能主动或被迫在未经用户授权或超出用户协议许可范围的情况下对用户面部数据进行采集、使用、流转等非法操作。

例如，一旦人脸特征信息被不法分子拦截或者从被攻破的本地加密存储中复制出来并运用在目标用户的安全验证服务上，攻破用户自己使用的人脸识别服务并获得用户本人才具有的敏感权限（如金融交易、人脸门禁、手机解锁与计算机敏感数据访问等）可谓轻而易举；或者不法分子利用深度合成技术将人脸数据用于伪造具有人格诋毁性质的多媒体内容，或者捏造虚假音视频片段，恶意侮辱、诽谤、贬损、丑化他人，势必会对受害者造成极大的人格侮辱与内心创伤，并带来非常恶劣的社会影响；人脸数据甚至被用于干预国家政治或执行军事行动。用户对人脸识别服务的依赖越深，隐私泄露事件对用户的影响也越显著。人脸识别的专属性与唯一性也导致后期受害者难以挽回与消除由于人脸数据泄露或非法篡改利用造成的损失与不良影响。

由此可见，人工智能的潜在隐私风险不仅会造成用户隐私权利遭受侵害，还有可能面临由于隐私泄露导致的名誉权、肖像权、姓名权、信用权等权利遭受侵害，其中的系统性风险不容忽视。

除了隐私安全问题外，人工智能可能还会侵犯用户生命与财产等合法权益。

以医疗机器人为例，一位医生需要十几年的刻苦钻研与上千小时的临床经验，知识架构与经验体系紧密相扣，哪怕中间有一层出现缺失都无法成就其白衣天使的角色。而纵观整个医疗人工智能产业链，从基础层的数据分析与算力架构到技术层的算法和平台建设，再到应用层的场景开发，一项落地并商用的医疗人工智能产品可能基于千万量级数据、上百万行代码、几万个零件来自多家供应商的几十条生产线，背后牵连着太多不同领域、不同方向的企业，它们的行业背景、技术资源、产品判断标准等差异悬殊。对患者来说，这无疑为医疗人工智能产品的安全性蒙上了一层令人焦虑的疑影。例如，人工手术时需要对主刀医师和医疗器械进行消毒，而机器人参与的手术则需要对机器人整体不留死角地消毒。考虑到机器人的精密性与耐久性，我们无法保证对机器人进行彻底消毒，也无法保证是否会发生其他有害物质感染。

患者的安全性也难以得到保障。例如，运用手术机器人执行高难度、高精确度的外科手术时，即便是在医生操控下，当出现任何毫厘之间的差错时，都有可能直接导致手术的失败与患者的死亡，而此时无法获知该差错是现场操控机器人的医生的"直接人为错误"还是由机器人制造商或算法提供商造成的"间接人为错误"，也可能是由于外部个人或组织主观恶意的物理攻击与远程干扰，或者电力、数据传输中断造成的意外事故，甚至医生与制造商、提供商都没有出错，而只是人工智能算法黑箱特性或自主意识决策下的"机器错误"。患者安全无法得到切实保障，人工智能在医疗尤其是临床领域的应用将在伦理层面举步维艰。

人工智能还会动摇人类公平参与社会活动、享有社会资源的权利。人工智能产业链上集中了芯片、传感器、算法、终端、行业应用、解决方案、安全加密、网络传输等诸多相关方，技术滥用与不正当竞争的现象难以完全避免。一旦其中任何一方采取针对用户或者其他相关参与者的歧视性策略或不正当竞争举措，偏见与不平等最终会传递至终端消费者并损害其应当享有的公平权利；加上人工智能的硬件、算法、数据集等都具有较高的技术壁垒，不公平一旦形成就难以被打破。

在医疗领域，尽管驱动人工智能赋能医疗产业尤其是公共卫生体系的初衷是解决医疗资源供求端矛盾，使得现有医疗资源均衡化、国民健康管理结构化和常态化，但鉴于我国地区发展差异悬殊，如果现有医疗人工智能产业不够成熟就激进推行医疗人工智能对现有公共卫生体系的渗透，人工智能医学产品的消费零售价格仍居高不下，产品种类乏善可陈，产品性能与质量不尽如人意，偏远地区或中低收入群体消费者购买医疗人工智能设备的意愿就会大打折扣，不仅失去享有公共卫生资源的权利，更会因缺乏医疗人工智能相关配套设备，未形成数据闭环而在后续看病就医过程中遭遇更加负面的诊疗体验，或者为享受同等条件的医疗资源而付出更多学习与资金成本，加重普通家庭的医疗负担。

最后需要讨论的是，算法对人类人格权带来巨大挑战和风险的根本原因在于：效益最大化导向的算法目标设定可能忽视了人是终极目的这一命题。算法决策系统的功能实现是依靠收集和分析表征人的属性的数据完成的。有人认为，在算法时代，人的物化是依靠数据化形成的。人与人之间的关系转化为数据与数据之间的关系，而数据成为新的规范。同时，数据也在逐步吞噬人类认知的个性，人最终会被自己创造出来的数据统治。

当然，这种观点夸大了算法对人的物化，忽略了人的主观能动性，难免显得偏激。不过，它却指出了一个不争的事实：算法始终是不会把人当人的。在算法系统里，只有数据，并没有人的存在，更没有对人的尊严的价值判断。然而，设计算法的人是有价值判断的，决定运用算法进行决策或辅助决策的人也是有价值判断的。算法歧视的发生，很大程度上源于算法设计者、有关决策者有意无意地放纵算法的运用，试图利用大数据的客观性、科学性"美化"算法的作用。在算法决策系统中，统计学意义上的边缘群体在大数据中微不足道，现实社会的歧视也会反映到数据中。

以上就是我们对人格权的讨论和对人工智能立法的思考。我们要理解的是，强调人类的人格权就是为算法的使用划定了边界，算法的风险也是人们讨论立法命题的重要诉求，最后一节将对算法歧视带来的问题进行讨论，并完整讨论人的尊严这一现代文明国家立法的最根本的诉求，也是我们理解整个人工智能立法的根本出发点。

文明的基础来自尊严

智能算法的兴起和深度应用加速了人工智能时代的前进步伐。当阿尔法狗打败了世界围棋冠军时，人们在为技术喝彩的同时也在内心深处产生了隐忧。当智能算法广泛运用于各领域的自动化决策以后，人的主体性还如何得以保障？

算法歧视 (algorithmic bias) 就是在运用智能算法进行决策或辅助决策时产生了歧视的后果，主要表现为年龄歧视、性别歧视、消费歧视、就业歧视、种族歧视、弱势群体歧视等现象。当自动化决策造成了歧视性后果时，如何理性地加以评价并提出可能的解决路径呢？这一疑问并不是杞人忧天的疑虑，因为智能算法已经融入生活，有学者将当前的社会称为算法社会（algorithmic society）。

例如，算法预测模型广泛地应用于个性化定价和推荐、信用评分、工作应聘的简历筛选、警察确定潜在嫌疑人等诸多领域。随着大数据和算法的深入运用，算法正在定义人们的信用资质、能力资质、生活品质层次等诸多方面，并进而决定了人们能否获得贷款、能否找到心仪的工作以及接受服务和购买商品的价格范围等，甚至可能在刑事司法系统中用以评估犯人再次犯罪的可能性，进而决定其能否获得假释。

简言之，在以机器学习算法为代表的第三次人工智能发展浪潮中，算法的生产过程发生了本质变化。这一变化不仅意味着算法应用能力的提升和应用范围的普及，更意味着算法对于人类社会影响的扩大以及相应治理挑战的凸显。

在第二章中已讨论过算法规则的复杂性。当人们将算法普遍应用于人类社会不同领域时，便必然会带来诸多治理挑战，其中最具代表性的就是算法歧视。

美国白宫 2014 年、2016 年发布的大数据研究报告都关注了算法歧视现象。2015 年 11 月，欧盟数据保护委员会 (EDPB) 发布的《应对大数据挑战》(*Meeting the Challenges of Big Data*) 同样强调了大数据和算法中的歧视问题。2018 年 11 月，皮尤研究中心（Pew Research Center）发布的《公众对计算机算法的态度》(*Public Attitudes toward Computer Algorithms*) 调查报告也显示：58% 的美国受访者认为计算机程序将始终反映出一定程度的人为偏见。

算法歧视主要反映在以下 4 方面。

第一，算法引起的种族歧视更隐蔽。有形的种族歧视容易精准打击，无形的种族歧视却难以防范。被嵌入种族歧视代码的算法中隐藏的"歧视特洛伊木马"在人工智能"客观、公正、科学"的高科技包装下更容易大行其道，在算法黑箱的遮掩下更隐蔽。

以人脸识别技术为例，随着人脸识别系统变得标准化，并逐步应用于学校、体育馆、机场、交通枢纽特别是警务系统，人脸识别技术的种族歧视引发的对有色人种群体的新型伤害更加突出。更需要警醒的是，基于减少偏见而应用的算法反而加剧了种族歧视。例如，已经在美国的几个州落地应用的 PredPol 是一种能够预测犯罪发生时间和地点的算法，目的是帮助减轻警察的人为偏见。但在 2016 年，当人权数据分析小组将 PredPol 算法模拟应用于加利福尼亚州奥克兰的毒品犯罪时，它反复派遣警务人员到少数族裔占高比例的地区，无论这些地区的真实犯罪率如何。近年来，算法引发的种族歧视现象层出不穷，充分说明了虚拟世界反种族歧视的紧迫性与重要性。

第二，算法造成的性别歧视实质上是现实世界长期存在的性别歧视观念在虚拟世界中的延伸。大数据是社会的产物，人类不自觉的性别歧视会影响对大数据进行分析的人工智能算法，可能无意中强化了就业招聘、大学录取等领域中的性别歧视。

例如，当用工单位在自动简历筛选软件中输入"程序员"时，搜索结果会优先显示来自男性求职者的简历，因为"程序员"这个词与男性的关联比与女性的关联更密切；当搜索目标为"前台"时，女性求职者的简历则会被优先显示出来。2019 年 11 月，戴维·海涅迈尔·汉森 (David Heinemeier Hansson) 质疑为什么苹果信用卡 (Apple Card) 给他的信用额度是他妻子的 20 倍，而他的妻子实际上拥有比他更高的信用评分。

第三，算法引致的年龄歧视是工作场合歧视中最难以证明的一种形式。在就业招聘、员工管理中，就业者的姓名、性格、兴趣、情感、年龄乃至肤色等数据往往悉数被采集。例如，对于寻求新工作的不同年龄段的人来说，他们的日常工作可能包括搜索互联网工作网站和提交在线申请。从表面上看，这似乎是一个非常透明和客观的过程，将所有申请人置于一个只有经验和资格的公平竞争环境中，但实际上年龄歧视无处不在。

2016 年，ACCESSWIRE 的 ResumeterPro 项目组发现，在进入人工审查之前，高达 72% 的简历会被申请人跟踪系统拒绝。这是通过复杂的算法完成的，可能会导致基于不准确假设的无意识歧视，雇主则可以使用这些算法根据年龄专门丢弃简历。令人不安的是，这种公然的歧视很难被发现，因为投简历的人很难证明自己被拒绝是由于年龄原因造成的。

比利亚雷亚尔（Villarreal）诉雷诺烟草公司（Reynolds Tobacco Co.）一案提供了一个教科书式的示例，说明算法如何导致隐藏的年龄歧视。比利亚雷亚尔曾多次在网上申请雷诺烟草公司的工作，但一直未收到回复，直至"该公司根据年龄筛选在线申请人，但未向任何被拒绝的候选人透露此事"的丑闻被举报，此事才得以曝光。

第四，算法"算计"的消费歧视令人防不胜防。在算法时代，商业互联网平台通过深挖消费者以往的消费数据与浏览记录，为消费者进行精准数字画像与数字建档，让算法洞悉消费者偏好，可以轻松地针对不同地域、不同时段的消费者进行差别定价，以实现利润最大化。针对不同的细分市场，同样的产品与服务是可以通过差别定价来获取更多的利润的。作为一种正常的商业策略，差别定价是企业追求利润最大化的合理定价行为，在机票、酒店、电影、电商、出行等价格易有波动的领域都存在差别定价。只要企业定价行为公开透明，消费者也愿意接受，这样的行为就不存在欺诈。但差别定价又有一个明确的边界：商家不能针对某个具体的个人或特定群体歧视性提价。2017 年，非营利组织ProPublica 通过对美国加利福尼亚州、伊利诺伊州、德克萨斯州和密苏里州的保险费和支出的分析表明，一些主要保险公司向少数族裔社区收取的费用比其他具有类似事故费用的地区高出 30%。亚马逊的购物推荐系统、在线旅游网站奥比兹(Orbitz)、携程、滴滴打车等都曾涉嫌利用大数据"杀熟"，实行差别定价，对老用户进行价格歧视。

实际上，算法歧视问题比很多人意识到的要严重得多，而且它挑战了关于人类社会的根本性原则，包括平等、尊严等，以至于减损了人的价值。归根结底，算法决策运用的是归纳的逻辑方法，是对历史经验的提炼并总结出一定的规律。然而，归纳的逻辑本身就可能存在偏差，它试图将事实上升为规范，挑战了传统的"规范—事实"的二分法则。其中蕴藏着社会系统风险，因为算法模型是对既存社会现实的肯认，并排斥规范对现实的改造作用。算法预测模型表面上是面向未来的，实质上是面向过去的。人类社会的发展不应拘泥于人类社会过往的状态，否则，那将使得人永远沉浸在过去的漩涡中而难以自拔。

更值得注意的是，算法决策在公权力领域的运用表明算法权力嵌入了传统公权力的运行，这可能使技术和权力产生合谋而存在权力滥用的风险。并且，算法权力可能会使既有的权力制约机制在一定程度上失灵。在公共权力的长期运作过程中，算法的"技术合理性"又使其蒙上了可以巧妙避开民主监督的面纱。算法对公权力领域的介入挑战了传统的权力专属原则和正当程序原则，难以对其实施有效的权力控制，而失范的权力最终必将导致个体权利的减损。在技术权力裹挟公权力的新兴权力格局中，人们将愈发失去抵制能力，大部分"技术文盲"只能沦为技术与权力双重压制的"鱼肉"。

可以看到，算法权力的兴起和异化显然已经折射出技术存在的风险与非理性，而目前规制算法的具体法律规则付之阙如，放任算法技术的发展很可能将人类社会导向令人惴惴不安的境地。虽然智能算法有着人类无法想象的计算能力和速度，但这并不意味着算法超出人类的理解范畴，更不意味着人类对此没有充分的规制能力。

古斯塔夫·拉德布鲁赫（Gustaw Radbruch）在题为《法律中的人》的演讲中指出："对于一个法律时代的风格而言，重要的莫过于对人的看法，它决定着法律的方向。"当今社会正逐步进入人工智能时代，当智能算法在定义人并进而做出决策的时候，如果对人的形象没有清醒的认知，人的价值将会被弱化。因此，有必要重塑人的尊严的价值内涵，规范算法应用的价值取向。

这里基于人的尊严的价值体系提出 3 方面的思考：

第一，保障人的尊严已成为现代文明社会的共识，也是宪法的价值所在。人的尊严不可侵犯原则不仅是宪法基本权利规范体系的出发点，同时构成宪法限权规范及宪法整体制度体系的基础性价值原理，进而构成一国整体法律规范体系的基础性价值原理。

第二，人的尊严的价值内核在于强调人本身就是目的，其构成了宪法的最高价值。这一来源于康德哲学的观念奠定了战后国际社会法治秩序的基调。这关系到人如何认识自己、如何认识人的整体以及人与其他人的关系等问题，进一步而言，还涉及个体与共同体所组建的国家之间的关系。

第三，人的尊严的核心是保障人的主体性地位和尊重人的多样性。保障人的主体性地位，不只是强调抽象意义的人或者人类整体，更是直指一个个独立的个体应受尊重的权利。而所谓尊重人的多样性，指的是人的尊严的价值意蕴在于尊重人的多样性，包容每个个体的独特性，禁止歧视。

总结以上讨论，算法歧视的普遍发生与算法运作过程嵌入歧视性因素息息相关。但值得深思的是，当前社会未能充分意识到算法决策逻辑的局限性，盲目的技术崇拜或利益驱动致使人们对算法决策的使用缺乏必要的评估、足够充分的论证。甚至有学者质疑，所谓的"智慧法院"和"智慧城市"是否是一种虚假的繁荣，其背后渗透着工具主义、实用主义，而很可能忽略了对人的价值的必要省思。从人的尊严的价值审视，算法歧视涉嫌对人的物化，削弱了人的主体性地位，排斥了人与社会发展的多样性，背离了人的尊严的价值内核、价值目的和价值意蕴。因此，如何合理地推动人工智能在整个立法和治理体系中的应用，是我们应着力解决的问题。

第十一章

人工智能时代的新规则与新秩序

11

人工智能对人类的影响越来越大，最为明显的是在经济领域。毕竟在大多数人眼中，不会在意奇点是否会来临，而是更担心机器是否会抢了他们的饭碗。一些需要重复性劳动的工作可能会被机器所替代。但是，从历史角度来看，人类曾无数次地对技术进行更新换代，最终结果显示新技术反而创造了更多的就业岗位，人类的生活质量也得到了整体性提高。面对人工智能大潮，经济与社会正经历着快速变化，人类建立的旧的社会契约需要与时俱进，以包容这些新技术，而社会的经济模式也要随之发生相应转变。

2016 年，时任美国总统的奥巴马在与 MIT 媒体实验室总监伊藤穰一（Joi Ito）及《连线》记者斯科特·达迪奇（Scott Dadich）的访谈中谈到：面对人工智能的时代，如果我们想要完成平稳的过渡，那么全社会应该广泛对话，讨论到底如何处理这一过渡期的尖锐矛盾，如何通过有效的政策保证经济持续且包容性增长。

人工智能大大提高了人们的生产效率，但如果任其自流，那么大部分社会资源还是会流到社会上层一小部分人手中。应该如何解决这一问题，并保证每个人都能拿到一份有尊严的收入？人工智能时代的社会保障政策如何实现资源的公平、有效分配？本章将聚焦在新的社会契约下政策如何适应科技和经济的发展，最后讨论算法规制与决策的伦理议题。

创造人与自然的技术契约

要理解新的社会契约如何达成，前提是理解社会契约理论的演化过程，因此先来了解社会契约思想的演变以及其当代产生变化的基本逻辑。

社会契约思想滥觞于古希腊，从萌芽到鼎盛和衰落再到复兴，已经历了上千年的沉淀与积累。作为一种重要的哲学理论范式，社会契约理论为道德哲学、政治哲学、法哲学乃至经济学研究都带来了启发，在论述国家、社会与规范的起源，政府、社会规范及权利的正当性等方面，都是重要的基础理论之一。

近代社会契约论者，如霍布斯、普芬道夫、洛克和卢梭等，将社会契约理论发展成一个完备的理论范式。而休谟以及黑格尔主义、马克思主义及社会学实证主义对社会契约理论的批判，使其在19世纪日渐式微。直到20世纪下半叶，罗尔斯又一次启用了日渐衰退的社会契约理论模式，使得社会契约理论又迎来了复兴，涌现了哥梯尔、布坎南和斯坎伦等大批的社会契约论者。罗尔斯认为"社会契约理论不仅是国家起源及其正当性的一种可能解释，而且是我们所有视为重要的公共世界的规范体系的起源及其正当性的一种最有说服力的解释。"哥梯尔则与罗尔斯共同确立了当代社会契约理论界的两大典型取向，它们分别代表了西方政治、道德哲学的规范性思想的两种基本意图，即所谓的"霍布斯取向"与"康德取向"。

那么，人工智能技术的发展从哪些方面改变了社会契约理论呢？这也跟社会契约理论自身发展相关，可以从三个角度进行分析：

第一，由于人工智能的发展，社会契约理论与自然法理论从结合到分离的过程被加速了。社会契约理论与自然法、自然权利理论本质上是两套不同的理论模式，在历史早期，它们既有联系，但也有独特的发展轨迹，各自保持着一些稳定的结构要素、思维方式和价值功能。就权利的正当性来说，社会契约理论认为其源于共同缔结的契约，而自然法、自然权利理论则认为权利的正当性在于符合更高标准的永恒正义的自然法、自然权利准则。近代社会契约理论的最大特点之一就是创造性地将两种理论范式结合在一起，自然状态、自然权利与自然法构成了其基本的理论要素。其中，自然权利与自然法往往会成为缔结契约时应遵守的实质规则，或者评判缔约成果的实质标准。但是，自然法理论在现代受到了许多批判。反对者认为，近代社会契约论者坚持自然法、自然权利是永恒的，但历史与经验的持续变迁力量验证了权利的变动性；并且，实际上"自然"对世事是淡然处之的，对善恶是不加区别的，其并没有什么天然的正当性内涵。

因此，当代社会契约理论不再借助自然权利理论，而是将二者分离开来。罗尔斯、哥梯尔和斯坎伦等当代社会契约论者都更强调社会契约的纯粹性、形式性与程序性，更强调缔约行为本身应当遵守的更为中立的形式规则，进而通过契约共识再推出实质性的正当性标准，而否认先验存在于缔约之前的实质性自然法、自然权利准则。人工智能的发展实际上也正在塑造新的契约共识和新的人类社会与机器相处的标准，智能社会时代的自然法已经不再具备完备的正当性。

第二，智能社会的契约以假设立场取代实际立场，成为初始状态的基础。初始状态究竟是一种历史中实际存在的状态、阶段还是只是学者的想象与假设？社会契约到底是真实存在的还是只是一种规范性的预设？对此，近代社会契约论者与当代社会契约论者有着明显的分野。近代社会契约论者认为，缔结契约前的初始状态是一种人类历史上真实存在的发展阶段，是可以被描述的历史事实，这成为他们理论的逻辑起点，并被统称为自然状态。例如，洛克就明确提出，不能因为缺少关于自然状态的记录而推定这种自然状态不存在，因为文字的使用是人类进入文明社会以后才有的，而发明文字之前的人类社会就不为我们所知。他认定自然状态就是进入文明社会之前的人类总体的生存概况。这种实际立场在近代遭到了休谟、涂尔干等人的猛烈攻击。而随着自然科学的发展，人们越来越不接受这种立场。

因此，当代社会契约论者对这一点进行了扬弃，转向了一种假设立场。罗尔斯指出："这种原初状态当然不可以被看作是一种实际的历史状态，更非文明之初的那种真实的原始状况，它应被理解为一种用来达到某种确定的正义观的纯粹假设的状态。"在人工智能时代，由于人类和机器并非共同演化出来的，而是人类塑造了机器，因此人类更多地通过假设性的立场去规制机器的思想，而这就要求以假设性立场取代实际立场，成为新的契约的基础。人类社会的正义实际上成为机器时代正义的标准和共识，从而会影响以后的文明进程。

第三，人工智能时代更强调构成性规则而非调整性规则。调整性规则是对先于规则之前存在的行为进行调整，是告诉人们在某个场景中应当怎么去做的规则。构成性规则不仅调整受其调整的行为，而且还使得受其调整的行为得以产生，其典型形式是"X 在 C 中算作 Y"。在近代社会契约论者看来，自然状态是实际存在的，自然法规则也不是为了契约行为而专门制定的，而是独立于人类互动行为而存在的，人们可以发现已经存在的自然法规则，并受其调整，从而做出真正的、好的缔约行为。当代社会契约论者对初始状态持一种假设的立场，缔约的规则也只是为了契约行为而专门"设计"的，从逻辑上看，这些构成性规则定义了初始状态、社会契约、缔约行为本身，后者的产生依赖于前者的建构。

人工智能时代的权利实际上最关注的就是构成性的缔约原则，也就是不仅关注行为的调整，也关注如何实现这些调整的机制。由于算法是人工智能技术的基础，而算法规制是缔结和实现人类社会与机器之间的契约的方式，这就要求人们不仅思考如何约束和引导机器的行为，还要考虑如何实现这样的契约，通过代码即法律的方式引导这样的实践，因此关注构成性契约而非调整性契约是一个必要要求。

从上面的讨论中，可以看到当代社会契约理论的发展，以及面对人工智能技术的人类社会可能出现的新的契约逻辑和方向。如果说自然法是传统社会契约的基础，那么新的社会契约则脱离了自然法，以一种构成性的制度逻辑实现人类与机器的新契约，这是我们理解人工智能公共政策的基础。

人机相处的"新规则"

人工智能的兴起推动了经济、社会和政治等各领域的基础性和综合性变革，在此基础上产生的治理挑战要求社会公共政策框架进行创新重构。在风险层面，传统的治理结构与方法已经无法适应新的变化，构成了人工智能时代的伦理与治理挑战，各国的现有政策遵循的"无须许可创新"（permissionless innovation）或"预警原则"（precautionary principle）逻辑局限于二元层面，这种只在创新与安全之间做选择的政策不免显得片面。人类社会亟须建立更具灵活性的公共政策框架，为人工智能时代建立坚固的制度基础。

过去几年，从亚洲的日本、新加坡、印度，到北美的加拿大和美国，再到欧洲各国，很多国家基于国情出台了人工智能政策。加拿大作为世界上第一个发布人工智能国家战略的国家，试图成为人工智能研究领域的国际领导者。相比较而言，芬兰则更侧重在人工智能技术应用方面实现全球领先。

从 2017 年开始，我国人工智能政策的重点已经从人工智能技术转向技术和产业的融合。中国的人工智能政策密集出台，意味着在全球竞争的背景下，人工智能已经上升为国家意志。习近平总书记在中共中央政治局第九次集体学习时强调："人工智能是引领这一轮科技革命和产业变革的战略性技术，具有溢出带动性很强的'头雁'效应……加快发展新一代人工智能是我们赢得全球科技竞争主动权的重要战略抓手，是推动我国科技跨越发展、产业优化升级、生产力整体跃升的重要战略资源。"

地方政府也纷纷出台相关政策，为人工智能发展保驾护航。例如，北京市在《加快新型基础设施建设行动方案（2020—2022 年）》中提到"推动人工智能等新一代信息技术和机器人等高端装备与工业互联网融合应用"，并且重点提出人工智能基础层的算力、算法和算量的建设。山东省在《关于加快鲁南经济圈一体化发展的指导意见》中提到，要加快人工智能等新型基础建设，推动人工智能、装备制造、生物医药等领域开展协同创新。值得关注的是，重庆市共发布了两项人工智能政策，其中提到，人工智能公共服务平台将实施 22 个项目，投资额约 284 亿元。然而，纵观全国，人工智能政策大多集中在技术与产业层面，相关的法律法规、伦理规范和政策还未形成完善的治理体系，人工智能政策与立法还在创新中不断明晰路径。

在 2017 年 7 月国务院发布的《新一代人工智能发展规划》中，对人工智能伦理发展做了基本设想，分为"三步走"战略：

第一步，到 2020 年，人工智能总体技术和应用与世界先进水平同步，人工智能产业成为新的重要经济增长点，培育若干全球领先的人工智能骨干企业，人工智能核心产业规模超过 1500 亿元，带动相关产业规模超过 1 万亿元。第一步的重点在于核心技术和产业的发展，培育我国人工智能产业的竞争力，对人工智能伦理规范没有做过多强调。

第二步，到 2025 年，人工智能基础理论实现重大突破，部分技术与应用达到世界领先水平，人工智能核心产业规模超过 4000 亿元，带动相关产业规模超过 5 万亿元，初步建立人工智能法律法规、伦理规范和政策体系。这一步明确提出了人工智能伦理的体系化建构，但是还停留在"初步建立"阶段。

第三步，到 2030 年，人工智能理论、技术与应用总体达到世界领先水平，成为世界主要人工智能创新中心，人工智能核心产业规模超过 1 万亿元，带动相关产业规模超过 10 万亿元，形成一批全球领先的人工智能科技创新和人才培养基地。

值得注意的是，此次规划不只是技术或产业发展规划，还同时包括了社会建设、制度重构、全球治理等方方面面的内容，力争"建成更加完善的人工智能法律法规、伦理规范和政策体系"。由此观之，当前我国人工智能政策还存在很多空白，具备很大的创新空间。

在总结了中国人工智能政策和基本思路之后，接下来系统探究美国的人工智能发展道路。总体来看，作为全球科技领域的超级大国，美国正在加快抢占人工智能发展制高点，已经把握了全球竞争的战略主动权。

美国在人工智能的发展上已经形成了四大文件（此前发布的《为未来人工智能做好准备》《国家人工智能研究与发展战略规划》《人工智能、自动化与经济报告》），从伦理、经济、技术、政策扶持等多个维度指导行业发展。美国人工智能发展整体格局主要分为以下三方面：

一是率先战略布局人工智能领域，将人工智能列为国家优先事项。2016 年，美国连续发布了 3 份具有全球影响力的报告，10 月，美国国家科学技术委员会 (NSTC) 发布《国家人工智能研究与发展战略计划》，全面布局并确定长期投资发展人工智能。同月，美国总统办公室发布《为未来人工智能做好准备》，以应对人工智能带来的潜在风险。12 月，美国总统办公室发布《人工智能、自动化与经济报告》，强调人工智能驱动的自动化对经济发展的影响。

二是美国持续加强战略引导，巩固美国的全球人工智能领先优势。2019 年，美国总统特朗普签署了《维护美国人工智能领域领导力的行政命令》，启动了"美国人工智能计划"，以保持和巩固美国在人工智能

领域的领导地位。2019 年 6 月，NSTC 发布新版《国家人工智能研究
与发展战略计划》，在 2016 版的基础上更新了原七大战略，评估和调
整了人工智能研发优先事项，并新增第八大战略——扩大公私合作伙伴
关系。

三是美国各联邦机构协同推动人工智能发展。国防部发布《2018
年国防部人工智能战略摘要——利用人工智能促进安全与繁荣》，成立
联合人工智能中心 (JAIC)，旨在推进人工智能快速赋能关键作战任务，
统筹协调人工智能研发项目。2019 年，美国《国防授权法案》批准设
立人工智能国家安全委员会（NSCAI），该委员会旨在全面审查、分析
人工智能技术及系统。商务部成立白宫劳动力委员会，以帮助美国储备
人工智能等新兴科技发展所需的人才。国家科学基金会（NSF）持续资
助人工智能基础研究领域，包括机器学习、计算机视觉、机器人等。国
会研究服务处（CRS）和哈佛大学联合发布《人工智能与国家安全》报告。

长期且持续性的投资是美国人工智能领跑全球的关键性因素。美国
始终将人工智能列为联邦政府投资的优先事项，强调人工智能在新兴技
术中的核心地位，注重在具有潜在长期收益的基础性领域进行持续性投
资，为美国人工智能产业发展提供持续的创新能力和核心竞争力，奠定
了美国在人工智能领域的领导地位。

总体来看，中美两国在创新、人才、基础研究、研究与发展和科技
成果转化等方面的人工智能政策具有很多相似点，同时也存在着明显差
异。在研究范围上，中国的研究更加微观且聚焦当下，美国的研究较为
宏观且关注未来；在研究内容上，中国在科技金融与科技农业方面的研
究较为深入，美国对于医疗健康与教育给予更多支持。尽管中美政策着
力点不同，但共有的特点是对人工智能的发展及其所引发的挑战持普遍
的包容与开放态度，政策目标更倾斜于推动技术创新、保持国家竞争力

的优势地位。相比之下，英国、法国等欧洲国家则采取了不同的政策路径。

英国政府在 2016 年发布了《人工智能：未来决策制定的机遇与影响》，对人工智能的变革性影响以及如何利用人工智能做出了阐述与规划，尤其关注人工智能发展所带来的法律和伦理风险。在该报告中，英国政府强调了机器学习与个人数据相结合而给个人自由及隐私等基本权利带来的影响，明确了对利用人工智能制定的决策实施问责的概念和机制，并同时在算法透明度、算法一致性、风险分配等具体政策方面做出了规定。与英国类似，法国在 2017 年发布的《人工智能战略》中延续了其在 2006 年通过的《信息社会法案》的立法精神，同样强调加强对新技术的共同调控，以在享有技术发展带来的福利改进的同时，充分保护个人权利和公共利益。

通过对比可知，全球围绕人工智能的公共政策主要朝向两大目标：一是促进人工智能技术发展给经济和社会带来最大化收益；二是尽量将人工智能成本和对经济和社会的潜在威胁最小化。这两大目标的背后反映了各国对于人工智能技术的两种认识，即人工智能技术的使用是更聚焦新价值的创造还是仅仅关注成本的降低。基于政策目标侧重的不同，逐渐形成了两种竞争性的人工智能政策趋势：第一种主要以美国为代表，遵循"无须许可创新"，即默许优先进行人工智能在该领域的实验，当问题出现时再进行解决；第二种以欧盟国家为主，奉行"预警原则"，即根据预测的最坏结果，提前限制甚至禁止人工智能在具体领域的应用。

人工智能给公共管理带来了经济效益。从技术层面考虑，随着人工智能的应用范围不断扩展，该技术能够给公共部门带来的好处也日益明显。从现实层面考虑，在全球金融危机的冲击下，各国政府普遍面临财政赤字和行政成本短缺，在这个背景下，在公共管理中引入人工智能技术已经不再是"应该不应该"的问题，而是"如何更好使用"的问题。

因为从总体上看人工智能技术有助于打破成本与质量相互妥协的循环，即，在实现降低成本的同时，也能提高政府机构的工作效率、公务员的工作满意度以及公共部门的服务质量。

具体而言，人工智能技术在公共管理中应用的优势主要体现在降低成本方面，将行政任务自动化之后，可以缩短工作时长，进而减少人力成本。德勤会计事务所将美国联邦政府一揽子任务细分后，运用蒙特卡洛模拟（Monte Carlo simulation）方法进行预测。结果显示，在高投资驱动下，人工智能技术每年将为美国联邦政府减少 12 亿工作小时（相当于联邦政府工作总时长的 27.86%），进而可节省 411 亿美元的人力成本；即使在低投资水平下，人工智能技术的引入每年也将为美国联邦政府节省 9670 万工作小时（相当于总工作时长的 2.23%），进而节省 33 亿美元的人力成本。

由于人工智能技术在处理图像方面具有简便、快速、可靠、广泛和成本低的优势，被各国公共部门广泛使用在文字识别、物体检测上。以美国邮政系统为例，在引入了计算机视觉识别手写信封之后，一年能多分拣 2500 万封信，节省上百万美元。在较新的应用领域，包括公共卫生领域的肿瘤检测、血管硬化和其他恶性疾病筛查以及无人驾驶领域，人工智能技术都创造了前所未有的价值。

国际社会"新秩序"

正如上文所述，人工智能技术的进步的确为公共部门同时实现降低成本、提高工作效率和质量的转型提供了机会，也为各国带来了提前抢占竞争优势的可能。但同时，人工智能技术的发展和广泛应用导致社会面临以伦理问题为主的前所未有的威胁与挑战，因此也引起各国政府的关注。

以欧盟国家为代表的部分国家更侧重于研究人工智能技术可能带来的风险,决定把人工智能技术应用到较低风险的有限领域中。而根据美国皮尤研究中心在 2018 年对 979 位该领域的技术先驱、开发者、商业领袖、政治家、研究者和活动家的调查结果显示,关于人工智能技术可能带来的风险的担忧,37% 的受访者认为,到 2030 年,公众的生活不会因为人工智能技术的发展和应用而变得更好。这些担忧同样存在于政府和公共部门,主要集中在以下几方面。

第一,降低了个人对生活的控制。公共部门的运行将更多采用便宜和快捷的机器算法,而影响公共服务的决策会逐渐依赖代码驱动的工具。因此,人类的自主性将面临风险。大多数普通民众在享受数字生活的便利的同时,也将或多或少地牺牲他们的独立性、隐私权和选择权。而随着人工智能系统变得日益复杂,除了拥有和负责系统设计和运行的少数精通信息技术的团体之外,普通民众对人工智能系统的盲目依赖则会不断加深,进而逐渐失去了对决策过程及其结果的了解、选择和控制。正如《大数据时代的计算社会科学》一书的作者卡尔·米特(Karl Meter)认为的那样,未来全世界人民的福利将取决于政府依靠人工智能和其他技术所做出的"智能"决策。

第二,以效率和控制为目的设计的数据系统本身具有危险性。由于人工智能技术的运行从根本上依赖于个人对信息、偏好等数据的共享,而技术本身并不会将人类的价值观和伦理纳入系统,因此,有专家担心,基于数据的决策可能容易出现严重的逻辑错误、偏见、伦理与道德错误等。如果忽略这一问题,人工智能的未来将由那些受利润动机和权力渴望驱动的人塑造,这对人类社会的道德、法律以及现有的规则将会带来严重的冲击。麻省理工学院的贾斯汀·莱克(Justin Reich)表示,在资本主义社会中，人类与人工智能的结合更大程度上是创造出一种增强对工人监视和控制，进而为有影响力的顾客服务的新方式。

第三，人工智能对工作的替代可能扩大经济差距，进而导致经济和社会动荡。人工智能技术对就业总体上的替代效应和收入效应已经引发了诸多讨论。在短期内，人工智能技术在公共部门的应用必然会减少一定数量的工作岗位。同时，其需要的新岗位难以在短时间内完成大规模普及，失业人员也难以在短时间内从旧的岗位向新的、有更高要求的岗位转化，这对于原本从事简单工作的公众而言，经济收入将受到很大的影响。

第四，公众的认知、社交和生存技能下降。随着对人工智能的依赖加深，人们独立思考、独立采取行动以及与他人面对面互动的能力已经受到损害。更严重的是，随着各种认知实践转移给机器，公众自身面临着失去判断力、同理心和爱等美德的可能。而长期来看，这一危害将扩展到整个社会。正如卡内基梅隆大学人机交互中心的丹尼尔·西韦雷克（Daniel Siewiorek）教授预测的那样，人工智能技术的负面效果包括造成人类的孤立、减少多样性、以依赖 GPS 为代表的失去情境感知能力等。

第五，公众将在日益严峻的网络犯罪和网络战争面前变得更加脆弱。在网络化的人工智能（networked artificial intelligence），即人工智能与网络结合的迅速发展同时，也伴随着不断增加和日趋复杂的网络犯罪以及在网络战争中制造恐慌的可能。普通公民由于自身缺乏技术能力、信息透明化等弱点，暴露于网络欺凌、网络犯罪和失控的网络战争的可能性极大；同样，如果政府和公共部门的技术不能及时更新，那么受到武器化信息攻击手段破坏的可能性也很大，甚至可能因为不知道软件在做什么而被机器接管，从而给人类社会带来不可逆转的破坏。

面对人工智能引发的风险与挑战，需要建立新的社会制度体系。当前人工智能政策演变所遵循的路径主要基于客观事实分析与主观价值判断。如果单纯考虑技术事实并以此为基础构建人工智能的制度体系，那么这样的社会规范将具有严重的滞后性，最终导致政策在面对层出不穷的技术所导致的社会道德与伦理公共问题时无能为力。因此，在探索面向未来的人工智能制度建设时，应当坚持人本主义，从安全、伦理与技术角度全方位构筑完善的政策体系、社会调控与风控机制。

人工智能相关政策既具有普遍性的特质，又有其特殊价值内容，主要在于人工智能需要具备一般的普世价值，其所蕴含的必要元素包括人格正义、分配正义、秩序正义等，从而构成了人工智能伦理的正当性基础；在此价值基础上，人工智能在安全、创新和和谐三方面存在特殊价值。

安全是人工智能政策和立法的核心，也是维护整个社会和谐稳定的重要基石。人工智能的安全性风险主要来自人工智能超越人类的可能性、人工智能本身技术缺陷所造成的不稳定性以及黑箱算法导致的人工智能决策的不可知性等。以安全为核心，一方面，需要从立法层面确保人工智能确权的严谨性和界限的合理性；另一方面，立法和政策本身也需要充分利用技术手段解决安全性障碍。

创新是人工智能政策和立法的灵魂。特定的时代背景往往意味着不同法律法规所秉持的价值观念和各自的价值侧重点均有所不同。当前依靠知识与技能创造新生产力已成为全人类的共识，创新已成为人工智能最典型的特质，更需要体现在立法和制度设计的各个环节，从而实现顶层设计和产业布局的协同共进。推动创新的人工智能制度，主要从以下三点实现：首先，以系统性思维推动国家发展战略的部署与推进，秉持整体性、全局性的定调，国家战略应当对人工智能积极引导有效推动，利用好制度优势；其次，从产业层面制定促进与监管的政策法律，明确准入规范并制定相应安全标准，完善数字基础配套设施，使得人工智能立法创新具备技术、理论和产业基础；最后，强化知识产权保护与创新激励机制，重点发展一批具有核心技术竞争力的企业，促进技术创新和新兴产业发展，战略先行引导、法律规范巩固与政策激励落实相结合，使得创新从政策价值拓展到实际能动性和建设性成果。

和谐可持续是人工智能政策和立法的终极目标。所谓的可持续发展，是坚持以人为本、共享惠民、融合发展、科研创新的价值观。从立法层面推动人工智能道德发展和应用落地，确保人工智能价值观能够完成造福人类的使命，实现人类共同进步。

下面来看以法律为主导的人工智能风险控制。法律的尊严在于执行，这就需要监管机构与标准规范制定机构的紧密配合。以法律为主导的人工智能风险控制体系，旨在基于法律讨论的理论基础建立一套完备的监管规范体系，从而从事前防御、事中干预到事后处置3个环节构建全面风险控制机制。

主要遵循以下准则：

第一个准则是实施以法律为主导的人工智能风险控制合理运用审慎监管原则，为技术的成长留出足够空间。

法律完善的初期，由于人工智能技术逐渐渗透到全产业的各个领域，此时一定会面临诸多法律空白或现实与法条矛盾冲突之处，传统法律已经无法规范和制约人工智能产业衍生的各个问题。针对这种技术驱动新业态、新模式、新需求的现状，国务院提出了审慎监管原则，也就是以审慎的态度适当放宽新领域尤其是科技领域政策与法制监管，为新技术的成长留出足够的空间。人工智能作为新业态中最具技术实力与应用价值的一环，更需要法律为其留出足够的发展与突破空间，而不是被法条和规则牢牢束缚。但是，这里的审慎监管不代表全面放开，对于原则性或挑战上行法律尊严的相关行为，公检法司机关应当严格按照有关法律条款内容执行必要的干预措施。相关机构在法律制定、完善与过渡期应当精准地动态控制法律执行限度，在鼓励技术大胆创新的同时守护公众社会与国家合法权益不受损害。

第二个准则是监管技术与合规保障应确保人工智能以合理轨迹稳步成长。

监管技术与合规保障的目的是为平衡人工智能技术发展与公众、企业、国家等相关方的合法权益保障之间的关系，需要符合以社会为本位的价值取向。相关监管方以及标准设计、制度建设与立法机构应当承担责任，通过制度、监管、立法三方面的努力，在秉持以数据流转为抓手的治理重点，确保个人权益不受侵害的同时，为人工智能发展留出足够的发展空间，同时通过以机构为主体的权利设置，借助多种方式引导人工智能积极作用于社会治理与公共秩序维护，令每一位公民都成为人工智能的受益者。

在政策方面，欧盟为"预警原则"付出了沉重的代价，至今没有一家千亿美元市值的互联网公司。与之相对的是中国采用"放水养鱼，水大鱼大"的新经济扶持策略。事实证明，创新试错是商业振兴的必由之路，尤其是在新冠疫情对全球经济造成沉重打击的未来 3 年中。因此，我们不必完全照搬欧盟的监管政策，而是应该以开放式的鼓励创新为主的原则推动相关的政策制定。

构建统一的监管框架对于规范人工智能发展至关重要。我们可以以欧盟的"信任生态系统"监管框架为参考。首先，分级别定义风险，如侵犯个人隐私或产生歧视等威胁基本权利的风险、安全风险和责任义务的分配风险；其次，调整部分现行立法，以确保其针对人工智能场景有更好的效力；再次，针对高风险场景，如国家安全、医疗、能源等，监管框架应列出覆盖的高风险部门清单并定期审查和修改，明确在特定领域中使用人工智能可能会产生的重大风险；最后，从数据训练、数据使用、数据保存与销毁、信息透明度、系统稳健性、人类主体地位等多方面确保人工智能的可信赖。

在人工智能政策遵循的基本原则上，也需要建立普适性的思路。当前人工智能对人类安全的影响已经让业内专家开始质疑人工智能技术的可信任程度，尤其是当人工智能被用于教育、医疗、生物医药等关键产业时，其每一步决策将会直接影响与人类相关的权益走向何方。无论是产品设计者、技术使用者还是普通用户，都需要通过设定人工智能技术伦理并对当前伦理情况发展作深入系统的学习与研判，以达成以下4点普适性共识。

第一，人工智能应当遵循人机互信。人工智能产品与服务不能依靠其在非结构化数据处理、运算、信息搜集与分发方面的强大能力，恶意向人类灌输欺骗性、虚假、恐怖以及违反法律和道德伦理标准的内容与价值观；不可利用部分人群生理、心理、群体方面的弱势误导或骗取他们以谋取非法利益。人工智能的目标是充分扩展的人类认知，人类与人工智能之间的互信取决于人工智能的行为限度。

第二，人机双方平等互利。人工智能同样不可滥用人类赋予的自主决策能力，所有行为标准需在人类法律和道德行为准则约束之下。人工智能只是尚无自由意志的准决策者，人类需严格限制其行使权力和自由决策的范围，确保人工智能在合理权限内发挥有效功能，充分保障人类权益，发展人类自由。人工智能不可通过技术上的优势与垄断性对个人实施非法监控、隐私数据收集、威胁操控等，或侵害他人自由与名誉甚至生命健康财产安全。人工智能的存在价值以人机双方平等互利为基础，而非人工智能凌驾于人类之上。

　　第三，人工智能长期与人共生。长期共生意味着双方之间冲突的减少。首先，人类应当充分了解人工智能产品的原理与其背后的技术逻辑。应该向全民全面客观地宣传人工智能的利弊优劣，消除对人工智能的不合理恐惧、歧视、误解。其次，人工智能开发者不得将自身的主观情感，尤其是对于文化、国家、宗教、阶层、性别等方面的歧视，有意或无意地植入人工智能系统的底层架构，人工智能的研发应秉持正义向善的价值观。人机共生不仅可以有效促进人工智能升级，还能让人类更加富有处理人际关系、人机关系的智慧，实现人的智能升级。

　　第四，人类尊严与主体地位不可撼动。人工智能发展应当始终维持其工具地位，而不是将人类异化成工具。人工智能产品与服务不得依靠整体智能优势形成对人类脑力与体力的剥削与压迫，同时也不得利用虚拟感受使得人类对人工智能产品形成重度依赖，人工智能发展应当是以进一步促进人类价值并实现人类自由全面发展为目标。

　　人工智能发展和治理的原则建立在以上共识之上。2019 年，国家新一代人工智能治理专业委员会发布了《新一代人工智能治理原则——发展负责任的人工智能》，提出了人工智能治理的框架和行动指南。

　　不仅政府和公共部门热衷于明确人工智能原则，学术组织和私营的科技公司对此亦动作频频。部分原因是人们对人工智能存在很大的认知偏差，对新技术缺乏深入理解，导致威胁论、普遍失业等观点加深了公众敌意和不信任，使新技术带来的隐私、责任、安全和控制、理解和透明性、歧视等问题日益引起研究人员的兴趣。在业界，美国未来生活研究院（FLI）2017 年初提出了人工智能发展的 23 条原则——阿西洛马人工智能原则（Asilomar AI Principles），旨在通过科研、伦理与可持续发展方面的一系列重点命题和注意事项指导人工智能发展，共同保障人类未来伦理、利益和安全。

硅谷的科技公司同样在以多种方式发表对于人工智能公共政策的观点和看法。例如，微软公司 CEO 纳德拉 2016 年在演讲中提出微软公司发展人工智能的六大原则，包括人工智能必须是透明性的，在追求效率最大化的同时不损害人类尊严，必须保护隐私，防止产生偏见，向算法问责，等等。这六大原则是微软人工智能研发的核心设计原则。

此外，微软公司还发布了《人工智能政策建议》，包括革新法律和法律实践以促进人工智能发展，鼓励制定最佳实践伦理准则，以人工智能带来的好处为基准衡量隐私法，政府以及公共部门通过启动重大项目和系统促进人工智能的传播和采用。

IBM 公司的 Watson 团队很早就成了伦理审查委员会。IBM 公司在 2017 年达沃斯世界经济论坛上公布了其发展人工智能的 3 个基本原则：不以取代人类为目的，增强透明性，以及提高技能培训和供给。此外，IBM 公司还致信美国国会，表达其公共政策诉求。

英特尔公司在发布的《人工智能公共政策机会》中对外传达了它对这一新技术的社会影响的回应，包括：促进创新和开放发展，创造新的就业机会并保护人们的福利，负责任地促进数据获取，重新思考隐私（包括隐私保护设计、公平信息实践原则等），符合伦理的设计和执行以及配套的可问责性原则。

谷歌公司 DeepMind 团队最近宣布成立人工智能伦理部门，表明其在加强人工智能技术研发和应用的同时，也将伦理等人工智能公共政策提上议程，负责任地研究和部署人工智能应用。

当然，谷歌、Facebook 等五大科技公司（苹果公司后来加入）联合组成的人工智能联盟也对外宣示了科技公司对人工智能的社会影响的重视，希望技术能够造福于社会经济生活和人类自身。

科技公司和科技行业背后的行业组织也正为此而有所行动。2017

年 10 月 24 日，代表硅谷等科技行业发展利益和需求的美国信息技术产业理事会（ITI）发布首份《人工智能政策原则》，承认人工智能作为新技术将给社会经济生活和生产力带来变革性影响，人工智能系统可以用于解决一些最迫切的社会问题，而且人工智能系统应当不会取代劳动者，而是增强劳动者的技能或者创造新的就业机会。

总体来说，以人工智能原则为代表的顶层伦理规范对人工智能的发展具有导向作用，人工智能应当遵守人类道德标准与伦理规范，同时坚持以人为本、对人友好。推动实现伦理层面的人机相互理解，首先，要将人工智能伦理规范原则化、形式化，把道德标准、伦理推理规则作为算子嵌入人工智能底层算法框架；其次，从技术层面建立足够强大的底层算法加密与主动安全防御机制，严防非法底层篡改与数据入侵；再次，在面对恶意数据篡改、算法欺骗和攻击程序时，人工智能可激活对抗或防御系统，保障其系统运行的稳定与决策的科学公正；最后，严格限制人工智能底层算法访问权限，同时企业也应当加强对相关开发人员的技术伦理规范培训，将对道德与伦理的规范化考量渗透进人工智能系统开发的每一个环节。

最后总结一下对我国人工智能公共政策的几点思考。人工智能作为一项变革性的技术，有能力创造出巨大的经济效益，推动经济增长，并帮助解决人类社会中诸如交通、城市建设、医疗、环境保护等一系列迫切的社会问题，但这同时需要良好的公共政策环境以及对风险和危机的警惕意识。

根据英国牛津洞察力（Oxford Insight）智库发布的 2019 年各国政府人工智能准备指数（Government Artificial Intelligence Readiness Index 2019）排名，中国仅排在全球第 20 位，亚太地区第 5 位。究其原因，除了部分统计数据缺失之外，主要在于基础性科研和迅速转化应用能力不足。但是，考虑到中国丰富的数据、人工智能工程师数量的持续增长以及启动人工智能应用的速度，该报告也认为，中国在人工智能领域具有无可比拟的竞争优势，其政府准备指数将很快赶上甚至超过排名靠前的国家。鉴于以上三点优势，我国的人工智能政策可以聚焦以下三方面：

第一，鼓励负责任的人工智能研发，建设数据强国。一方面，开放足够的数据应用，促进机器学习的发展，另一方面，也要关注有效数据的公平性、透明性和安全性。在地方政府层面，在充分利用人工智能技术进行公共服务的同时，要监督人工智能技术从开发、设计到推广、应用的整个流程是否符合公共管理的目标和使用规范，在加强基层治理能力的同时，尽量规避可能发生的风险。

第二，积极促进教育、人才培养和劳动力转型。人工智能发展需要教育的跟进和高端人才的培养。正如 ITI 的人工智能政策原则所言，为了确保未来劳动力的就业能力，公共部门和私营部门应共同努力，设计和提供以工作为基础的学习和培训体系，积极为学生提供实际的工作经历和具体的技能。在培养新型科技人才的同时，对现有公务人员进行培训，以适应人工智能技术发展的需要。

第三，打造人工智能产业生态。要打造良性循环的人工智能产业生态，需要对新一代人工智能相关学科发展、理论建模、技术创新、软硬件升级、产业落地等整体加以推进，加大对人工智能赋能实体经济的支持力度，例如对"AI+"项目提供横向课题经费、税收优惠等支持。此外，对有可能阻碍人工智能发展与应用的现有制度进行改革，但也不应激进立法，而是采取较为灵活的监管方式，防止扼杀科技发展的主动性与活力。从总体来看，在技术研发、人才培养、产业应用、政策支持等多层面形成合力，打造更具创新性、高效益和智能化特性的人工智能产业生态。

第十二章

后疫情时代，"我们"如何共同治理

12

　　本书的最后一章讨论智能时代的社会治理问题，这是对智能时代的发展影响最大的领域之一。在中国由于还没有相应的顶层设计机制，因此各地方纷纷制定了具有自身特色的社会治理智能化建设计划，希望成为可以被复制、被推广的典型，例如笔者参与的上海人工智能试验区建设计划。我们不能止步于纯粹的"社会治理法治化"的研究，脱离具体场景或者社会治理实践的"社会治理法治化"可能会沦为一句空话，还要研究社会治理智能化等具体社会治理领域的法治路径问题，厘清相关的场景有助于理解中国的社会治理发展路径。

　　另外，中国正在兴起关于社会治理法学的研究。近几年，法学各分支学科以及法学的相邻学科（如社会学、政治学、管理学、经济学等）都以社会治理为对象进行研究，形成了不少研究成果，对此需要在理论框架上进行系统梳理。而构建社会治理法学，正可以有效地把各学科分散的研究成果整合为思想关联、逻辑严谨的理论体系和学术体系。

　　社会治理法学恰恰是一门新兴交叉学科。它是以法学为理论基础，以社会学、公共管理学、政治学、经济学为理论支撑，以社会治理及其法治化为主要研究对象的社会科学，是一个多学科交叉融合与实践应用的理论体系和知识体系。针对其学科特点，建立核心范畴，确立理论命题，优化研究方法，是构建社会治理法学"三大体系"的前提和基础。法治社会与法治国家、法治政府一体建设，是在开拓新时代中国特色社会主义治理道路、制度、文化、实践的进程中亟待研究的重大课题。

　　在最后一章笔者对这个跨学科的领域进行研究，回答关于中国社会治理智能化发展的关键问题，以抛砖引玉，也是对全书内容在实践中的价值和应用的讨论，并尝试确立未来对社会治理学科研究的起点。

　　最后不得不提的就是中国在全球治理中扮演的角色。新冠疫情目前仍然在全球范围内蔓延，很多国家和地区都出现了大规模的新冠疫情，这使得未来世界的发展更加具备现代性的特点，即不确定性和不稳定性。考虑到我们本来就身处百年未有之大变局，而新冠疫情后的世界会更需要全球治理，一些系统性的问题正在陷入危机中，我们需要考虑如何为全球治理提供新思路，即如何为全球治理提供智能时代的公共产品和治理逻辑。

全球视野下的公共产品

事实上，新冠疫情算是第二次世界大战后第一次真正意义上的全球危机，它正在改变人们的生活方式与全球政治经济关系的格局。在新冠疫情之前，逆全球化已经正在发生。自从 2008 年次贷金融危机以来，经济全球化的全球支持力量持续被削弱，其核心逻辑在于全球经济化的发展在带来赢家的同时也带来了输家，这些输家主要来自发达国家的中下层，例如去工业化的发展与社会财富的再分配在美国等国家的失败导致的民粹主义以及保守主义的抬头，从而导致了诸多黑天鹅事件的发生。

从全球的发展来说，目前有 3 个最大的不确定因素：

第一，从全球范围来看，新冠疫情得到控制的时间并不确定。中美等国疫苗和新药的开发时间何时能取得突破性成果？病毒的不断变异在多大程度上影响了实际的防疫效率？

第二，全球经济受到新冠疫情实际影响的情况不确定。这是否会带来巨大的经济领域的系统性风险？是否会导致全球经济的停滞甚至倒退？

第三，新冠疫情对经济全球化以及国际秩序的影响不确定。经济全球化的调整将到何种程度？全球治理和国际秩序有哪些重大变化和发展趋势？这些问题目前并没有明确的答案，只能作为我们理解和观察新冠疫情带来的影响的基本判断。

我们回到一个具体的基本问题，就是在后疫情时代应该如何提供公共产品。中国在 2020 年的"全球疫苗峰会"上表达了向国际提供安全、有效、高质量的全球公共产品的意愿，这可能成为一个标志性的转折。从 2020 年 6 月中国政府发布的《抗击新冠疫情肺炎疫情的中国行动》白皮书中，我们看到了中国的敢作敢当，无论是从国内民生和安全角度，还是从全球目前的局势角度，中国严格的防疫措施都是对于生命非常负责任的表现，而从提供公共产品角度来说，中国在这个过程中体现了共享共治的思路。那么，如何理解全球公共产品的概念呢？

首先我们要理解公共产品的概念。从本质来说，公共产品原是一个经济学概念，是指一国政府为全体社会成员提供的、满足全体社会成员公共需求的产品与劳务。最初，公共产品理论仅限于一国范围内，该理论认为，政府有责任提供国防、外交、治安等公共产品以及道路、桥梁、路标、灯塔等社会基础设施，以满足社会经济的发展需要，引导社会资源的优化配置。在一国范围之内，公共产品的费用由政府通过向公众征税来筹集。

在冷战时期，以美国为首的北大西洋公约组织和以苏联为首的华沙条约组织构成的体系正是典型的霸权供给国际公共产品的国际体系。对此，国际关系研究者在肯定这一国际体系为国际社会带来稳定的同时，也尖锐地批评了它的两个致命缺陷。一个致命缺陷是国际公共产品被霸权国家私物化（privatization）。一般而言，私物化是指有人把公共的物品变为他个人私有或私用，服务于私人的目的。这里的国际公共产品的私物化是借用了这一概念，意指美国为了自己的一国之私，把原本应该服务于整个国际社会的国际公共产品变为美国从国际社会牟取私利的工具。另一个致命缺陷是"免费搭车"现象引起的国际公共产品供应不足。

　　冷战结束后，苏联阵营的崩溃给全球化的全面推进提供了空前的机遇和空间，生产、金融、信息和科技的国际化均出现了前所未有的发展势头，从而极大地解放了全球的生产力，各种生产要素挣脱了国境和边界的束缚，出现了在全球范围内寻求资源配置优化的态势。在经济全球化的推动下，以国际政治领域中"一超多强"格局为背景，原来只限于西方阵营的上述国际公共产品一下子扩大到全世界，并且被一些人不恰当地夸张成全球性公共产品。在一个时期内，世界贸易组织被人称为"经济联合国"，国际货币基金组织被看成全球经济的守护人，国际货币基金组织以"华盛顿共识"的形式在全球公然推行美国的价值观念，原本承担援助不发达国家职责的世界银行在美国的主导下把经济援助与人权、国家治理挂钩，俨然成为发展中国家的主宰。

　　因此，在高度评价世界贸易组织和国际货币基金组织作为经济全球化载体的作用的同时，人们也不难发现，国际公共产品的私物化倾向和国际公共产品的供应不足已明显成为经济全球化进展的障碍。人们首先看到，冷战结束后，由于美国力量的相对衰落，国际公共产品的美国私物化倾向更为明显，这成为全球性体制动荡的主要根源。简言之，在过去很长一段时间内，美国作为全球国际公共产品的主要提供者，由于其软硬实力的衰落，其地位和实力之间的反差造成冷战后全球社会真正需要的国际公共产品供应严重不足。时至今日，全球需要新的公共产品的提供者，这些提供者不仅来自参与国际秩序和国际体系维护的各国政府，也来自非政府的各种关联性组织，例如世界卫生组织就是一种全球公共产品。提供什么样的全球公共产品实际上也就提供了什么样的全球治理体系，当然后者比前者范畴大许多。例如，世卫组织是全球卫生治理体系的主要公共产品的提供方之一，而区域性的联盟（东盟、非盟等）以及其他国际组织（世界银行、联合国等）也在全球的卫生治理中有重要的作用。

考虑到原来的国际公共产品的提供者美国退出了一系列全球重要的治理进程（如《巴黎气候协定》）和全球治理机构（如联合国教科文组织），且很有可能继续减小对全球公共产品的贡献，这导致了一系列问题产生。因此，我们应关注全球公共产品的新兴提供方，即新兴的发展中国家（如中国）以及非国家行为体的进入，这使得现有体系的国际组织作为全球公共产品更加名副其实。

国际关系学者约瑟夫·奈（Joseph Nye）提出了"金德尔伯格陷阱"（the Kindleberger trap）的概念。这个概念来源于经济学家金德尔伯格（Charles P. Kindleberger）。在《1929—1939年世界经济萧条》一书中，金德尔伯格认为，那些在政治、经济、军事和科技等各方面占据绝对优势的霸权国家可发挥领导力，为国际社会提供国际金融体系、贸易体系、安全体系和援助体系等全球公共产品，以获得其他国家对霸权国建立的国际秩序的认同。20世纪30年代之所以出现经济大萧条，其中一个重要原因是没有霸权国家提供诸如开放的贸易体系和最后国际贷款人这样的全球公共产品。随着霸权国家的过度扩张或国内政治经济问题的出现，国际体系会随之衰落，从而导致霸权国家提供全球公共产品的主观意愿减弱和客观能力下降。若无新兴霸权国家承担领导责任，继续提供全球公共产品，必将造成国际发展、经济和安全体系动荡。

这一观点被罗伯特·吉尔平（Robert Gilpin）发展为"霸权稳定论"，即只有在霸权国家存在的特殊条件下，才能促成国际协调合作。2017年，约瑟夫·奈提出，若曾拥有领导地位的霸权国家既无意愿又无能力提供必要的全球公共产品，而新兴大国也无力提供，那么就会造成全球治理领域出现领导力的真空，使全球治理体系处于混乱状态，导致全球安全危机，这就是"金德尔伯格陷阱"。也就是说，如果全球公共产品的最大受益国没有能力或意愿发挥领导力，也无法引导更多资源投入全球公共产品的供应中，那么其他国家不可能提供这种公共产品，因为这一过程涉及诸多行为体，这些国家并不具备协调集体行动的能力，全球治理领域也将陷入全球公敌的悲剧。

换言之，全球化使本来存在于一国之内的公共劣品（public bads）走向全球。全球治理本质上就是如何通过全球协调来管制公共劣品，提供全球公共产品。英吉·考尔（Inge Kaul）认为，如果一种公共产品的受益国家、群体和时代具有很大的普遍性（strong universality），这种公共产品即全球公共产品。

有效的全球传染病防控具有全球公共产品性质。联合国开发计划署已将传染病控制列为 7 类全球公共产品之一。联合国《千年发展宣言》将全球卫生安全列为 10 类全球公共产品之一。全球公共产品国际任务组（International Task Force on Global Public Goods）秘书处也将传染病控制列为 6 类全球公共产品之一。在全球卫生治理领域，世界卫生组织是一种中间全球公共产品，有效的传染病控制或卫生治理是最终全球公共产品。全球卫生治理绩效决定了全球卫生公共产品的供应状况。如果主导国家既无能力单独提供全球卫生公共产品，又无意在全球卫生治理机制中发挥全球领导力，推动国际合作并提供全球卫生公共产品，那么全球卫生治理中的集体行动困境将难以避免，传染病控制这样的全球卫生公共产品也必然处于严重的供应不足状态，从而导致全球卫生安全陷入危机并持续恶化。这就是全球卫生治理中的"金德尔伯格陷阱"。

在当前的全球新冠疫情危机中，尽管存在全球抗疫合作，但更多的是因全球领导力缺位而造成的各自为战，全球新冠疫情也面临近乎失控的风险。如何维护全球卫生治理体系，共同提供全球卫生公共产品，进而跨越全球卫生治理的"金德尔伯格陷阱"，已成为国际社会必须应对的严峻挑战，这也是我们讨论全球公共产品的原因。

以上就是我们对后疫情时代的全球公共产品的思考和讨论。一方面，中国面对这样的机遇和挑战，如何通过对外的协作机制更多地参与及主导全球治理是一个重要的问题，中国正在历史性地面对全球公共产品的贡献方甚至主导方之一的角色的抉择；另一方面，新冠疫情的挑战让我们看到，中国也需要根据自身的定位和要求，力所能及地安排相应的资源和投入，以全球视野规划相应的战略。

智能社会的治理与创新

在讨论了全球公共产品后，本节讨论中国在进入智能社会后治理机制的创新。在这方面我们具备一定的经验和优势。一方面，我们在技术基础和应用层面经历了互联网、大数据、移动互联网等多个新兴技术的历练，总结了相应的经验，并在推动智能社会发展上取得了共识；另一方面，我们在研究方法论上也正在推动相关研究的拓展和创新，例如社会治理法学等领域。因此，本节从这两个角度介绍我们在治理机制创新上所做的工作，为理解智能时代的伦理与治理提供一个新的视角。

从过去的经验看，我们建构智能化社会治理体系具有两大方法论优势：一是系统集成，大数据技术能帮助我们从总体上认识和把握社会矛盾和社会发展，在更加多元的维度上实现"1+1>2"的治理效能；二是深度学习，以数据密集型的大脑式计算方法打造智能化核心驱动力量，实现社会治理科学化、精细化。在社会化大生产快速发展的今天，地理的以及行业的边界日益被人口、生产要素的大规模流动打破，社会网络空间的非线性动力学特征越来越鲜明。但是，面对全球化背景下社会总体图景的变迁，社会治理体系的系统效应尚未充分发挥出来，社会治理体系碎片化和力量分散的问题依然没有得到根本解决。智能科技介入将极大地提升社会治理体系的整体性和协同性，提高预测、预警、预防各类风险的能力，进而实现标本兼治和持续有效的长程管理。

2020 年以来的新冠疫情，实际上考验了中国的社会治理水平以及智能化水平，中国在这个领域取得了巨大的成就，也收获了一些经验。大数据时代的社会治理智能化更加突显了治理方法的科技引领性。随着 5G、人工智能、工业互联网等新型基础设施的全面铺开，围绕数据采集和信息整理的相关服务，诸如大数据中心、云计算中心等，将随之蓬勃发展。大数据技术在加强和创新社会治理中的广泛应用将深化我们对智能社会运行规律及治理规律的认识。在这样的背景下，积极推进社会治理体系智能化，运用先进的理念、科学的态度、专业的方法、精细的标准提升社会治理效能，有助于增强社会治理预见性、精准性、高效性。

其中比较典型的是今年以来中国新基建政策的落实，显示了社会治理的数据基础的重要性。近来新基建被广泛重视，它是以新发展理念为引领，以技术创新为驱动，以信息网络为基础，面向高质量发展需要，提供数字转型、智能升级、融合创新等服务的基础设施体系。可以说，新基建将极大地带动社会治理体系的数字化升级。受益于当下的产业数字化和数字产业化，社会治理体系具备了大数据采集与计算的物质条件。

新一代移动通信技术将驱动社会进入万物互联时代，5G 与云计算、物联网、人工智能等领域的深度融合，推动了新一代信息基础设施的核心能力的形成。尤其是 5G 网络，它与 4G 相比具有高传输、低延迟、泛连接的特点，应用场景涉及增强型互联网、3D 视频、云办公、增强现实以及自动驾驶、智慧城市、智慧家居等。以 5G 网络为主体架构的新一代信息高速公路将为海量的数据和信息传递提供一条宽阔的高速传输信道，这是社会治理体系形成强大信息能力的保障。

此外，城市大脑技术也成为社会治理的重要基础设施。中国特色社会主义社会治理体系强调整体性和协同性，然而在市场经济条件下，社会结构的层次呈现多元化和弥散化等特点，给协同治理带来了挑战。社会治理体系智能化以人工智能技术为支撑。人工智能如同云端大脑，依靠信息高速公路传来的数据进行深度学习和系统演化，完成机器智能化进程。目前方兴未艾的城市大脑建设正是这一进程的典型代表。

就当前的实践看，城市大脑主要是为公共生活打造的数字化界面，包括交通出行、数字旅游、卫生健康、应急防汛等若干系统的应用场景，每天生成的协同数据多达上亿条。来自四面八方的在线数据不是静态的，而是动态的，城市大脑汇集的主题场景均为现在进行时。随着数据采集的颗粒度越来越细，城市大脑能够高效便捷地掌握社会治理场景的确切信息和事件资料。此外，在城市大脑建设中，多种网络实现有效连通，信息访问、接入设备的协同运作打破了过去部门、企业、机构的数据孤岛局面，推动了立体化、网络化的社会治理体系的形成。

可以看到，为实现社会治理数据的汇聚化，各地在社会治理智能化建设实践中重点推动了 3 项工作。

其一，实现数据汇合。社会治理实践会产生不同部门、不同层级的数据以及企业、公民个人数据。但是，一个部门、一个企业或者个人掌握的自身数据无法形成大数据，更无法支撑社会治理智能化建设的需要，必须通过技术手段和一定的工作机制将社会治理的数据汇合在一起，形成大数据，才能实现不同主体基于各自的实际需要对大数据的开发利用，依靠不同维度的社会治理全量数据学习建模，搭建各自的智能应用系统。

其二，实现数据融合。不同主体收集的社会治理数据可能存储于不同系统之中，这些系统中的数据并非完全遵循同一技术标准，因此，即便汇合在一起，也可能没办法融合成大数据。为此，需要通过构建统一系统或者统一数据标准等方式实现不同系统数据之间的融合。

其三，搭建统一的互联网数据平台。在智能技术时代，数据本身是以原料的形式出现的，不同部门之间、不同企业之间以及在全社会内共享的是数据资源本身，而非共享成品服务。为了承载来自各方面的数据，需要搭建一个统一的数据平台。当前，大数据主要通过云平台实现聚集，继而以云计算作为分析工具，实现大数据的智能技术开发应用。

以上就是我们对社会治理的基本概念和范畴以及数据要素化改革的讨论。我们还探索了社会治理法相关的基础内容，以及所可能涉及的范畴和特质，这为理解社会治理化的法制路径和法学的未来趋势奠定了基础。

在讨论了社会治理智能化的数据基础后，下面讨论社会治理智能化的法制路径以及相关的智能化问题。

首先讨论社会治理与法治的一般性问题，即社会治理的价值。现代文明的共识是，治理一个国家、一个社会，关键是要立规矩、讲规矩、守规矩。法律是治国理政最大、最重要的规矩，法治是人类社会治理的最佳模式，推进社会治理必须坚持依法治国，因此社会治理是国家治理现代化的基本方向。良法善治和多元共治是国家治理现代化的两个基本要义，国家和民众之间要实现最大范围的自治和法律规定范围内的共治。

简言之，智能化以大数据与人工智能为技术基础，因此提高社会治理智能化往往意味着在社会治理过程中充分利用大数据、云计算、物联网等智能技术，并实现智能技术与社会治理的深度融合，以此为抓手，全面提高社会治理的现代化水平。

要实现智能社会的治理，不仅仅需要上面提到的这些经验性的成果，也需要理论上的突破。社会治理中的共治是非常重要的问题，前面也提到了社会治理法与传统法学研究的差异，因此，下面讨论社会治理法学这门学科的研究。

社会治理法学是一个多学科交叉融合的知识体系，在这个知识体系中实际上有3个核心概念：法律、法治、法理。整个法学理论体系以及法学的知识体系和话语体系可以说就是以这3个核心概念作为基石的。在国家治理、社会治理和公共领域中，到处都存在法理问题，到处都有法理话语。可以说，法理范畴内含于法律思想体系、法律制度体系、法治运行体系之中，几乎是无处不在、无时不有、无所不能的。社会治理法学不仅要研究社会治理法律和依法治理，而且要研究社会治理现代化和社会现代化的深层次法理问题，凝练社会治理的法理概念、命题、话语，构建科学的理论体系，使社会治理法学融入中国法学新时代的潮流。

要做好社会治理法学的研究，至少有3方面需要关注。一是社会治理法学学科建设的背景和条件。社会治理法学是基于对复合型、创新型和能力型的高层次社会治理人才的需求，从学科创新上对党中央提出的双一流政策的响应，开拓了法学学科发展新的增长点。二是社会治理法学学科的性质和结构。该学科的定位是交叉融合的综合性法学二级学科，研究内容包括社会治理法的基础理论和社会治理法的实施两大部分，在学科体系上涵盖了理论体系、教材体系、课程体系、导师队伍体系及人才培养体系。三是社会治理法学学科建设的路径。该学科的建设综合了外引内培的师资队伍、国际化开放型的人才交流机制、以问题为导向的考核评价模式和协同创新平台建设。

事实上，可以看到，社会治理法学的出现正好响应了世界法学的趋势。近年来，通过法治指标进行的法治评估正在世界范围内展开。按照中国特色社会主义法治体系的思路，中国的法学专家提出我国的法治指标体系应当包括6个一级指标：法律规范体系、法治实施体系、法治监督体系、法治保障体系、党内法规体系和法治效果指标。前 5 个指标体系主要是从法治体系的结构来划分的，而如果从法治体系的功能、要达到的目标、法治体系是否发挥作用以及效果如何为标准考虑，则需要关注法治效果。法治效果指标包括控权指标、人权指标、秩序安全指标和法治观念指标。

下面从 3 方面讨论智能化社会中科技进步与法治的关系。

第一，信息技术对财产属性和财产观念带来了深刻的变化。新技术革命带来了社会生活和社会关系的变化，产生了新的利益关系，衍生了新的利益冲突，也引发了新型的利益纠纷，中国法学界应当提取出化解利益冲突的规则。只要具有特定性、独立性和财产性，我们就应该突破物权概念的有限性。只要是法定的、具体的权利类型，就可以通过登记等信息手段予以确认和公示。同样，财产权利也可以不依附于其他的权利，以此体现出其独特性。例如，虚拟财产就是法律上可处分的权利，法律将之作为主体的特定权。

第二，加快法治转型是智能化时代的重要应对措施。立法、司法和法学研究都应当回应智能时代的冲击和挑战。智能化时代对法治的影响、给法治带来的冲击主要有 3 种表现。第一种表现是智能社会对传统的法律带来了一定的冲击，传统法律调整的是现实社会中的社会关系，在刑法中，传统的犯罪都是现实空间犯罪；但在智能化社会的催生下，网络空间中的犯罪也同样应由法律进行调整。对在网络空间出现的新的违法行为，由于传统法律无法进行调整，法律缺失带来了新的立法需求，立法应当及时回应智能化社会发展带来的各种社会问题。第二种表现是智能技术的出现对司法活动带来了重大的影响，例如网络纠纷的在线解决、网络犯罪的取证和证据的固定等，因此司法活动也需要顺应智能化社会的发展。第三种表现是智能化时代对法学研究提出了新的课题。例如，在虚拟财产出现后，如何对侵犯虚拟财产的犯罪行为加以定性，此类问题不仅涉及刑法和民法共同关注的问题，同时也涉及立法和司法之间如何进行协调。

第三，科技进步和创新对于经济社会发展意义重大，不过，不受规则制约的科技进步也将引发公众的担心和恐慌，风险社会已经到来。实践证明，某项产业过分依赖自我规制也会引发失败，而过多或者不够成熟的规制则会抑制创新。分享经济形态下的创新既体现为技术、经济层面的创新，也体现为社会层面的创新。法律规制的目标应在于鼓励创新、关注公共安全而不是抑制发展。法律规制不仅不应限制分享经济在中国的发展，反而应成为其在中国发展壮大的重要制度基础。对风险行政法的人性预设定位为行政法有效回应风险社会中的治理难题提供了最基础的指引。

我们正处于智能化社会的前期，因此需要从法治角度理解社会治理的基本框架和逻辑。关于与人工智能相关的伦理、治理以及与法治相关的问题，未来会以3个基本视角研究：

第一，要以问题为导向，以保持学科开放性的视角做研究。

第二，要以完善中国法学学科体系为目标进行相应领域的研究，尤其注重新兴学科、交叉学科的建设，法学的研究需要其他学科作为支撑去推动。

第三，要在对科技发展、社会治理和法治等相关问题达成一定的理论共识的基础上进行研究，这些共识包括：在法治轨道上推进科技发展、经济建设和社会治理；依法治理与社会治理是共生共进、相互作用、相辅相成的关系；社会治理法治化是法治国家建设在社会治理领域的具体实践；社会治理法治化需要尊重社会自治；加快构建中国特色法学体系需要中国经验与国际视角相结合；社会治理强调多元主体共同参与，注重平等协商。

人工智能的真相与黑镜的倒影

在最后一节，让我们回望历史和追问世界的真相，探讨智能的核心以及计算历史中的人类文明变化的逻辑，最后从现实世界的挑战中得到我们对于人工智能伦理发展的一些思考，作为本书正文内容的结尾。这个时代只有问题和挑战是无穷无尽的，需要的是以更大的视野和格局看待它们。

首先讨论智能的范畴，这样就可以弄清楚计算机或者机器人到底在哪种意义上是拥有智能的。

美国动物行为学家和灵长动物学家弗朗斯·德瓦尔（Frans De Waal）的专著《万智有灵》通过对动物的研究，提出了一个观点，即动物并不只是通过条件反射来学习的，很多动物跟人类一样也有认知能力，而动物的认知只是和人类有差异，而并非不存在。动物不仅会制备和使用工具，还会参与各种游戏并形成一定的智能行为。换言之，人与动物在认知方面是连续的，但是这并不是各个动物的智能排列是整齐的序列，实际上更像一个多面体，每个动物都有自己的独特认知。因此，从智能方面说，人类是一种独特的动物，但并非绝对优秀和卓越。可以从这方面思考人工智能的概念。生物为了存活下去发展出不同的智能，而人工智能也会基于它的生存逻辑发展出属于自身的智能的范畴。

基于以上理念，接下来讨论人工智能作为"有益的机器"的现实意义上的治理范式，也就是要理解这一轮人工智能的道德价值。这不仅是因为这一轮人工智能起源于统计学习的数理基础，而且自新冠疫情以来几乎每个人都在关注相关数据的变化，以获得对整个新冠疫情影响的认知。

英国古典政治经济学之父、统计学创始人威廉·配第（William Petty）将统计学称为政治算术，实际上能看出统计学作为治理术在社会学等领域的应用。反观现在的人工智能技术的道德，目前实际上也是通过统计的算法体现的，其治理核心价值就在于是否能在大量数据中找到稳定的秩序。

这个观念在 19 世纪的统计学家看来是不言自明的，他们认为，社会数据蕴含着社会秩序，自然数据蕴含着自然秩序，而统计思维就是找到统一秩序的必经之路。换言之，从治理角度来看，如今的人工智能技术的核心就在于通过精确的算法治理（数据思维）和科学的技术治理（实施方式）实现启蒙的核心，也就是自然秩序和社会秩序的统一。找到这个支点以后，我们就可以理解，实现人工智能伦理和治理的方式其实就是在统计中体现社会的正向价值和伦理规范，然后通过算法和技术的方式进行实践。

最后来看当今世界的格局以及人工智能技术对未来的影响。这里借用"黑镜中的倒影"来思考这个问题，这里的"倒影"是指我们认为人工智能就是人类社会伦理的反思之镜，对人工智能的理解实际上是以对人类社会和人类文明的总体理解为基础的。总的来说，有 3 个维度可以思考：

第一，人工智能技术是人类观念和情感之镜。新一轮人工智能技术的发展不仅带来了产业的高速发展，也慢慢变成了一种新的哲学和新的世界观。当我们讨论人工智能技术时，最后还是讨论人性和社会，所有的观点都会落在人类的身上。例如，大量的人工智能艺术开始出现，在"科技艺术 40 年"展览中展出了艺术家弗拉丹·约尔（Vladan Joler）的作品《人工智能系统解析》（Anatomy of an AI System），该作品通过可

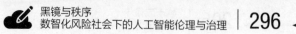

视化的方式展示了一台亚马逊的 Echo 音响需要的劳动力、数据和行星资源，用来提醒我们，人工智能在作为技术的同时，也通过物质化的对象在消耗资源，其生产过程是与劳动力、资源消耗以及可持续发展等问题同时存在的。从这个层面来说，人工智能是我们的观念和情感的体现。

第二，人工智能技术是人类历史和文明之镜。英国政治家、哲学家托马斯·霍布斯（Thomas Hobbes）在他的著作《利维坦》中大胆设想：人们可以构造出各种人工生命，并通过技术的方式创造出理性的、社会的庞大生物——利维坦，而这个预言随着科技的发展成为现实。可以看到，人工智能的技术前景之一就是使得人类进化不再依赖生物学，而是通过技术不断实现，大体沿着控制论、系统论和关系实在论的演进过程，形成了新的文明走向。正如美国经济学家乔治·斯蒂格勒（George Stigler）所说的那样："人类是人工性和技术性的，也就是人类不能在自身找到意义，而需要在他们制造、发明的义肢中寻找，这意味着他们在自由的同时注定漂泊，我称之为'本原的失向'，他们要发明他们的他者、他们的存在。"这段表述深刻指出了人类与人工智能的关系，我们通过技术的范式理解世界，同时创造出新的人类意义的外延。

第三，人工智能技术是商业与科技创新范式演变之镜。当我们讨论人工智能治理时，并不仅仅包含对人工智能技术负面影响的治理，而是拥有更大的内涵和外延。在笔者看来，如果我们认为发展人工智能的目标是提升社会总体福祉，那么如何推动其解决人类发展的社会与经济领域的问题，推动社会健康发展并提升实际效能，也是我们推动人工智能治理的核心目标。因此，无论是我们正在提倡的"可持续发展的人工智能"，还是一些学者提到的"公义创新"，都是基于这个逻辑的。如何通过区别于"熊彼特创新模式"的范式推动整个创新要素的升级，即除了市场要素以外要包含足够的社会要素，推动人工智能的社会价值的落实，是我们对整个科技和商业的创新的重新探索。

以上就是我们对人工智能治理问题的讨论，关于这部分的研究工作我们还在不断推进。未来如何推进社会的共同治理、如何推动可持续发展的人工智能以及更系统的人工智能领域创新机制的落实等问题是我们重点研究的方向，也希望本章给大家带来关于后疫情时代如何理解人工智能伦理与治理的全新思考。

在这个充满挑战的智能化时代，面对认知资本主义的泛滥、人的价值与知识的边界的模糊化、人工智能标签化带来的身份认同等问题，我们应该重新认识人工智能，重新理解人与人工智能的关系。马克思指出："固定资本的发展表明，一般社会知识，已经在多么大的程度上变成了直接的生产力，从而社会生活过程的条件本身在多么大的程度上受到一般智力的控制并按照这种智力得到改造。"

我们可以发现，当马克思说社会生活受到一般智力(general intellect)的控制并按照这种智力得到改造时，他强调的显然不是个人智力，而是社会总体智力，而未来的人工智能的发展很重要的一点就在于如何推动人类社会总体智力的提升，以应对更多的挑战。

笔者相信，技术突变带来的不仅仅是商业创新领域的颠覆，我们更是要以提升人类的总体幸福和尊严感为中心，整体提升我们对未来的期望和信心。